"十三五"应用型本科院校系列教材/化工类

U0223348

主编　姜　涛　金惠玉

杜宇虹　赵冬梅

基础化学实验教程

Basic Chemistry Experiment Course

哈尔滨工业大学出版社

内容提要

本书是依据教育部《关于"十三五"普通高等院校本科教材建设的若干意见》以及实用性原则,为应用型本科编写的基础化学实验教材。

本书包括无机化学、分析化学、有机化学和物理化学四部分基础实验。全书共 8 章,分别为化学实验基本知识、化学实验基本操作、数据处理方法、常用仪器的操作和使用、无机化学实验、分析化学实验、有机化学实验、物理化学实验。

本书可作为应用型本科食品科学、环境工程、应用化学、精细化工和生物工程专业的教材,也可作为各相关领域技术人员的参考书。

图书在版编目(CIP)数据

基础化学实验教程/姜涛,金惠玉,杜宇虹,等主编. —哈尔滨:哈尔滨工业大学出版社,2012.7(2022.7 重印)

ISBN 978 - 7 - 5603 - 3676 - 3

Ⅰ.①基…　Ⅱ.①姜…②金…③杜…　Ⅲ.①化学实验—高等学校—教材　Ⅳ.①O6－3

中国版本图书馆 CIP 数据核字(2012)第 163271 号

策划编辑　杜　燕
责任编辑　范业婷　夏　晔
出版发行　哈尔滨工业大学出版社
社　　址　哈尔滨市南岗区复华四道街 10 号　邮编 150006
传　　真　0451－86414749
网　　址　http://hitpress.hit.edu.cn
印　　刷　哈尔滨市石桥印务有限公司
开　　本　787mm×1092mm　1/16　印张 18.5　总字数 425 千字
版　　次　2012 年 8 月第 1 版　2022 年 7 月第 4 次印刷
书　　号　ISBN 978 - 7 - 5603 - 3676 - 3
定　　价　38.00 元

序

哈尔滨工业大学出版社策划的《"十三五"应用型本科院校系列教材》即将付梓,诚可贺也。

该系列教材卷帙浩繁,凡百余种,涉及众多学科门类,定位准确,内容新颖,体系完整,实用性强,突出实践能力培养。不仅便于教师教学和学生学习,而且满足就业市场对应用型人才的迫切需求。

应用型本科院校的人才培养目标是面对现代社会生产、建设、管理、服务等一线岗位,培养能直接从事实际工作、解决具体问题、维持工作有效运行的高等应用型人才。应用型本科与研究型本科和高职高专院校在人才培养上有着明显的区别,其培养的人才特征是:①就业导向与社会需求高度吻合;②扎实的理论基础和过硬的实践能力紧密结合;③具备良好的人文素质和科学技术素质;④富于面对职业应用的创新精神。因此,应用型本科院校只有着力培养"进入角色快、业务水平高、动手能力强、综合素质好"的人才,才能在激烈的就业市场竞争中站稳脚跟。

目前国内应用型本科院校所采用的教材往往只是对理论性较强的本科院校教材的简单删减,针对性、应用性不够突出,因材施教的目的难以达到。因此亟须既有一定的理论深度又注重实践能力培养的系列教材,以满足应用型本科院校教学目标、培养方向和办学特色的需要。

哈尔滨工业大学出版社出版的《"十三五"应用型本科院校系列教材》,在选题设计思路上认真贯彻教育部关于培养适应地方、区域经济和社会发展需要的"本科应用型高级专门人才"精神,根据前黑龙江省委书记吉炳轩同志提出的关于加强应用型本科院校建设的意见,在应用型本科试点院校成功经验总结的基础上,特邀请黑龙江省9所知名的应用型本科院校的专家、学者联合编写。

本系列教材突出与办学定位、教学目标的一致性和适应性,既严格遵照学科体系的知识构成和教材编写的一般规律,又针对应用型本科人才培养目标及与之相适应的教学特点，精心设计写作体例，科学安排知识内容，围绕应用讲授理论，做到"基础知识够用、实践技能实用、专业理论管用"。同时注意适当融入新理论、新技术、新工艺、新成果，并且制作了与本书配套的 PPT 多媒体教学课件，形成立体化教材，供教师参考使用。

《"十三五"应用型本科院校系列教材》的编辑出版，是适应"科教兴国"战略对复合型、应用型人才的需求，是推动相对滞后的应用型本科院校教材建设的一种有益尝试，在应用型创新人才培养方面是一件具有开创意义的工作，为应用型人才的培养提供了及时、可靠、坚实的保证。

希望本系列教材在使用过程中，通过编者、作者和读者的共同努力，厚积薄发、推陈出新、细上加细、精益求精，不断丰富、不断完善、不断创新，力争成为同类教材中的精品。

前　言

　　本书主要定位于应用型人才的培养,是在总结多年实验教学经验的基础上,针对食品科学、环境工程、应用化学、精细化工和生物工程专业的实际需要编写而成的。本书是依据教育部《关于"十二五"普通高等院校本科教材建设的若干意见》以及实用性原则,为应用型本科编写的基础化学实验教材。

　　本书包括无机化学、分析化学、有机化学和物理化学四部分基础实验。全书共 8 章,分别为化学实验基本知识、化学实验基本操作、数据处理方法、常用仪器的操作和使用、无机化学实验、分析化学实验、有机化学实验、物理化学实验。

　　本书较翔实地介绍了实验基本知识和操作技能,安排了较多的实用型实验题目,体现了立足实用、强化能力、注重实践的方针。为了加强和引导学生充分理解实验,每个实验题目下均提示了本实验预习的重点内容。

　　通过基础化学实验课的学习,学生应达到以下要求。

　　1.掌握基本化学实验操作和技术,能够正确进行化学实验,熟练使用实验室常用仪器和工具书,正确记录和处理实验数据。

　　2.具备独立观察现象、分析判断问题、综合表达结果的能力。

　　3.具有严谨、实事求是的良好的实验素养,以及较强的动手能力和科学思维能力。

　　本书是以多年实验教学中使用过的《无机及分析化学实验》(姜涛编写)、《有机化学实验》(杜宇虹,张宏坤编写)、《物理化学实验》(赵冬梅编写)为蓝本,无机化学部分由姜涛编写,分析化学部分由金惠玉编写,有机化学部分由杜宇虹主编,物理化学部分由赵冬梅编写,全书由金惠玉统稿。参加本教材编写的还有张宏坤、李亚男。本书所引用的资料和图表的原著均已列入参考文献,在此向原著作者表示感谢。

　　由于编者的水平有限,难免有疏漏之处,敬请读者批评指正。

编者

2012 年 4 月

目　　录

化学实验课的任务和要求

本实验课包括无机化学、分析化学、有机化学和物理化学四门实验课的有关内容,具体涉及化学实验的基础知识、基本技术、基本操作,化合物的制备,基本物理量及有关参数的测定,包括基本实验、综合性实验、设计性实验及研究性实验。

基础化学实验的重点是基本理论、基本素质与基本技能的训练,培养学生的动手能力与创新能力。学生通过本课程的学习可以加深对化学基本概念和基本理论的理解,正确和熟练掌握化学实验常用仪器的使用、基本操作和技能,学会正确获取实验数据、正确处理数据和表达实验结果,培养独立思考、独立解决问题的能力及良好的实验素养,为后续专业课程的学习打下坚实的基础。

为了学好实验课内容,学生应做到以下几点。

1. 课前预习

实验课前应认真预习,明确实验目的和要求,弄清实验原理及方法,了解实验步骤和注意事项,做到心中有数。在此基础上,将实验目的、实验原理、实验步骤、记录表格写在预习报告上。必要时还要画实验装置图和查找有关数据。

没有充分预习者不可参加实验,严禁"照方抓药"式的实验操作。

2. 实验操作

(1)实验时严格按照规范操作进行,仔细观察现象,认真思考。学会运用所学理论知识解释实验现象,解决实验中出现的问题。

(2)认真记录实验现象及测量到的原始数据。一切测量的原始数据均应翔实、准确地记录在实验报告本上,且注意整洁、清楚,不得随意乱记,不得任意涂改。

(3)养成严谨的科学态度和实事求是的科学作风,切不可弄虚作假或修改原始数据。如遇实验失败或产生较大的误差时,应找出原因,经指导教师同意后重做实验。

(4)使用精密仪器时,经指导教师同意后再接通仪器电源,并严格按操作规程使用。

(5)严格遵守实验室规则,注意安全操作。要随时保持实验台面及整个实验室的清洁整齐。

(6)实验完毕后,经指导教师签字同意后方可离开实验室。

3. 实验报告

实验报告是实验的记录和总结,实验完毕,应认真写好实验报告。

实验报告的内容包括实验目的、简明原理、实验装置图、简单操作步骤、数据处理、结果讨论和思考题。数据处理应有原始数据和计算结果,复杂计算还必须列出计算式。对于物性测量实验,数据处理中不仅包括表格、作图和计算,还应有必要的文字叙述,例如,"所得数据列入××表","由表中数据作××-××图"等,使写出的报告更加清晰、明了,逻辑性强,便于批阅和留作以后参考。结果讨论应包括对实验现象的分析解释,查阅文献的情况,对实验结果误差的分析或计算,对实验的改进意见和做实验的心得体会等,这是锻炼学生分析问题的重要一环,应予以重视。

实验报告应独立完成,并在下次实验前及时上交,以待批阅。

第 *1* 章

化学实验基本知识

1.1 实验室常识

1.1.1 实验室规则

1．进入实验室应穿实验服，不能穿拖鞋、背心、短裤等暴露过多的服装进入实验室，实验室内不能吸烟和饮食。

2．实验前要认真预习，明确目的要求，了解实验的基本原理、方法和步骤。没有达到预习要求者，不得进行实验。

3．必须遵守实验室的各项制度，不得大声喧哗。实验中不得擅自离开实验室。

4．实验中严格按操作规程操作，如要改变实验步骤时，必须经指导教师同意后方可进行。

5．实验过程中，随时注意保持台面和仪器的整洁，保持水槽畅通。废液应倒在废液桶内（易燃液体除外），固体废物（如火柴、废滤纸、沸石、棉花等）应倒在垃圾桶内，千万不要倒在水池中，以免堵塞或腐蚀下水管道。

6．公用仪器使用后应放回原处，并保持原样；如有损坏，必须及时登记补领。按规定用量取用药品，注意节约。药品自瓶中取出后，不能再放回原瓶中。称取药品后，应及时盖好瓶盖，放在指定地方的药品不得擅自拿走。液体样品一般在通风橱中量取，固体样品一般在称量台上称取。

7．完成实验后，应将自己所用的仪器洗净，并整齐摆放在实验柜内，并将实验台和试剂架整理、擦拭干净，拔掉电插头。请指导教师检查、签字后方可离开实验室。值日生负责打扫卫生，离开实验室前应检查水、电、气、门窗是否关闭，并填写实验室使用记录。

8．学生可以对实验的内容和安排不合适的地方提出改进的意见。应对实验中的一切现象（包括反常现象）进行讨论，提倡提出自己的看法，做到生动、活泼、主动地学习。

1.1.2 实验室安全守则

在进行化学实验时，会经常使用水、电和各种药品、仪器，如果马马虎虎，不遵守操作规程，不但会造成实验失败，还可能发生事故（如失火、中毒、烫伤或烧伤等）。因此，要遵守操作规程,避免安全事故发生。

1.浓酸、浓碱具有强腐蚀性,使用时要小心,不能让它溅在皮肤和衣服上。稀释浓硫酸时要把酸注入水中,而不可把水注入酸中。

2.有机溶剂的使用要注意防火、防爆、防中毒。预防的方法有以下几种。

(1)防火:不能用敞口容器加热和放置易燃、易挥发的化学药品;处理和使用易燃物时,应远离明火,注意室内通风;实验室不得存放大量易燃、易挥发性物质。

(2)防爆:使用易燃易爆物品时,应严格按操作规程操作;反应过于猛烈时,应适当控制加料速度和反应温度,必要时采取冷却措施;常压操作时,不能在密闭体系内进行加热或反应,要经常检查反应装置是否被堵塞。如发现堵塞应停止加热或反应,将堵塞排除后再继续加热或反应;减压蒸馏时,不能用平底烧瓶、锥形瓶、薄壁试管等不耐压容器作为接收瓶或反应瓶;蒸馏时不能将液体蒸干,以免局部过热或产生过氧化物而发生爆炸。

(3)防中毒:称量药品时应使用工具,不得直接用手接触。做完实验后应先洗手再吃东西。任何药品不能用嘴品尝。使用和处理有毒或腐蚀性物质时,应在通风橱中进行或加气体吸收装置,并戴好防护用品。

3.下列实验应在通风橱内进行:

(1)制备具有刺激性的、恶臭的、腐蚀性和有毒的气体(如 H_2S、Cl_2、CO、SO_2 等)或伴随产生这些气体的反应;

(2)加热或蒸发盐酸、硝酸、硫酸。

4.$HgCl_2$、氰化物及砒霜等剧毒物,不得误入口内或接触伤口,氰化物不能碰到酸(氰化物与酸作用会放出 HCN,使人中毒)。砷酸和可溶性钡盐也有毒,不得误入口内。

5.实验完毕后,应将手洗干净后再离开实验室。值日生和最后离开实验室的人员应负责检查水龙头是否关好,电闸是否拉开,门窗是否关好。

1.1.3 实验室意外事故的处理

1.割伤:伤口处不能用手抚摸,也不能用水洗涤。若是玻璃割伤,应先把碎玻璃从伤处挑出。轻伤可贴上"创可贴",也可涂以紫药水,必要时撒些消炎粉,再用绷带包扎。

2.烫伤:不要用冷水洗涤伤处。伤口处皮肤未破时,可涂些饱和碳酸氢钠溶液,也可涂烫伤膏或万花油。如果皮肤已破,可涂些紫药水或高锰酸钾溶液。

3.酸腐伤:先用大量水冲洗,再用饱和碳酸氢钠溶液(或稀氨水、肥皂水)洗,最后再用水冲洗。如果酸液溅入眼内,立即用大量水长时间冲洗,再用质量分数为 0.02 的硼砂溶液洗眼,最后用水冲洗。

4.碱腐伤:先用大量水冲洗,再用质量分数为 0.02 的醋酸溶液或饱和硼酸溶液洗涤,然后再用水冲洗。如果碱液溅入眼内,立即用大量水长时间冲洗,再用质量分数为 0.03 的硼酸溶液洗眼,最后用水冲洗。

5.吸入刺激性或有毒气体:吸入氯气、氯化氢气体时,可吸入少量酒精和乙醚混合气体来解毒。吸入硫化氢或一氧化碳气体而感到不适时,应立即到室外呼吸新鲜空气。必须指出的是,氯气、溴中毒不可进行人工呼吸。

6.火灾:发生火灾后不要惊慌,要立即一面灭火,一面防止火势蔓延,可采取切断电源、移走易燃药品等措施。灭火时要根据起火的原因选用合适的方法。一般小火可用湿布、石棉布或沙子覆盖燃烧物。火势大时可使用泡沫灭火器。但电器设备所引起的火灾,只能使用二氧化碳或四氯化碳灭火器灭火,不能使用泡沫灭火器,以免触电。

1.2 实验室常用仪器简介

无机化学实验与分析化学实验中经常使用的仪器大部分为玻璃制品。常用仪器的用途及它们的使用注意事项见表1.1。

表 1.1 化学实验常用仪器

仪器

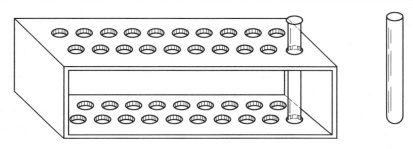

试管及试管架

规 格	一般用途	使用注意事项
试管:以管口直径×管长表示。如 25 mm×150 mm、15 mm×150 mm、10 mm×75 mm 试管架:材料包括木料、塑料或金属	反应容器,便于操作、观察,用药量少 承放试管	(1)试管可直接用火加热,但不能骤冷 (2)加热时用试管夹夹持,管口不要对人,且要不断移动试管,使其受热均匀,盛放的液体不能超过试管容积的1/3 (3)小试管一般用水浴加热

仪 器	规 格	一般用途	使用注意事项
离心管	分有刻度和无刻度,以容积表示。如 25 mL、15 mL、10 mL	少量沉淀的辨认和分离	不能直接用火加热

续表 1.1

仪　器	规　格	一般用途	使用注意事项
烧杯	以容积表示。如 1 000 mL、600 mL、400 mL、250 mL、100 mL、50 mL、25 mL	反应容器。反应物较多时用	(1)可以加热至高温。使用时应注意勿使温度变化过于剧烈 (2)加热时底部垫石棉网,使其受热均匀
烧瓶	有平底和圆底之分,以容积表示。如 500 mL、250 mL、100 mL、50 mL	反应容器。反应物较多,且需要长时间加热时用	(1)可以加热至高温。使用时应注意勿使温度变化过于剧烈 (2)加热时底部垫石棉网,使其受热均匀
锥形瓶(三角烧瓶)	以容积表示。如 500 mL、250 mL、100 mL	反应容器。摇荡比较方便,适用于滴定操作	(1)可以加热至高温。使用时应注意勿使温度变化过于剧烈 (2)加热时底部垫石棉网,使其受热均匀
碘量瓶	以容积表示。如 250 mL、100 mL	用于碘量法	(1)塞子及瓶口边缘的磨砂部分注意勿擦伤,以免产生漏隙 (2)滴定时打开塞子,用蒸馏水将瓶口及塞子上的碘液洗入瓶中

续表 1.1

仪　　器	规　　格	一般用途	使用注意事项
  （a）量筒；（b）量杯	以所能量度的最大容积表示。 量筒：如 250 mL、100 mL、50 mL、25 mL、10 mL 量杯：如 100 mL、50 mL、20 mL、10 mL	用于液体体积计量	不能加热
  （a）吸量管；（b）移液管	以所能量度的最大容积表示。 吸量管：如 10 mL、5 mL、2 mL、1 mL 移液管：如 50 mL、25 mL、10 mL、5 mL、2 mL、1 mL	用于精确量取一定体积的液体	不能加热
  容量瓶	以容积表示。如 1 000 mL、500 mL、250 mL、100 mL、50 mL、25 mL	配制准确浓度的溶液时用	(1)不能加热 (2)不能在其中溶解固体

续表 1.1

仪　　器	规　　格	一般用途	使用注意事项
(a)　　　(b) 滴定管和滴定管架	滴定管分碱式(a)和酸式(b)，无色和棕色。以容积表示。如 50 mL、25 mL	(1)滴定管用于滴定操作或精确量取一定体积的溶液 (2)滴定管架用于夹持滴定管	(1)碱式滴定管盛碱性溶液，酸式滴定管盛酸性溶液，二者不能混用 (2)碱式滴定管不能盛氧化剂 (3)见光易分解的滴定液宜用棕色滴定管 (4)酸式滴定管活塞应用橡皮筋固定，防止滑出跌碎
漏斗	以口径和漏斗颈长短表示。如 6 cm 长颈漏斗、4 cm 短颈漏斗	用于过滤或倾注液体	不能用火直接加热
(a)分液漏斗;(b)滴液漏斗	以容积和漏斗的形状(筒形、球形、梨形)表示。如100 mL球形分液漏斗、60 mL筒形滴液漏斗	(1)向反应体系中滴加较多的液体 (2)分液漏斗用于互不相溶的液—液分离	活塞应用细绳系于漏斗颈上，或套以小橡皮圈，防止滑出跌碎

续表 1.1

仪　器	规　格	一般用途	使用注意事项
(a) (b) 布氏漏斗(a)和吸滤瓶(b)	材料:布氏漏斗(a)瓷质;吸滤瓶(b)玻璃 规格:布氏漏斗以直径表示。如 10 cm、8 cm、6 cm、4 cm 吸滤瓶以容积表示。如 500 mL、250 mL、125 mL	用于减压过滤	不能用火直接加热
玻璃砂(滤)坩埚	根据坩埚孔径的大小分为六种型号:G1(20～30 μm)、G2(10～15 μm)、G3(4.9～9 μm)、G4(3～4 μm)、G5(1.5～2.5 μm)、G6(1.5 μm 以下)	用于过滤定量分析中只需低温干燥的沉淀	(1)应选择合适孔度的坩埚 (2)干燥或烘烤沉淀时,最高不得超过500 ℃,最适用于只需在 150 ℃以下烘干的沉淀 (3)不宜用于过滤胶状沉淀或碱性较强的溶液
漏斗板	材料:木制。有螺丝可固定于铁架或木架上	过滤时承放漏斗用	固定漏斗板时,不要把它倒放
表面皿	以直径表示。如 15 cm、12 cm、9 cm、7 cm	盖在蒸发皿或烧杯上,以免液体溅出或灰尘落入	不能用火直接加热

续表 1.1

仪　器	规　格	一般用途	使用注意事项
  (a)　　　**(b)** 试剂瓶	材料:玻璃或塑料 规格:分广口(a)和细口(b),无色和棕色。以容积表示。如 1 000 mL、500 mL、250 mL、125 mL	广口瓶盛放固体试剂,细口瓶盛放液体试剂	(1)不能加热 (2)取用试剂时,瓶盖应倒放在桌上 (3)盛碱性物质要用橡皮塞或塑料瓶 (4)见光易分解的物质用棕色瓶
 蒸发皿	材料:瓷质 规格:分有柄和无柄。以容积表示。如 150 mL、100 mL、50 mL	用于蒸发浓缩	可耐高温,能直接用火加热,高温时不能骤冷
 坩埚	材料:分瓷、石英、铁、银、镍、铂等。规格:以容积表示。如 50 mL、40 mL、30 mL	用于灼烧固体	(1)灼烧时放在泥三角上,直接用火加热,不需用石棉网 (2)取下的灼热坩埚不能直接放在桌上,而要放在石棉网上 (3)灼热的坩埚不能骤冷
 泥三角	材料:瓷管和铁丝。有大小之分	用于承放加热的坩埚和小蒸发皿	(1)灼烧的泥三角不要滴上冷水,以免瓷管破裂 (2)选择泥三角时,要使搁在上面的坩埚所露出的上部不超过本身高度的1/3

续表 1.1

仪　器	规　格	一般用途	使用注意事项
坩埚钳	材料:铁或铜合金,表面常镀镍、铬	夹持坩埚和坩埚盖	(1)不要和化学药品接触,以免腐蚀 (2)放置时,应令其头部朝上,以免沾污 (3)夹持高温坩埚时,钳尖需预热
干燥器	以直径表示。如 18 cm、15 cm、10 cm	(1)定量分析时,将灼烧过的坩埚置其中冷却 (2)存放样品,以免样品吸收水气	(1)灼烧过的物体放入干燥器前温度不能过高 (2)使用前要检查干燥器内的干燥剂是否失效
干燥管	有直形、弯形和普通、磨口之分。磨口干燥管还按塞子大小分为几种规格。如 14# 磨口直形、19# 磨口弯形	内盛装干燥剂,当它与体系相连时,既能使体系与大气相通,又可阻止大气中的水汽进入体系	干燥剂置球形部分,不宜过多。小管与球形交界处填充少许玻璃棉
滴管	材料:由尖嘴玻璃管与橡皮乳头构成	(1)吸取或滴加少量(数滴或 1~2 mL)液体 (2)吸取沉淀的上层清液以分离沉淀	(1)滴加时,保持垂直,避免倾斜,尤忌倒立 (2)管尖不可接触其他物体,以免沾污

续表 1.1

仪　器	规　格	一般用途	使用注意事项
滴瓶	有无色和棕色之分。以容积表示。如 125 mL、60 mL	盛放每次使用只需数滴的液体试剂	(1)见光易分解的试剂要用棕色瓶盛放 (2)碱性试剂要用带橡皮塞的滴瓶盛放 (3)其他使用注意事项同滴管 (4)使用时切忌张冠李戴
点滴板	材料:白色瓷板 规格:按凹穴数目分 12 穴、9 穴、6 穴等	用于点滴反应,一般是不需分离的沉淀反应,尤其是显色反应	(1)不能加热 (2)不能用于含氢氟酸和浓碱溶液的反应
称量瓶 (a)　　(b)	分扁形(a)、高形(b),以外径×高表示。如高形 25 mm×40 mm、扁形 50 mm×30 mm	要求准确称取一定量的固体样品时用	(1)不能直接用火加热 (2)盖与瓶配套,不能互换
铁架(a)、铁圈(b)和铁夹(c)		用于固定反应容器	应先将铁夹等升至合适高度并旋转螺丝,使之牢固后再进行实验

续表 1.1

仪　器	规　格	一般用途	使用注意事项
石棉网	以铁丝网边长表示。如 15 cm × 15 cm、20 cm × 20 cm	加热玻璃反应容器时垫在容器的底部,能使加热均匀	不要与水接触,以免铁丝锈蚀、石棉脱落
试管刷	以大小和用途表示。如试管刷、烧杯刷	洗涤试管及其他仪器用	洗涤试管时,要把前部的毛捏住放入试管,以免铁丝顶端将试管底戳破
药匙	材料:牛角或塑料	取固体试剂时用	(1)取少量固体时用小的一端 (2)药匙大小的选择,应以盛取试剂后能放进容器口内为宜
研钵	材料:铁、瓷、玻璃、玛瑙等。 规格:以钵的口径表示。如 12 cm、9 cm	研磨固体物质时用	(1)不能做反应容器 (2)只能研磨,不能敲击(铁研钵除外)
洗瓶	材料:塑料 规格:多为 500 mL	用蒸馏水或去离子水洗涤沉淀或容器时用	

续表 1.1

仪 器	规 格	一般用途	使用注意事项
三脚架	铁制品	放置较大或较重的容器	
圆底烧瓶	玻璃制品 规格：100 mL、250 mL、500 mL、1 000 mL等	加热、冷却、回流及蒸馏	液体的量通常占烧瓶容量的$\frac{1}{3} \sim \frac{2}{3}$
梨形烧瓶		一般用于减压系统，如减压蒸馏、旋转蒸发等	
三颈瓶	玻璃制品 规格：100 mL、250 mL、500 mL、1 000 mL等	加热、冷却、蒸馏、水蒸气蒸馏。中间瓶口可安装电动搅拌器，两个侧口装球形冷凝管、滴液漏斗或温度计等	液体的量通常占烧瓶容量的$\frac{1}{2} \sim \frac{2}{3}$
温度计套塞和变径	玻璃制品 规格：50#、40#、34#、29#、24#、19#、14#、12#、10#等，19/14、14/24等	温度计套管，用于温度计与接口的密封。两个容器的接口不相配时，用变径连接	

续表 1.1

仪　　　器	规　　　格	一般用途	使用注意事项
Y 形加料管	玻璃制品 规　格：50#、40#、34#、29#、24#、19#、14#、12#、10# 等	有机合成反应装置中的加料管,适宜于同时加入两种不同的物料。有时一个管口还可以测量反应温度	磨口处必须洁净,若粘有固体杂物,则会使磨口对接不紧密,导致漏气甚至损坏磨口
蒸馏头	玻璃制品 规　格：50#、40#、34#、29#、24#、19#、14#、12#、10# 等	用于蒸馏、与圆底烧瓶等容器连接	磨口处必须洁净,若粘有固体杂物,则会使磨口对接不紧密,导致漏气甚至损坏磨口
蒸馏弯头	玻璃制品 规　格：50#、40#、34#、29#、24#、19#、14#、12#、10# 等	连接反应装置	磨口处必须洁净,若粘有固体杂物,则会使磨口对接不紧密,导致漏气甚至损坏磨口
克氏蒸馏头	玻璃制品 规　格：50#、40#、34#、29#、24#、19#、14#、12#、10# 等	用于减压蒸馏、与圆底烧瓶或梨形烧瓶连接	磨口处必须洁净,若粘有固体杂物,则会使磨口对接不紧密,导致漏气甚至损坏磨口
真空接液管	玻璃制品 规　格：50#、40#、34#、29#、24#、19#、14#、12#、10# 等	减压蒸馏、常压蒸馏与冷凝管相连	磨口处必须洁净,若粘有固体杂物,则会使磨口对接不紧密,导致漏气甚至损坏磨口

续表 1.1

仪　器	规　格	一般用途	使用注意事项
分水器	玻璃制品	用于将反应中生成的水不断地分离出去	使用时注意检查密闭性
直形冷凝管	玻璃制品 规　格：50#、40#、34#、29#、24#、19#、14#、12#、10#等	主要用于蒸馏物的冷凝，也可用于沸点较高液体（超过 100 ℃）的回流。	
球形冷凝管	玻璃制品 规　格：50#、40#、34#、29#、24#、19#、14#、12#、10#等	内管的冷却面积大，对蒸气的冷凝有较好的效果，适用于回流操作。	
恒压滴液漏斗	玻璃制品 规　格：60 mL、125 mL、250 mL 等	当反应体系内具有压力时，采用恒压滴液漏斗滴加液体，使液体顺利滴加	使用时注意检查密闭性

续表 1.1

仪　器	规　格	一般用途	使用注意事项
 滴液漏斗	玻璃制品 规格:60 mL、 125 mL、250 mL 等	用于向反应体系滴加液体	使用时注意检查密闭性
 干燥管	玻璃制品 规格: 24#、19#、14# 等	装干燥剂,用于无水反应装置	防止干燥剂掉入反应瓶
 分液漏斗	玻璃制品 规格: 60 mL、125 mL、250 mL 等	分液漏斗按其形状划分,有筒形、圆形和梨形等,常用于液体的萃取、洗涤和分离,也可用于滴加液体	使用时注意检查密闭性
 提勒管	玻璃制品	测固体物质的熔点	一般盛装石蜡油、硅油或硫酸

注:仪器所用材料除注明者外皆为玻璃,所列规格为常用规格。

第2章

化学实验基本操作

学习和掌握化学实验基本操作技能,是正确进行一切科学实验的基础,没有经过严格的基本操作技能训练,就不会具备良好的实验素养,也就无法进行一切科学实验。为此,本章将化学实验中的常规基本操作集中作以介绍,并使之规范化、系统化、标准化,以便在教师的正确指导下,学生能结合其他各章的具体内容,通过严格的训练,达到提高实验素养、培养动手能力的目的。

2.1 玻璃仪器的洗涤和干燥

2.1.1 玻璃仪器的洗涤

仪器的洗涤是化学实验中最基本的一种操作。仪器的洗涤是否符合要求,直接影响实验结果的准确性和可靠性。所以实验前必须将仪器洗涤干净,仪器用过之后要立即清洗,避免残留物质固化,造成洗涤困难。

玻璃仪器的洗涤方法有很多,应根据实验要求、污物的性质和沾污程度来选择洗涤方法。

1. 水洗

直接用水刷洗可以洗去水溶性污物,也可刷掉附着在仪器表面的灰尘和不溶性物质,但是这种方法不能洗去玻璃仪器上的有机物和油污。洗涤方法是:在要洗的仪器中加入少量水,用毛刷轻轻刷洗,再用自来水冲洗几次。注意刷洗时不能用秃顶的毛刷,也不能用力过猛,否则会戳破仪器。

2. 用去污粉、肥皂刷洗

去污粉由碳酸钠、白土、细砂等组成,能除去油污和一些有机物。由于去污粉中细砂的摩擦作用和白土的吸附作用,洗涤效果更好。洗涤时,可用少量水将要洗的仪器润湿,用毛刷蘸取少量去污粉刷洗仪器的内外壁,最后用自来水冲洗,以除去仪器上的去污粉。

3. 用洗衣粉或合成洗涤剂洗

在进行精确的定量实验时,对仪器的洁净程度要求较高,一些具有精确刻度、形状特殊的仪器不宜用上述方法洗涤,可用 $0.1\%\sim0.5\%$ 浓度的合成洗涤剂洗涤。洗涤时,可往容器内加入少量配好的洗涤液,摇动几分钟后,把洗涤液倒回原瓶,然后用自来水把器壁上的洗涤液洗去。

4. 用铬酸洗液洗

铬酸洗液是将等体积的浓硫酸和饱和重铬酸钾混合配制而成,它的强氧化性足以除去器壁上的有机物和油污。对于用上述方法仍洗不净的仪器可加铬酸洗液用先浸后洗的方法清洗。对一些管细、口小、毛刷不能刷洗的仪器,采取这种洗法效果很好。用铬酸洗液清洗时,先用洗液将仪器浸泡一段时间,对口小的仪器可先向仪器内加入体积为仪器容积 1/5 的洗液,然后将仪器倾斜并慢慢转动仪器,目的是让洗液充分浸润仪器内壁,然后将洗液倒出。如果仪器污染程度很重,采用热洗液效果会更好些,但加热洗液时,要防止洗液溅出,洗涤时也要格外小心,防止洗液外溢,以免灼伤皮肤。洗液具有强腐蚀性,使用时千万不能用毛刷蘸取洗液刷洗仪器。如果不慎将洗液洒在衣物、皮肤或桌面时,应立即用水冲洗。废的洗液应倒在废液缸里,不能直接倒入水槽,以免腐蚀下水道和污染环境。

使用铬酸洗液时要注意以下几点:

(1)被洗涤的仪器内不宜有水,以免洗液被冲稀而失效;

(2)洗液吸水性很强,应随时把洗液瓶的盖盖紧,以防洗液吸水而失效;

(3)铬(Ⅵ)的化合物有毒,清洗残留在仪器上的洗液时,第一、二遍洗涤水不要倒入下水道,以免腐蚀管道和污染环境,应回收处理;

(4)洗液用完后,应倒回原瓶,反复多次使用。多次使用后,铬酸洗液会变成绿色,这时洗液已不具有强氧化性,不能再继续使用。

5. 特殊污物的去除

应根据沾在器壁上的各种物质的性质,采用合适的方法或试剂来处理。例如,沾在器壁上的二氧化锰用浓盐酸来处理,就很容易除去。

用上述各种方法洗涤后的仪器,经自来水多次、反复地冲洗后,还会留有 Ca^{2+}、Mg^{2+}、Cl^- 等离子,只有在实验中不允许存在这些杂质离子时,才有必要用蒸馏水或离子交换水将它们洗去,否则用蒸馏水或离子交换水冲洗仪器是不必要的。用蒸馏水或离子交换水洗涤仪器时,应遵循"少量多次"的原则,一般以洗 3 次为宜。

已洗干净的仪器应清洁透明,当把仪器倒置时,可观察到器壁上只留下一层均匀的水膜而不挂水珠。

凡已经洗净的仪器内壁,绝不能再用布或纸去擦拭,否则,布或纸的纤维将会留在器壁上,反而沾污了仪器。

2.1.2　仪器的干燥

可根据不同的情况,采用下列方法将洗净的仪器干燥。

1. 晾干

实验结束后,可将洗净的仪器倒置在干燥的实验柜内(倒置后不稳的仪器应平放)或放在仪器架上晾干,以供下次实验使用。

2. 烤干

烧杯和蒸发皿可以放在石棉网上用小火烤干。试管可直接用小火烤干,操作时应将管口向下,并不时来回移动试管,待水珠消失后,将管口朝上,以便水汽逸去。

3. 烘干

将洗净的仪器放进烘箱中烘干,放进烘箱前要先把水沥干。放置仪器时,仪器的口应朝下。

4. 用有机溶剂干燥

在洗净仪器内加入少量有机溶剂(最常用的是酒精和丙酮),转动仪器使容器中的水与其混合,倒出混合液(回收),晾干或用电吹风将仪器吹干(不能放烘箱内干燥)。

5. 综合法

带有刻度的容器不能用加热的方法进行干燥,一般可采用晾干或有机溶剂干燥的方法,吹风时宜用冷风。

2.1.3 常用干燥仪器

1. 烘箱

实验室一般使用的是恒温鼓风干燥箱,主要用于干燥玻璃仪器或无腐蚀性、热稳定性好的药品。使用时应先调好温度(烘玻璃仪器一般控制在100~110 ℃)。刚洗好的仪器应将水控干后再放入烘箱中。烘仪器时,将烘热干燥的仪器放在上边,湿仪器放在下边,以防湿仪器上的水滴到热仪器上造成仪器炸裂。热仪器取出后,不要马上碰冷的物体,如冷水、金属用具等。带旋塞或具塞的仪器,应取下塞子后再放入烘箱中烘干。

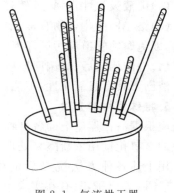

2. 气流烘干器

一种用于快速烘干仪器的设备,如图 2.1 所示。使用时,将仪器洗干净,甩掉多余的水分,然后将仪器套在烘干器的多孔金属管上。注意随时调

图 2.1　气流烘干器

节热空气的温度。气流烘干器不宜长时间加热,以免烧坏电机和电热丝。

2.2　加　热

2.2.1　常用加热装置

1. 酒精灯

酒精灯是实验室中最常用的加热灯具。酒精灯由灯罩、灯芯和灯壶三部分组成,如图 2.2 所示。酒精灯的加热温度一般在 400~500 ℃,适用于温度不太高的实验。

酒精灯要用火柴点燃,绝不能用燃着的酒精灯点燃,否则易引起火灾,如图 2.3 所示。熄灭灯焰时,要用灯罩将火盖灭,绝不允许用嘴去吹灭。当灯中的酒精少于 1/4 时需添加酒精,添加时一定要先将灯熄灭,然后拿出灯芯添加酒精,添加的量以不超过酒精灯容积的 2/3 为宜。长期不用的酒精灯,在第一次使用时,应先打开灯罩,用嘴吹去其中聚集的

酒精蒸气,然后点燃,以免发生事故。

图 2.2　酒精灯的构造

图 2.3　酒精灯的使用

2. 煤气灯

实验室中如果有煤气供应,在加热操作中常用煤气灯。煤气由导管输送到实验台上,用橡皮管将煤气龙头和煤气灯相连。煤气中含有毒性物质(但它燃烧后的产物是无害的),所以应防止煤气泄漏。不用时,一定要注意把煤气龙头关紧。煤气有特殊气味,泄漏时极易嗅出。

煤气灯的构造如图 2.4 所示。在灯管上,可以看见灯座的煤气入口和空气入口,转动灯管可完全关闭或不同程度地开放空气入口,以调节空气的进入量。当灯管空气入口完全关闭时,点燃进入煤气灯的煤气,此时的火焰呈黄色(系碳粒发光所产生的颜色),煤气燃烧不完全时,火焰的温度并不高。逐渐加大空气的进入量,煤气的燃烧就逐渐完全,这时火焰分为 3 层,如图 2.5 所示,内层为焰心,其温度最低,约为 300 ℃;中层为还原焰,这部分火焰具有还原性,温度较内层焰心高,火焰为淡蓝色;外层为氧化焰,这部分火焰具有氧化性,在煤气火焰中,最高温度处在还原焰顶端上部的氧化焰中,约为 1 600 ℃,火焰为紫色。实验时,一般用氧化焰来加热。

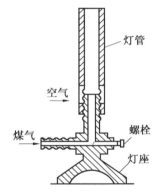

图 2.4　煤气灯的构造

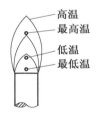

图 2.5　煤气灯的火焰温度的分布

点燃煤气灯的具体步骤如下:先旋转铁环,把通气孔关小,划着火柴,打开煤气龙头,在接近灯管口处,把煤气灯点着,然后旋转铁环,调节空气进入量至产生正常火焰。

当空气或煤气的进入量调节不适当时,会产生不正常的临空火焰和侵入火焰,应立即关闭煤气,稍后再重新点燃。

3. 酒精喷灯

在没有煤气供应的实验室中,常使用酒精喷灯进行加热,如图 2.6 所示。酒精喷灯是金属制品,酒精喷灯的火焰温度通常可达 700～1 000 ℃。使用前,先在预热盘上注满酒精,然后点燃盘内酒精,以加热铜质灯管。待盘内酒精即将燃完时,开启开关,这时酒精在灼热的灯管内汽化,并与来自气孔的空气混合,用火柴在管口点燃,即可得到温度很高的火焰。调节开关螺丝,可以控制火焰大小。用毕,旋紧开关,可使灯焰熄灭,关好储罐开关,以免酒精漏失,造成危险。

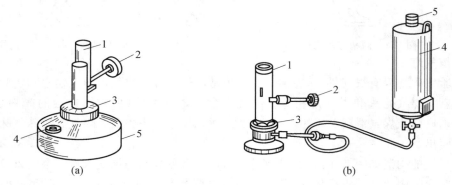

图 2.6　酒精喷灯的类型和构造
(a)1—灯管;2—空气调节器;3—预热盘;4—铜帽;5—酒精储罐
(b)1—灯管;2—空气调节器;3—预热盘;4—酒精储罐;5—盖子

酒精喷灯在使用时,应注意以下 3 点:

(1)在点燃酒精喷灯前,灯管必须充分灼烧,否则酒精在管内不会全部汽化,会有液态酒精从管口喷出,形成"火雨",甚至引起火灾。这时应先关闭开关,并用湿抹布熄灭火焰,然后重新点燃。

(2)在关闭开关的同时必须关闭酒精储罐的活塞,以免酒精泄漏,造成危险。

(3)不得将储罐内酒精耗尽,当剩余 50 mL 左右时应停止使用,添加酒精。

4.电炉

普通电炉不能控制温度,只有带温度控制器的特制电炉可以通过调节电压来控制加热温度。用电炉时,需在加热容器和电炉间垫一块石棉网,使加热均匀。箱式电炉一般用电炉丝做发热体,温度可以调节控制。温度测量一般用热电偶。

5.电加热套

电加热套是用玻璃纤维丝与电热丝编织成半圆形的内套,外边加上金属外壳,中间填上保温材料制成,如图 2.7 所示。根据内套直径的大小可分为 50 mL、100 mL、150 mL、200 mL、250 mL 等规格,最大可到 3 000 mL。此设备不用明火加热,使用较安全。由于它的结构是半圆形的,在加热时,烧瓶处于热气流中,因此,加热效率较高。电加热套主要用于有机反应或合成。

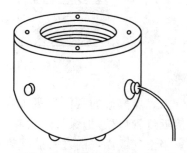

图 2.7　电加热套的构造

6. 热浴

常用的热浴有水浴、油浴、砂浴、空气浴等。被加热物质需均匀受热时可根据受热温度的不同来选择不同的热浴。一般温度不超过 90 ℃可选择水浴，100～250 ℃的加热操作可选择油浴，砂浴则适用于加热温度在 220 ℃以上时。砂浴的缺点是传热慢，温度上升慢，且不易控制。油浴常用甘油、植物油、液体石蜡等。沸点在 80 ℃以上的液体原则上均可采用空气浴加热。

7. 微波炉

微波炉作为一种新型工具已被引入化学实验室。

微波炉的加热完全不同于常见的明火加热或电加热。工作时，微波炉的主要部件磁控管辐射出 2 450 MHz 的微波，在炉内形成微波能量场，并以每秒 24.5 亿次的速度不断地改变着正负极性。当待加热物质中的极性分子，如水、蛋白质等吸收微波能后，也以高频率改变着方向，使分子间相互碰撞、挤压、摩擦而产生热量，将电磁能转化成热能。

微波是一种高频率的电磁波，它具有反射、穿透、吸收 3 种特性。微波碰到金属会被反射回来，而对一般的玻璃、陶瓷、耐热塑料、木器则具有穿透作用。它能被碳水化合物（如各类食品）吸收。由于微波的这些特性，微波炉在实验室中可用来干燥玻璃仪器，加热或烘干试样。如以重量法测定可溶性钡盐中的钡时，可用微波干燥恒重玻璃坩埚及沉淀。

微波加热具有快速、能量利用率高、待加热物质受热均匀等优点。但不能恒温，不能准确控制所需的温度。因此，只能通过试验确定微波炉的功率和加热时间，以达到所需的加热程度。

2.2.2　加热方法

1. 液体直接加热

该方法适用于在较高温度下不分解的溶液或纯液体。一般把装有液体的器皿放在石棉网上，用酒精灯、煤气灯、电炉和电加热套等直接加热。试管中的液体可直接放在火焰上加热，如图 2.8 所示，但是易分解的物质或沸点较低的液体应放在水浴中加热。

在火焰上进行试管加热操作时，应注意以下几点：

(1)应该用试管夹夹住试管的中上部，使试管稍微倾斜，管口向上，不能用手拿着试管加热。

(2)应使试管各部分受热均匀，先加热液体的中上部，再慢慢往下移动，然后不时地上下移动，不要集中加热某一部位，否则容易引起暴沸，使液体溅出管外。

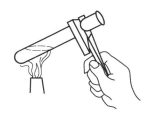

图 2.8　加热试管中的液体

(3)不要把试管口对着别人或自己，以免发生意外。

(4)试管中所盛液体不得超过试管高度的 1/2。

2. 固体加热

(1)在试管中加热。加热少量固体时，可用试管直接加热。为避免凝结在试管口的水珠回流至灼热的管底，使试管炸裂，应将试管口稍向下倾斜，如图 2.9 所示。

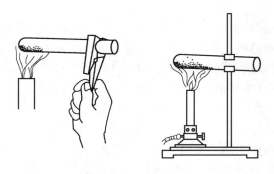

图 2.9　加热试管中的固体

（2）在坩埚中灼烧。当固体需要高温加热时，可将固体放在坩埚中灼烧，先用小火烘烤坩埚使其受热均匀，然后再加大火焰灼烧，如图 2.10（a）所示。要取下高温的坩埚时，必须使用干净的坩埚钳。先在火焰旁预热一下钳的尖端，再去夹取。坩埚钳用后，应尖端向上放在桌上（如果温度太高，应放在石棉网上），如图 2.10（b）所示。

(a) 坩埚的灼烧　　　　　　　　　　　　　　　　(b) 坩埚钳

图 2.10　坩埚的灼烧与坩埚钳

2.3　试剂及其取用

化学试剂是纯度较高的化学制品。按杂质含量的多少，通常将化学试剂分成 4 个等级。我国化学试剂的等级见表 2.1。

表 2.1　化学试剂等级

等　级	一级试剂 （保证试剂）	二级试剂 （分析试剂）	三级试剂 （化学纯试剂）	四级试剂 （实验试剂）
表示的符号	G R	A R	C P	L R
标签的颜色	绿色	红色	蓝色	黄色或棕色
应用范围	精密分析及科学研究	一般的分析及科学研究	一般化学实验或制备	一般的化学制备

我们应该根据节约的原则，按照实验的具体要求来选用试剂。不要以为试剂越纯越好。级别不同的试剂价格相差很大，在要求不是很高的实验中使用较纯的试剂就会造成很大的浪费。

固体试剂应装在广口瓶内,液体试剂应盛放在细口瓶或滴瓶内,见光易分解的试剂应装在棕色瓶内。盛碱液的试剂瓶要用橡皮塞。每个试剂瓶上都要贴上标签,标明试剂的名称、浓度、纯度和日期。

2.3.1　液体试剂的取用

向试管中滴加液体试剂时,必须注意保持滴管垂直,如图 2.11 所示,避免倾斜,尤忌倒立,防止试剂流入橡皮头内而将试剂弄脏。滴加试剂时,滴定的尖端不可接触容器内壁,应在容器口上方将试剂滴入。也不得把滴管放在原滴瓶以外的任何地方,以免被杂质沾污。

用倾注法取液体试剂时,应取出瓶盖倒放在桌上,右手握住瓶子,使试剂标签朝上,让瓶口靠住容器壁,缓慢倾出所需液体,让液体沿着杯壁往下流。若所用容器为烧杯,则倾注液体时可用玻璃棒引流,如图 2.12 所示。用完后,即将瓶盖盖上。加入反应器内所有液体的总量不得超过总容量的 2/3,如用试管不能超过总容量的 1/2。

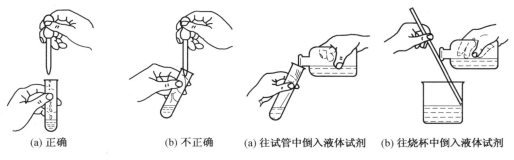

(a) 正确　　　(b) 不正确　　　(a) 往试管中倒入液体试剂　(b) 往烧杯中倒入液体试剂

图 2.11　往试管中滴加液体试剂　　　图 2.12　从试剂瓶中取用液体试剂

2.3.2　固体试剂的取用

1. 固体试剂要用干净的药匙取用。

2. 药匙两端分别为大小两个匙。取较多的试剂时用大匙,取少量的试剂时用小匙。取试剂前首先应该用吸水纸将药匙擦拭干净。取出试剂后,一定要把瓶塞盖严,并将试剂瓶放回原处,再次将药匙洗净和擦干。

3. 要求称取一定质量的固体时,可先把固体放在纸上或表面皿上,再在天平上称量。具有腐蚀性或易潮解的固体不能放在纸上,而应放在玻璃容器内进行称量。要求准确称取一定质量的固体时,可在分析天平上用直接法或减量法称取。

2.4　常用度量仪器及使用

2.4.1　量　筒

量筒是用来量取液体体积的仪器。读数时应使眼睛的视线和量筒内弯月面的最低点保持水平。

在进行某些实验时,如果不需要准确地量取液体,不必每次都用量筒,可以根据在日常操作中所积累的经验来估量液体的体积。如普通试管容量是 15 mL,则 3 mL 液体占试管总容量的 1/5。又如滴管每滴出 20 滴约为 1 mL,可以用计算滴数的方法估计所取液体的体积。

2.4.2　温度计

温度计是实验中用来测量温度的仪器,一般可测准至 0.1 ℃。测温度时,使温度计在液体内处于适中的位置,不能使水银球接触容器的底部或壁上,不能将温度计当搅拌棒使用,以免把水银球碰破。测量过高温物质的温度计不能立即用冷水冲洗,以免水银球炸裂。

2.4.3　密度计

密度计是测量液体密度的仪器。用于测定密度大于 1 g·mL^{-1} 的液体的密度计称为重表;用于测定密度小于 1 g·mL^{-1} 的液体的密度计称为轻表。使用密度计时,待测液体要有足够的深度,将密度计轻轻放入待测液体后,要等它能平稳地浮在液面上,才能放开手。当密度计在液面上不再摇动并不与容器相碰时,才能开始读数,读数时视线要与弯月面的最低点相切。

2.4.4　气压计

气压计的种类很多,这里介绍一种常用的气压计——DYM2－型定槽水银气压计。DYM2－型定槽水银气压计是用来测量大气压的仪器。它是以水银柱平衡大气压,即用水银柱的高度来表示大气压的大小。DYM2－型定槽水银气压计的主要结构是一根一端密封的长玻璃管,里面装满水银。开口的一端插入水银槽内,玻璃管内顶部水银液面以上是真空。当拧松通气螺钉时,大气压强就作用在水银槽内的水银液面上,玻璃管中的水银高度即与大气压相平衡。拧转游尺调节手柄,使游尺零线基面与玻璃管内水银柱弯月面相切,即可进行读数。

当大气压发生变化时,玻璃管内水银柱的高度和水银槽内水银液面的位置也发生相应的变化。由于在计算气压表的游尺时已补偿了水银槽内水银液面的变化量,因而游尺所示值经订正后,即为当时的大气压值。

气压测定值与水银柱的高度和水银的密度有关,由于温度的变化对水银的密度有一定影响,因而需要对测定的压力进行温度校正。气压计上的温度表是用来测定玻璃管内水银柱和外管温度的,以便对气压计的指示值进行温度校正。

气压计的观测按下列步骤进行:

(1)用手指轻敲外管,使玻璃管内水银柱的弯月面处于正常状态;

(2)转动游尺调节手柄,使游尺移到稍高水银柱顶端的位置,然后慢慢移下游尺,使游尺基面与水银柱弯月面相切;

(3)在外管的标尺上读取游尺零线以下最接近的整数,再读游尺上正好与外管标尺上

某一刻度相吻合的刻度线的数值,即为读数的十分位小数;

(4)读取附属温度计的温度,准确到 0.1 ℃。水银气压计因受温度和悬挂地区等影响,有一定的误差。若需要精密的气压数值时,则需做温度、重力(纬度的高度)等项目校正,但由于校正后的数值和气压表读数相差甚微,在通常情况下可不进行校正。

2.4.5 真空压力计

真空压力计常用来与水泵或油泵连接在一起使用,以测量体系内的真空度。常用的压力计有水银压力计、莫氏真空规、真空压力计,如图 2.13 所示。在使用水银压力计时应注意:停泵时,先慢慢打开缓冲瓶上的放空阀,再关泵,否则,由于汞的密度较大(13.9 g·cm^{-3}),在快速流动时会冲破玻璃管,造成污染。在拉出和推进泵车时,应注意保护水银压力计。

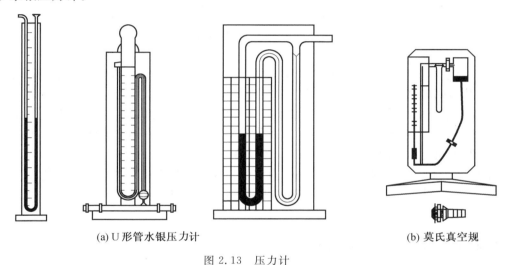

(a) U 形管水银压力计　　　　　　　　　　　　　　(b) 莫氏真空规

图 2.13　压力计

2.5　无机化学实验常用仪器及基本操作

2.5.1　试样的溶解

用溶剂溶解试样时,应先把烧杯适当倾斜,再加入溶剂,然后把量筒嘴靠近烧杯壁,让溶剂顺着杯壁慢慢流入;或使溶剂沿玻璃棒慢慢流入,以防杯内溶液溅出而损失。溶剂加入后,用玻璃棒搅拌,使试样完全溶解(若试样颗粒太大,可在研钵中研细)。对溶解时会产生气体的试样,则应先用少量水将其润湿成糊状,用表面皿将杯盖好,然后用滴管将试剂从杯嘴逐滴加入,以防生成的气体将粉状的试样带出。对于需要加热溶解的试样,加热时要盖上表面皿,防止溶液剧烈沸腾而溅出。加热后要用蒸馏水冲洗表面皿和烧杯内壁,冲洗时也应使水顺杯壁流下。

在实验的整个过程中,盛放试样的烧杯要用表面皿盖上,以防脏物落入。放在烧杯中的玻璃棒,不要随意取出,以免溶液损失。

2.5.2 结　晶

1.蒸发浓缩

蒸发浓缩应视溶质的性质分别采用直接加热或水浴加热的方法进行。对于固态时带有结晶水或低温受热易分解的物质,则由它们形成的溶液的蒸发浓缩,一般只能在水浴上进行。常用的蒸发容器是蒸发皿。蒸发皿内所盛液体的量不应超过其容量的2/3。随着水分的蒸发,溶液逐渐被浓缩,浓缩的程度取决于溶质溶解度的大小及对晶粒大小的要求,一般蒸发到溶液表面出现晶膜为止,冷却后即可结晶出大部分溶质。

2.结晶与重结晶

大多数物质的溶液蒸发到一定浓度后冷却,就会析出溶质的晶体。析出晶体的颗粒大小与结晶条件有关。如果溶液的浓度较高,溶质在水中的溶解度随温度下降而显著减小时,冷却得越快,那么析出的晶体就越细小,否则就得到较大颗粒的结晶。搅拌溶液和静置溶液,可以得到不同的效果。前者有利于细小晶体的生成,后者有利于大晶体的生成。

若溶液容易发生过饱和现象,可以用搅拌、摩擦器壁或投入几粒小晶体(晶种)等办法,使其形成结晶中心,过量的溶质便会全部结晶析出。

如果第一次结晶所得物质的纯度不符合要求,可进行重结晶。其方法是在加热情况下使被纯化物质溶于一定量的水中,形成饱和溶液,趁热过滤,除去不溶性杂质,然后使滤液冷却,被纯化物质即结晶析出,而杂质则留在母液中,过滤便得到较纯净的物质。若一次重结晶达不到要求,可再次重结晶。重结晶是提纯固体物质常用的重要方法之一,它适用于溶解度随温度变化而有显著变化的化合物,对于溶解度受温度影响很小的化合物则不适用。

2.5.3　固液分离、沉淀的洗涤

1.固液分离

固液分离一般有3种方法:倾析法、过滤法和离心分离法。

(1)倾析法。当沉淀的结晶颗粒较大或比重较大,静置后容易沉降至容器底部时,可用倾析法分离或洗涤。倾析的操作和转移溶液的操作是同时进行的。洗涤时,可向盛有沉淀的容器内加入少量洗涤液(常用的有蒸馏水),充分搅拌后静置、沉降,再小心地倾析出洗涤液。如此重复操作两三遍,即可洗净沉淀。

(2)过滤法。过滤法是常用的分离方法之一。当溶液和沉淀的混合物通过过滤器时,沉淀就留在滤纸上,溶液则通过过滤器而滤入接收容器中。过滤所得的溶液称为滤液。

溶液的温度、黏度、过滤时的压力和沉淀物的状态,都会影响过滤的速度。热的溶液比冷的溶液容易过滤。溶液的黏度越大,过滤越慢。减压过滤比常压过滤快。沉淀若呈现胶状时,必须先加热一段时间来破坏它,否则它会透过滤纸。总之,要考虑各方面的因素来选用不同的过滤方法。

常用的过滤方法是常压过滤、减压过滤和热过滤,现分述如下。

① 常压过滤。此法较为简便和常用。过滤用的玻璃漏斗锥体角度应为60°,颈的直

径不能太大,一般应为 3~5 mm,颈长为 15~20 cm,颈口处磨成 45°,如图 2.14 所示。漏斗的大小应与滤纸的大小相适应。应使折叠后滤纸的上缘低于漏斗上缘 0.5~1 cm,绝不能超出漏斗边缘。

　　滤纸一般按四折法折叠。折叠时,应先将手洗干净,揩干,以免弄脏滤纸。滤纸的折叠方法是先将滤纸整齐地对折,然后再对折,这时不要把两角对齐,如图 2.15(a)所示,将其打开后成为顶角稍大于 60° 的圆锥体,如图 2.15(b)所示。

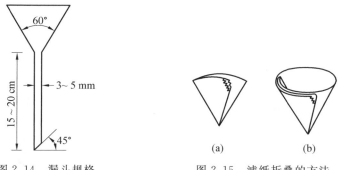

图 2.14　漏斗规格　　　　　　图 2.15　滤纸折叠的方法

　　为保证滤纸和漏斗密合,第二次对折时不要折死,先把圆锥体打开,放入洁净而干燥的漏斗中,如果上缘不十分密合,可以稍稍改变滤纸的角度,直到与漏斗密合为止。用手轻按滤纸,将第二次对折的折边折死,所得圆锥体的半边为三层,另半边为一层。然后取出滤纸,将三层厚的紧贴漏斗的外层撕下一角,如图 2.15(a)所示,保存于干燥的表面皿上,备用。

　　将折叠好的滤纸放入漏斗中,且三层厚的一边应放在漏斗出口短的一边。用食指按紧三层厚的一边,用洗瓶吹入少量水将滤纸润湿,然后轻轻按滤纸边缘,使滤纸的锥体与漏斗间没有空隙(注意三层与一层之间处应与漏斗密合)。按好后,用洗瓶加水至滤纸边缘,这时漏斗颈内应全部被水充满,当漏斗中水全部流尽后,颈内水柱仍能保留且无气泡。

　　若不形成完整的水柱,可以用手堵住漏斗下口,稍掀起滤纸三层厚的一边,用洗瓶向滤纸与漏斗间的空隙里加水,直到漏斗颈和锥体的大部分被水充满,然后按紧滤纸边,放开堵住出口的手指,此时水柱即可形成。

　　最后再用蒸馏水冲洗一次滤纸,将准备好的漏斗放在漏斗架上,下面放一洁净的烧杯承接滤液,使漏斗出口长的一边紧靠杯壁,漏斗和烧杯上均盖好表面皿,备用。

　　过滤一般分 3 个阶段进行。第一阶段采用倾泻法,尽可能地过滤清液,如图 2.16 所示;第二阶段是洗涤沉淀并将沉淀转移到漏斗上;第三阶段是清洗烧杯和洗涤漏斗上的沉淀。

　　采用倾泻法是为了避免沉淀堵塞滤纸上的空隙,影响过滤速度。待烧杯中沉淀下降以后,可将清液倾入漏斗中。溶液应沿着玻璃棒流入漏斗中,而玻璃棒的下端对着滤纸三层厚的一边,并尽可能接近滤纸,但不能接触滤纸。倾入的溶液一般不要超过滤纸高度的2/3,或离滤纸上缘至少 5 mm,以免少量溶液因毛细管作用越过滤纸上缘,造成损失,且不便洗涤。

暂停倾泻溶液时,烧杯应沿玻璃棒使其嘴向上提起,使烧杯向上,以免杯嘴上的液滴流失。

在过滤过程中,盛有沉淀和溶液的烧杯放置方法如图 2.17 所示,即在烧杯下放一块木头,使烧杯倾斜,以利于沉淀和清液分开,便于转移清液。同时玻璃棒不要靠在烧杯嘴上,避免烧杯嘴上的沉淀沾在玻璃棒上而部分损失。倾泻法如一次不能将清液倾注完时,应待烧杯中沉淀下沉后再次倾注。

 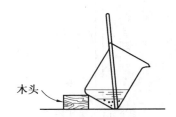

木头

图 2.16　倾泻法过滤　　　　　　图 2.17　烧杯的放置方法

将清液完全转移后,应对沉淀作初步洗涤。洗涤时,每次用 10 mL 洗涤液吹洗烧杯四周内壁,使粘附着的沉淀集中在烧杯底部,每次的洗涤液同样用倾泻法过滤。如此洗涤 3～4 次烧杯内沉淀,然后再加少量洗涤液于烧杯中,搅动沉淀使之混匀后,立即将沉淀和洗涤液一起通过玻璃棒转移至漏斗上。再加入少量洗涤液于杯中,搅拌混匀后再转移至漏斗上。如此重复几次,使大部分沉淀转移至漏斗中,然后按如图 2.18(a)所示的吹洗方法将沉淀吹洗至漏斗中,即用左手把烧杯置于漏斗上方,烧杯嘴向着漏斗,拇指在烧杯嘴下方,同时,右手把玻璃棒从烧杯中取出横在烧杯口上,使玻璃棒伸出烧杯约 2～3 cm。然后用左手食指按住玻璃棒的较高地方,倾斜烧杯,使玻璃棒下端指向滤纸三层厚的一边,用右手以洗瓶吹洗整个烧杯壁,使洗涤液和沉淀沿玻璃棒流入漏斗中。如果仍有少量沉淀牢牢地粘附在烧杯壁上而洗不下来时,可将烧杯放在桌上,用沉淀帚(见图 2.18 (b)),它是一头带橡皮的玻璃棒)在烧杯内壁自上而下、自左至右擦拭,使沉淀集中在底部。再按如图 2.18(a)所示操作将沉淀吹洗入漏斗上。对牢固地沾在杯壁上的沉淀,也可用前面折叠滤纸时撕下的滤纸角擦拭玻璃棒和烧杯内壁,将此滤纸角放在漏斗的沉淀上。

经吹洗、擦拭后的烧杯内壁,应在明亮处仔细检查是否吹洗、擦拭干净,包括玻璃棒、表面皿、沉淀帚都要认真检查。

必须指出,过滤开始后,应随时检查滤液是否透明,如不透明,说明有穿滤。这时必须换另一洁净烧杯承接滤液,在原漏斗上将穿滤的滤液进行第二次过滤。如发现滤纸穿孔,则应更换滤纸重新过滤。

②减压过滤(简称"抽滤")。减压过滤可缩短过滤的时间,并可把沉淀抽得比较干净,但它不适用于胶状沉淀和颗粒太细的沉淀的过滤。

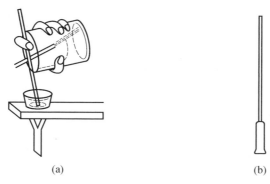

(a)　　　　　　(b)

图 2.18　吹洗沉淀的方法和沉淀帚

　　减压过滤装置如图 2.19 所示,利用真空泵在布氏漏斗的液面与吸滤瓶内造成一个压力差,提高了过滤的速度。在连接真空泵的橡皮管和吸滤瓶之间安装一个安全瓶,用以防止因关闭水泵后压力改变而引起的倒吸。也正因为如此,在停止过滤时,应首先从吸滤瓶上拔掉橡皮管,然后再关闭真空泵。

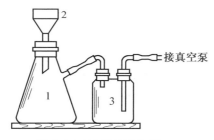

图 2.19　减压过滤装置
1—吸滤瓶;2—布氏漏斗;3—安全瓶

图 2.20　热过滤用漏斗(热漏斗)

　　抽滤用的滤纸应比布氏漏斗的内径略小,但又能把瓷孔全部盖上。将滤纸放入并湿润后,打开真空泵,先稍微抽气使滤纸贴紧,然后用玻璃棒往漏斗内转移溶液,注意加入的溶液不要超过漏斗容积的 2/3。等溶液流完后再转移沉淀,继续减压过滤,直至沉淀抽干。滤毕,先拔掉橡皮管,再关闭真空泵。用玻璃棒轻轻揭起滤纸边,取出滤纸和沉淀。滤液则由吸滤瓶的上口倾出。

　　有些浓的强酸、强碱或强氧化性的溶液,过滤时不能使用滤纸,因为它们与滤纸会发生化学反应而破坏滤纸。这时可用尼龙布代替滤纸。另外,浓的强酸溶液也可使用烧结漏斗(也叫砂芯漏斗)过滤,这种漏斗在化学实验中常见的规格有四种,即 G—1、G—2、G—3、G—4,其中 G—1 的孔径最大,可以根据颗粒的不同来选用。但它不适用于强碱溶液的过滤,因为强碱会腐蚀玻璃。

　　③ 热过滤。如果溶液中的溶质在温度下降时容易析出大量结晶,而我们又不希望它在过滤过程中留在滤纸上,这时就要趁热进行过滤。过滤时可把玻璃漏斗放在铜质的热漏斗内,如图 2.20 所示,热漏斗内装有热水,以维持溶液的温度。

　　也可以在过滤前把普通漏斗放在水浴上用蒸汽加热,然后使用。此法较简单易行。另外,热过滤时选用的漏斗的颈部越短越好,以免过滤时溶液在漏斗内停留过久,因散热降温析出晶体而发生堵塞。

（3）离心分离法。当被分离的沉淀的量很少时，可以用离心分离法。实验室常用电动离心机（见图2.21）进行沉淀的分离。使用时将盛有待分离物的离心试管或小试管放入离心机的试管套内。在其对称位置上，必须放入一支装有相近质量分离物（或以水代替）的离心试管或小试管，使离心机的两臂呈平衡状态，放好离心试管后，盖好离心机的盖子，然后打开旋钮并逐渐旋转变阻器，使转速由小到大，转速和旋转时间视沉淀的性状而定。一般晶形沉淀以1 000转/min，离心1～2 min为宜；非晶形沉淀需2 000转/min，离心3～4 min。运转完成后，逐渐恢复变阻器，让其自行停止转动，切不可施加外力强行停止。待其停转后，打开盖子，取出离心试管。注意：千万不能在离心机高速旋转时打开盖子，以免发生伤人事故。如发现离心试管破裂或震动太厉害，需停止使用。

在离心试管中进行固液分离时，可使用一根带有毛细管的长滴管，先用拇指和食指挤出橡皮乳头中的空气，随即伸入液面下，慢慢放松橡皮乳头，溶液被缓缓吸入滴管，滴管应随着液面下降而深入，但切勿触及沉淀，如图2.22所示。当沉淀上面留存的少量溶液吸不出时，可将毛细管尖端轻轻触及液面，利用毛细作用，可将溶液基本吸尽。

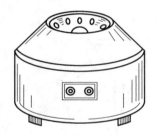

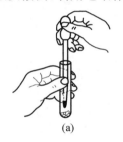(a)

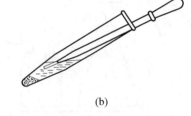(b)

图2.21　电动离心机　　　　　图2.22　用滴管吸出沉淀上的溶液

若需洗涤沉淀，可加入少量的水，用玻璃棒充分搅拌后，再进行离心分离。通常洗涤1～2次即可。

2. 沉淀的洗涤

沉淀全部转移到滤纸上后，应对它进行洗涤。其目的在于将沉淀表面所吸附的杂质和残留的母液除去。其方法如图2.23所示，即洗瓶的水流从滤纸的多重边缘开始，螺旋形地往下移动，最后到多重部分停止，这称为"从缝到缝"，这样可使沉淀洗得干净且可将沉淀集中到滤纸的底部。为了提高洗涤效率，应掌握洗涤方法的要领。洗涤沉淀时要少量多次，即每次螺旋形往下洗涤时，所用洗涤液

图2.23　沉淀的洗涤

的量要少，便于尽快沥干，沥干后，再行洗涤。如此反复多次，直至沉淀洗净为止。这通常称为"少量多次"原则。

2.5.4　沉淀的干燥和灼烧

1. 烘干

滤纸和沉淀的烘干通常在煤气灯或电炉上进行。操作步骤是用扁头玻璃棒将滤纸边挑起,向中间折叠,将沉淀盖住,如图 2.24 所示。再用玻璃棒轻轻转动滤纸包,以便擦净漏斗内壁可能沾有的沉淀。然后,将滤纸包转移至已恒重的坩埚中,将它倾斜放置,使多层滤纸部分朝上,以利于烘烤。坩埚的外壁和盖先用蓝黑墨水或 $K_4[Fe(CN)_6]$ 溶液编号。烘干时,盖上坩埚盖,但不要盖严,如图 2.25(a) 所示。

2. 炭化、灰化

炭化是将烘干后的滤纸烤成炭黑状,灰化是使呈炭黑状的滤纸灼烧成灰。炭化和灰化的灼烧方法如图 2.25(b) 所示。烘干、炭化、灰化,应由小火到强火一步一步完成,不能性急,不要使火焰加得太大。炭化时如遇到滤纸着火,可立即用坩埚盖盖住,使坩埚内的火焰熄灭(切不可用嘴吹灭)。着火时,不能置之不理,让其燃尽,这样易使沉淀随大气流飞散损失。待火熄灭后,将坩埚盖移至原来位置,继续加热至全部炭化(滤纸变黑)直至灰化。

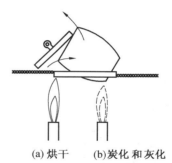

(a) 烘干　　(b)炭化 和灰化

图 2.24　沉淀的包裹　　　图 2.25　沉淀和滤纸在坩埚中烘干、炭化和灰化
的火焰位置

3. 灼烧至恒重

沉淀和滤纸灰化后,将坩埚移入高温炉中(根据沉淀的性质调节适当温度),盖上坩埚盖,但要留有空隙。在与灼烧空坩埚相同的温度下,灼烧 $40\sim45$ min,与空坩埚灼烧操作相同,取出冷至室温,称重。然后进行第二次、第三次灼烧,直到坩埚和沉淀恒重为止。一般第二次以后灼烧 20 min 即可。所谓恒重,是指相邻两次灼烧后的称量差值不大于 0.4 mg。

从高温炉中取出坩埚时,将坩埚移至炉口,至红热稍退后,再将坩埚从炉中取出放在洁净瓷板上。在夹取坩埚时,坩埚钳应预热。待坩埚冷至红热退去后,再将坩埚转至干燥器中。放入干燥器后,盖好盖子,随后须启动干燥器盖 $1\sim2$ 次。

在干燥器内冷却时,原则是冷至室温,一般须 30 min 左右。但要注意,每次灼烧、称重和放置的时间都要保持一致。

使用干燥器时,首先将干燥器擦干净,烘干多孔瓷板后,将干燥剂通过一纸筒装入干燥器的底部,如图 2.26 所示。应避免干燥剂沾污内壁的上部。然后盖上瓷板。

干燥剂一般用变色硅胶。此外还可用无水氯化钙等。

由于各种干燥剂吸收水分的能力都是有一定限度的，因此干燥器中的空气不是绝对干燥，而只是湿度相对降低而已。所以灼烧和干燥后的坩埚和沉淀，如在干燥器中放置过久，可能会吸收少量水分而使质量增加，这一点须加注意。

干燥器盛装干燥剂后，应在干燥器的磨口上涂上一层薄而均匀的凡士林。然后盖上干燥器盖。

开启干燥器时，左手按住干燥器的下部，右手按住盖子上的圆顶，向左前方推开器盖，如图 2.27 所示。盖子取下后应拿在右手中，用左手放入（或取出）坩埚（或称量瓶），及时盖上干燥器盖。盖子取下后，也可放在桌上安全的地方（注意要磨口向上，圆顶向下）。加盖时，也应拿住盖上圆顶，推着盖好。

图 2.26　干燥剂的装法

当坩埚等放入干燥器时，一般应放在瓷板圆孔内。若坩埚等热的容器放入干燥器后，应连续推开干燥器 1～2 次。搬动或挪动干燥器时，应该用两手的拇指同时按住盖，防止滑落打破，如图 2.28 所示。

图 2.27　开启干燥器的操作

图 2.28　搬动干燥器的操作

关于空坩埚的恒重方法和灼烧温度，均与灼烧沉淀时相同。坩埚与沉淀的恒重质量与空坩埚的恒重之差，即为沉淀的质量。现在，生产单位常用一次灼烧法，即先称恒重后带沉淀的坩埚的质量（称为总质量），然后用毛刷刷去沉淀，再称出空坩埚的质量，用差减法即可求出沉淀的质量。

2.6　分析化学实验常用仪器与基本操作

2.6.1　滴定管

滴定管是在滴定过程中，用于准确测量放出滴定溶液体积的一类玻璃量器。常量分析的滴定管容积有 25 mL、50 mL、100 mL 等,最小刻度为 0.1 mL,读数可估计到 0.01 mL,完成一次滴定的读数误差为 ±0.02 mL。常量分析中常用容积为 50 mL 的滴定管。

滴定管一般分成酸式和碱式两种。酸式滴定管的刻度管和下端的尖嘴玻璃管通过玻璃活塞相连,适于装盛酸性、中性以及氧化性的溶液。不宜装入碱性溶液,尤其不宜装入强碱性溶液,管中久放强碱性溶液会使活塞与活塞套粘合,难以转动。碱式滴定管的刻度管与尖嘴玻璃管之间通过橡皮管相连,在橡皮管中装有一颗玻璃珠,用以控制溶液的流出速度。碱式滴定管用于盛装碱性溶液和无氧化性溶液,具有氧化性的溶液(如高锰酸钾、碘和硝酸银等)和侵蚀橡皮管的酸类均不能使用碱式滴定管。目前使用聚四氟乙烯作为活塞材料的滴定管,酸性、碱性、强氧化性的物质都可以承受。

1. 酸式滴定管使用前的准备

(1)检查与清洗。使用前先检查玻璃活塞是否配套紧密,如不紧密,并有严重的漏水现象,不宜使用。根据实验要求、污物性质和沾污程度来进行清洗。常用的清洗方法是首先用自来水冲洗。如污物洗不掉,改用合成洗涤剂洗。若还不能洗净时,可用铬酸洗液洗涤。具体方法是:关闭活塞,倒入 10~15 mL 铬酸洗液于酸式滴定管中,一手拿住滴定管上端无刻度处,另一手拿住活塞上端无刻度处,边转动边将洗液向管口一头倾斜(严防活塞脱落),逐渐端平滴定管,让洗液布满全管。然后竖直滴定管,打开活塞,将洗液放回原瓶中。如果内壁污染严重,改用热洗液浸泡一段时间后再洗涤干净。

总之,要根据具体情况选用有针对性的洗涤剂进行清洗。如管壁有二氧化锰沉淀时,可用过氧化氢加酸或浓盐酸溶液进行清洗。

污物清洗后,还必须用自来水冲洗干净,再用蒸馏水清洗 3 次。将管外壁擦干,检查管内壁是否完全被水均匀润湿而不挂水珠。如内壁是不均匀润湿而挂有水珠,则应重新洗涤。

(2)玻璃活塞涂油。为了使玻璃活塞转动灵活并防止漏水,需将活塞涂上凡士林。操作如下:将滴定管平放在桌面上,先取下套在活塞小头上的橡皮圈,后取出活塞,洗净,用滤纸擦干活塞及活塞槽。将滤纸卷成小卷,插入活塞槽进行擦拭,如图 2.29 所示。用手指蘸上少许凡士林在活塞孔两边均匀地、薄薄地涂上一层,活塞中间有孔的部位及孔的近旁不能涂,如图 2.30 所示。或者分别在活塞大头一端和小头一端的内壁涂上薄薄一层凡士林。将涂好凡士林的活塞准确地直插入活塞槽中(不能转动插入),插入时活塞孔应与滴定管平行,如图 2.31 所示。将活塞按紧后向同一方向不断转动,直到从外面观察油膜均匀透明为止。旋转时,应有一定的挤压力,以免活塞来回移动,使孔受堵,如图 2.32 所示。

若发现活塞转动不灵活或出现纹路,说明涂油不够;如果油从活塞隙缝溢出或挤入活塞孔,表示涂油太多,遇到上述情况,必须重新涂油。涂好油后,在活塞小头套上橡皮圈,防止活塞脱落。

图 2.29　擦干活塞内壁的手法

图 2.30　涂油的手法

图 2.31　活塞安装

图 2.32　转动活塞

（3）清除活塞孔或尖嘴管孔中凡士林的方法。活塞孔堵塞，比较容易清除，取下活塞，放入盛有热水的烧杯中，待凡士林熔化后自动流出。如果是滴定管尖嘴堵塞，则需用水充满全管，尖嘴浸入热水中，温热片刻后，打开活塞使管内的水突然冲下，可把熔化的油带出。

（4）试漏。检查滴定管是否漏水，用水装满滴定管至"0"刻度以上，夹在滴定管架上直立 2 min，观察有无水滴漏下，再将活塞旋转 180°，直立静置 2 min，再仔细观察有无水滴漏下。

2. 碱式滴定管使用前的准备

使用前先检查碱式滴定管下端橡皮管是否老化、变质。查看橡皮管长度是否合适，橡皮管不宜过长，否则滴定管内液位高时橡皮管膨胀会影响读数。检查玻璃珠的大小是否合适，玻璃珠过大，不便操作，过小会漏水。玻璃珠不合要求，应及时更换，使之既不漏水，又能灵活控制滴液速度。

碱式滴定管的洗涤方法和酸式滴定管的洗涤方法基本相同，注意选择合适的洗涤剂。如果需用铬酸洗液时，不能让铬酸洗液接触橡皮管。把碱式滴定管倒立于盛有铬酸洗液的烧杯中，将滴定管尖嘴连接在抽气泵上，打开泵，轻挤玻璃珠抽气，让洗液徐徐上升到接近橡皮管处为止，浸泡 20～30 min。拆除抽气泵，轻挤玻璃珠抽气，放进空气使洗液回到烧杯中。然后用自来水和蒸馏水依次清洗。用洗耳球代替抽气泵亦可。

3. 装入滴定液

（1）用滴定液润洗。在正式装入滴定液前，先用滴定液润洗滴定管内壁 3 次，每次用8～10 mL。润洗方法是：两手平持滴定管，边转动边倾斜管身，使滴定液洗遍全部内壁，从管口放出少量滴定液，然后打开活塞冲洗管尖嘴部分，尽量放净残留液。对于碱式滴定管，要特别注意玻璃珠下方部位的润洗。

（2）装入滴定液。滴定管用滴定液润洗后，可将滴定液直接装入滴定管中，不得借用其他任何量器来转移。装入方法是：左手前三指持滴定管上部无刻度处，使刻度面向手心，将滴定管稍微倾斜，右手拿住试剂瓶将滴定液直接倒入滴定管至"0"刻度以上。

（3）赶气泡。充满滴定液后，先检查滴定管尖嘴部分是否充满溶液。酸式滴定管的气泡容易看出。有气泡时，迅速打开活塞让溶液急速流出，以赶走气泡。碱式滴定管的气泡往往在橡皮管和尖嘴玻璃管内。橡皮管内的气泡应对光检查。排除气泡的方法是：右手持滴定管倾斜30°，左手将橡皮管向上弯曲，让尖嘴斜向上方，用两指挤玻璃珠稍上的橡皮管，使溶液和气泡从尖嘴管口喷出，如图 2.33 所示。重新装满滴定液，将液面调至"0"刻度处。

图 2.33　碱式滴定管排气泡

4. 滴定管的读数

由于滴定管读数不准而引起的误差，是滴定分析误差的主要来源之一。对初学者来说，应多做读数练习，切实掌握好正确读数方法。由于溶液的内聚力和附着力的相互作用，滴定管内的液面呈弯月面。如果溶液有颜色，将会明显减少溶液的透明度，给读数带来困难。为准确读数，应注意以下几点。

（1）读数时滴定管要自然垂直。静置 2 min 后，将滴定管从滴定管架上取下，用左手大拇指和食指捏住滴定管上端无刻度或无溶液处，使滴定管保持自然垂直状态，然后读数。

（2）读数时视线要水平。无色或浅色溶液应读取弯月面的最低点，即读取视线与弯月面相切的刻度，视线不水平会使读数偏低或偏高，如图 2.34（a）所示。深色溶液如高锰酸钾溶液等，应读取视线与液面两侧最高点相齐的刻度。注意：初读数与终读数应用同一标准。

（3）"蓝带"滴定管读数。"蓝带"滴定管是乳白色衬背上标有蓝线的滴定管，其读数对无色溶液来说是以两个上弯月面相交的最尖部分为准，如图 2.34（b）所示。当视线与此尖端水平时即可读数。若为深色溶液，仍应读取视线与液面两侧最高点相齐的刻度。

（4）读数卡的用法。为利于读数，在滴定管背面衬上一黑白两色卡片，中间部分为 3 cm×1.5 cm 的黑纸，如图 2.34（c）所示。读数时将卡片放在滴定管的背后，使黑色部分在弯月面下约 1 mm 处。此时可看到弯月面反射层全部成为黑色，这样的弧形液面界线十分清晰，易于读取黑色弯月面下缘最低点的刻度。

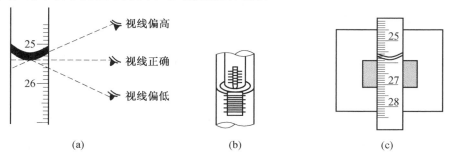

图 2.34　滴定管读数方法

（5）读至小数点后两位。滴定管上的最小刻度为 0.1 mL，第二位小数是估计值，要求读准至 0.01 mL。

5. 滴定管的操作方法

(1)酸式滴定管活塞操作。使用酸式滴定管进行滴定时,将酸式滴定管垂直夹在右边的滴定管夹上,活塞柄向右,左手从滴定管后向右伸出,拇指在滴定管前,食指和中指在管后,三个指头平行地轻轻控制活塞旋转,并向左轻轻扣住(手心切勿顶住活塞,以免漏液),无名指及小指向手心弯曲,并向外顶住活塞下面的玻璃管,如图 2.35 所示。当活塞按逆时针方向转动时,拇指移向活塞柄靠身体的一端(与中指在一端),拇指向下按,食指向上顶,使活塞轻轻转动。活塞按顺时针方向转动时,拇指移向食指一端,拇指向下按,中指向上顶,使活塞轻轻转动。注意转动时中指和食指不能伸直,应微微弯曲以做到可以向左扣住。

图 2.35　左手旋转活塞的方法

(2)碱式滴定管挤玻璃珠操作。使用碱式滴定管主要是挤玻璃珠的操作,左手拇指和食指挤橡皮管内的玻璃珠,无名指和小指夹住尖嘴玻璃管,向右侧挤压橡皮管,将玻璃珠移至手心一侧,使溶液从玻璃珠旁空隙处流出。注意不要用力捏玻璃珠,也不要上下挤玻璃珠,尤其不要挤玻璃珠下的橡皮管,否则空气进入橡皮管形成气泡会造成读数误差。

(3)滴定操作。滴定一般在锥形瓶或烧杯中进行。滴定时,滴定管的尖嘴要伸入锥形瓶或烧杯 1~2 cm 深处。若用烧杯,滴定管尖嘴应靠在烧杯内壁上,以防溶液溅出,若用锥形瓶,右手拿锥形瓶颈部,距离滴定台 1 cm。滴定时,左手控制活塞或挤玻璃珠,调节溶液流速。右手持锥形瓶,向同一方向做圆周运动(在烧杯中滴定要用玻璃棒搅拌)。滴定速度在前期可稍快,应"见滴成线",但不能滴成"水线"。滴定接近终点时,应减慢速度,一滴一滴加入,即每加一滴,摇动后再加,最后应控制半滴半滴加入。方法是:将活塞稍稍转动,使半滴悬于管口,用锥形瓶内壁将其沾落,再用洗瓶吹洗内壁。仔细观察终点溶液颜色的变化情况,变色后半分钟仍不消失,表示已到达终点。如图 2.36(a)为碱式滴定管滴定烧杯中的溶液;图 2.36(b)为酸式滴定管滴定锥形瓶中的溶液;图 2.36(c)为使用碘量瓶的滴定,把玻璃塞夹在右手的中指和无名指之间。

(a)　　　　　　　　　　(b)　　　　　　　　　　(c)

图 2.36　滴定操作

(4)熟练掌握控制溶液流速的 3 种方法:连续式滴加的方法,控制滴定速度为每秒 3~4 滴,即每分钟约 10 mL;间隙式滴加的方法,能自如地控制溶液一滴一滴地加入;悬而不落,只加半滴,甚至不到半滴的方法,做到控制滴定终点恰到好处。

(5)滴定操作注意事项。

① 滴定前调零。每次滴定最好都从 0.00 mL 开始,不超过 1.00 mL。调零的好处是,每次滴定所用的溶液都差不多是滴定管的同一部位,可以抵消内径不一或刻度不匀引起的误差,同时能保证所装标准溶液足够用,使滴定能一次完成,避免因多次读数而产生误差。

② 控制滴定速度。根据反应的情况控制滴定速度,接近终点时要一滴一滴或半滴半滴地进行滴定。

③ 摇动或搅拌。摇动锥形瓶时,应微动腕关节,使溶液向同一个方向而不能前后振荡,否则溶液会溅出。玻璃棒搅拌烧杯溶液也应向同一方向划弧线,不得碰击烧杯壁。

④ 正确判断终点。滴定时应仔细观察溶液落点周围溶液颜色的变化。不要去看滴定管上的体积而不顾滴定反应的进行。

⑤ 两个半滴处理。滴定前悬挂在滴定管尖上的半滴溶液应去掉。滴定完应使悬挂的半滴溶液沿锥形瓶壁流入瓶内,并用洗瓶冲洗锥形瓶颈内壁。若在烧杯中滴定,应用玻璃棒碰接悬挂的半滴溶液,然后将玻璃棒插入溶液中搅拌。

⑥ 滴定结束后,滴定管内剩余溶液应弃去,不要倒回原瓶中。随后洗净滴定管,用蒸馏水充满全管并套上滴定管帽,放到滴定管架上夹好,以备下次使用。

2.6.2　容 量 瓶

容量瓶是一种细颈梨形的平底玻璃瓶,带有磨口玻璃塞或塑料塞,颈部有环形标线。容量瓶的容量定义为:在 20 ℃时,充满至刻度线所容纳水的体积,以毫升计。有 25 mL、50 mL、100 mL、250 mL、500 mL、1 000 mL 等规格。

容量瓶是配制标准溶液或样品溶液时使用的精密量器。正确使用容量瓶的方法详述如下。

1. 容量瓶的检查

(1)使用容量瓶前先检查瓶塞是否漏水。加自来水至刻度标线附近,盖好瓶塞。左手食指按住塞子,其余手指拿住瓶颈标线以上部位,右手指尖托住瓶底边缘,如图 2.37(a)所示。将瓶倒立 2 min,如不漏水,将瓶直立,转瓶塞180°后,再倒立 2 min,仍不漏水方可使用。

(2)检查刻度标线距离瓶口是否太近。如果刻度标线离瓶口太近,则不便混匀溶液,不宜使用。

2. 溶液配制

用容量瓶配制标准溶液或样品时,最常用的方法是将准确称量的待溶固体置于小烧杯中,用蒸馏水或其他溶剂将固体溶解,然后将溶液定量转移至容量瓶中。转移时,一手拿玻璃棒,一手拿烧杯,慢慢将玻璃棒从烧杯中取出,并将其悬空伸入容量瓶口中,玻璃棒下端则应靠在瓶颈内壁上,再让烧杯嘴紧靠玻璃棒,慢慢倾斜烧杯,使溶液沿着玻璃棒流下,如图 2.38 所示。当溶液流完后,将烧杯轻轻沿玻璃棒向上提起,使附在玻璃棒和烧杯嘴之间的液滴回到烧杯中(玻璃棒不要靠在烧杯嘴一边),然后用洗瓶吹洗玻璃棒和烧杯 5 次以上(每次 5～10 mL),吹洗的洗液按上述方法完全转入容量瓶中。而后加蒸馏水稀释至容积的 3/4 处时,用右手食指和中指夹住瓶塞扁头,将容量瓶拿起,向同一方向摇动几周,使溶液初步混匀(切勿倒置容量瓶)。继续加蒸馏水至标线约 1 cm 处后,等 1～2 min 使附在瓶颈内壁的溶液流下,再用细长滴管或洗瓶滴加蒸馏水至弯月面下缘与刻度标线相切(注意:勿使滴管接触溶液)。无论溶液有无颜色,其加水位置均为使水至弯月面下缘与刻度标线相切为标准。盖紧瓶塞,将容量瓶倒置,使气泡上升到顶。振摇几次再倒转过来,如此反复倒转摇动 20 次左右,使瓶内溶液充分混合均匀,如图 2.37(b)所示。

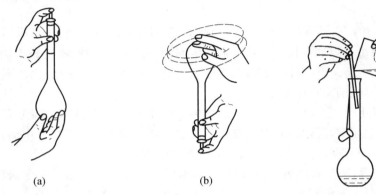

|(a)|(b)|
图 2.37　容量瓶的检查和溶液配制　　　图 2.38　溶液从烧杯中转移入容量瓶

3. 使用注意事项

(1)用容量瓶定容时,溶液温度应和瓶上标示的温度相一致。

(2)容量瓶同量筒、量杯、吸量管和滴定管一样不得在烘箱中烘烤,也不能在电炉上加热,可将容量瓶洗净,用无水乙醇等有机溶剂润洗后晾干,或用电吹风冷风吹干。

(3)容量瓶配套的塞子应挂在瓶颈上,以免沾污、丢失或打碎。

(4)不能用容量瓶长期存放配好的溶液。溶液若需保存,应储存于试剂瓶中。

(5)假如固体是经过加热溶解的,那么溶液必须冷却后才能转移到容量瓶中。

(6)容量瓶长时间不用时,瓶与塞之间应垫一小纸片,防止粘连。

2.6.3　移液管和吸量管

要求准确地移取一定体积的液体时,可以使用移液管或吸量管。移液管又称吸管,它的中间有一膨大的部分(称为球部),上下两段细长。上端刻有环形标线,球部标有容积和温度。常用的移液管有 10 mL、20 mL、25 mL、50 mL 等多种规格。

吸量管是具有分刻度的玻璃管,又称刻度移液管。常用的吸量管有 1 mL、2 mL、5 mL、10 mL 等。可以吸取标示范围内所需任意体积的溶液,但准确度不如移液管。

1. 移液管和吸量管使用前的准备工作

(1)洗涤。移液管和吸量管的洗涤应达到管内壁和其下部的外壁不挂水珠。

(2)润洗。为保证移取的溶液浓度不变,先用滤纸将移液管尖嘴内外的水沾净,然后用少量(用洗耳球将待移液吸入管内,每次约吸至移液管球部的1/4 处)被移取溶液润洗3 次,并注意勿使移液管中润洗的溶液流回原溶液中。

2. 移液操作

用右手大拇指和中指拿住移液管标线的上方,将移液管的下端伸入被移取溶液液面下 1~2 cm 深处。深入太浅,会产生空吸现象;太深又会使管的外壁沾上溶液过多,影响所量体积的准确性。应左手将洗耳球捏瘪,把尖嘴对准移液管口,慢慢放松洗耳球,使溶液吸入管中,如图 2.39 所示。当溶液上升到高于标线时,迅速移去洗耳球,立即用食指按住管口。取出移液管,靠在容器壁上,稍微放松食指,让移液管在拇指和中指间微微转动,使液面缓慢下降,直到溶液的弯月面与标线相切时,立即用食指按紧管口,使溶液不再流出。取出移液管插入接收容器中,移液管垂直,管的尖嘴靠在倾斜约 45° 的接受容器内壁上,松开食指,让溶液自由流出,如图 2.40 所示,溶液全部流出后再停顿约 15 s,取出移液管。勿将残留在尖嘴末端的溶液吹入接收容器中,因为校准移液管时,没有把这部分体积计算在内。个别移液管上标有"吹"字的,可把残留的溶液吹入接收容器中。

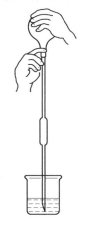　　　　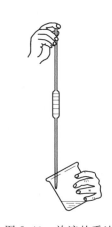

图 2.39　移液管吸液　　　　　　图 2.40　放液的手法

吸量管的操作方法同上。使用吸量管时,通常是使液面从吸量管的最高刻度降到某一刻度,两刻度之间的体积差恰好为所需体积。在同一实验中尽可能使用同一吸量管的同一刻度区间。

3. 使用注意事项

(1)用移液管吸取液体时,必须使用洗耳球或抽气装置,切记勿用口吸。

(2)保护好移液管和吸量管的尖嘴部分,用完洗好,及时放在移液管架上,以免沾污或在实验台上滚动打坏。

(3)公用移液管在实验完毕后应立即洗涤干净。

2.6.4　量器的选用和校正

在实验中,合理选用各种量器是提高工作质量和效率的重要一环。例如,配制浓度为 $0.1 \ mol \cdot L^{-1}$ 的 NaOH 溶液,是近似浓度溶液的制备,可用灵敏度较低的天平(称准至 $\pm 0.1 \ g$)称取 NaOH 固体试剂,用量筒量取一定量的蒸馏水配制即可。而若用直接法配制 $0.100\ 0 \ mol \cdot L^{-1} \ Na_2CO_3$ 溶液,由于浓度要求准确,必须选用分析天平(称准至

0.000 1 g），称取 Na_2CO_3 固体试剂，并选用容量瓶按定容要求严格进行配制。又如，分别量取 2.0 mL、4.0 mL、6.0 mL、8.0 mL、10.0 mL 标准溶液，作分光光度法的工作曲线。为使所移取的标准溶液的体积准确且标准一致，应选用一支 10 mL 的吸量管。而若取 25.00 mL 未知浓度的醋酸溶液，用 NaOH 标准溶液测定其含量时，则应选用 25 mL 的移液管（量准至±0.01 mL），按移液操作要求移取醋酸溶液，并用 50 mL 的碱式滴定管（量准至±0.01 mL）盛 NaOH 标准溶液进行滴定。

总之，应根据实验准确度的要求，选用相应的量器。该准确的地方一定要很准确，可粗放或允许误差大些的地方，用一般量器即可达到要求。要有明确的"量"的概念。这就是实验中应有的"粗细要分清，松严有界限"的实事求是的科学态度。

量器的容积随温度的不同而有所变化，因此，对要求较高的定量实验在实验前要对容量器皿进行校准。

容积的单位用"标准升"表示，即在真空中质量为 1 kg 的纯水，在 3.98 ℃ 和标准大气压下所占的体积。但规定的 3.98 ℃ 这个温度太低，不实用。常用 20 ℃ 作为标准温度，在此温度下，1 kg 纯水在真空中所占的体积，称为 1"规定升"，简称为"升"。升的 1/1 000 为毫升，它是定量分析的基本单位。我国生产的量器容积均以 20 ℃ 为标准温度标定。

校正量器常采用称量法（或衡量法），即称量量器中容纳（或放出）的水的质量。然后根据该温度下的密度将水的质量换算成标准温度 20 ℃ 下的体积。

不过由于玻璃容器和水的体积都受温度的影响，称量时还受空气浮力的影响，因此校正时必须考虑以下三种因素：水的密度随温度的变化而变化，即水的密度在高于或低于 3.98 ℃ 时均会小于 1 kg/L；温度的变化对玻璃量器胀缩的影响，但玻璃的膨胀系数很小，约为 0.000 025，所以影响也较小；空气浮力的影响，因受这一影响，在空气中称量水的质量必然小于在真空中的质量。这三种因素中，玻璃量器胀缩影响最小。在一定温度下，三种因素的校正值是一定的，可将其合并为一个总的校正值 Δ。现将总校正值及其有关数据列入表 2.2 中。

表 2.2　在不同温度下充满 20 ℃ 1 L 量器纯水的质量（在空气中用黄铜砝码称重）

温度 $t/$ ℃	总校正值 Δ/g	1 L 水的质量 m/g $1\ 000-\Delta$	温度 $t/$ ℃	总校正值 Δ/g	1 L 水的质量 m/g $1\ 000-\Delta$
10	1.61	998.39	22	3.20	996.80
11	1.68	998.32	23	3.40	996.60
12	1.77	998.23	24	3.62	996.38
13	1.86	998.14	25	3.83	996.17
14	1.96	998.04	26	4.07	995.93
15	2.07	997.93	27	4.31	995.69
16	2.20	997.80	28	4.56	995.44
17	2.35	997.65	29	4.82	995.18
18	2.49	997.51	30	5.09	994.91
19	2.66	997.34	31	5.36	994.64
20	2.82	997.18	32	5.66	994.34
21	3.00	997.00	33	5.94	994.06

前面讲过,量器是以标准温度 20 ℃来标定或校正的,而实际应用时往往不是 20 ℃。温度变化引起量器容积和液体体积的变化是应该加以校正的,但一般说来,精密度在 0.1％的分析工作中,测量体积的温度差允许有±2 ℃;精密度在 0.2％时,可允许有±5 ℃的温度差。

1. 容量瓶和移液管的校正

(1)容量瓶的校正。用水洗净容量瓶,再用少量无水乙醇清洗内壁,倒挂在漏斗架上晾干(不能烘烤)。在天平上称取容量瓶质量(准确到 0.01 g),小心倒入与室温平衡的蒸馏水至刻度,用滤纸吸干瓶颈内壁的水后盖好瓶塞,再称其质量,两次质量之差即为水的质量。根据水温从表 2.2 查出 1 L 水的质量(即水的密度),就可求出容量瓶的容积。用钻石笔将新测出的容积标线刻在瓶颈上,供以后使用。

也可根据实验室水温和表 2.2 查出水的密度,计算出该容量瓶应该盛水的质量,再在天平上向容量瓶中小心地注入该质量的水,到达平衡后取下容量瓶,作上新的标记。它标明了容量瓶校正后的容积。该容量瓶便可供分析使用。

(2)移液管的校正。用称量法,即事先准确称量一个具塞的小锥形瓶,用移液管准确移取蒸馏水放入锥形瓶中,塞好塞子后再称质量,两次质量之差即为水的质量,根据水温和表 2.2 有关数据,计算出移液管的容积。

(3)移液管和容量瓶的相互校正。在实际工作中,移液管和容量瓶是配套使用的。用 25 mL 移液管从 250 mL 容量瓶中吸取一次应为 1/10,因此校正方法是:取 25 mL 移液管,量取蒸馏水于干燥洁净的 250 mL 容量瓶中。量取 10 次后,看水面与原标线是否吻合,如果不吻合,可作上新的标记,作为与该移液管配套使用时的容积。

2. 滴定管的校正

将蒸馏水装入已清洗好的 25 mL 滴定管中,使其恰好在"0"刻度处。然后按滴定速度把水放入已称量带盖的小锥形瓶中,再称量,两次质量之差即为水的质量。照此方法,每次以 5.00 mL 为一段进行校正。但要注意,每次都必须从 0.00 mL 开始放水到小锥形瓶中。根据称得的水的质量,查表计算出滴定管中各段体积的真实容积。现将校正 50 mL 滴定管的有关数据列于表 2.3 中。

表 2.3　50 mL 滴定管校正表(水温 21 ℃, $\rho = 0.997\,00$ g·mL)

V_0/ mL	$m_瓶 + m_水$/g	$m_瓶$/g	$m_水$/g	V_{20}/ mL	$\Delta V_{校正值}$/ mL
0.00～5.00	34.148	29.207	4.941	4.96	−0.04
0.00～10.00	39.317	29.315	10.002	10.03	+0.03
0.00～15.00	44.304	29.350	14.954	15.00	0.00
0.00～20.00	49.395	29.434	19.961	20.02	+0.02
0.00～25.00	54.286	29.383	24.903	24.98	−0.02

2.7 有机化学实验常用仪器及基本操作

2.7.1 搅 拌 器

搅拌器一般用于反应时搅拌液体反应物,分为电动搅拌器和电磁搅拌器。

(1)使用电动搅拌器时,应先将搅拌棒与电动搅拌器连接好,再将搅拌棒用套管或塞子与反应瓶连接固定好,搅拌棒与套管的固定一般用乳胶管,乳胶管的长度不要太长也不要太短,以免由于摩擦而使搅拌棒转动不灵活或密封不严。在开动搅拌器前,应用手先空试搅拌器转动是否灵活,如不灵活应找出摩擦点,进行调整,直至转动灵活。如是电机问题,应向电机的加油孔中加一些机油,以保证电机转动灵活,或更换新电机。

(2)电磁搅拌器能在完全密封的装置中进行搅拌。它由电机带动磁体旋转,磁体又带动反应器中的磁子旋转,从而达到搅拌的目的。电磁搅拌器一般都带有温度和速度控制旋转钮,使用后应将旋钮回零。使用时应注意防潮防腐。

2.7.2 旋转蒸发器

旋转蒸发器可用来回收、蒸发有机溶剂。由于它使用方便,近年来在有机实验室中被广泛使用。它利用一台电机带动可旋转的蒸发器(一般用圆底烧瓶)、冷凝管、接收瓶,如图 2.41 所示。此装置可在常压或减压下使用,可一次进料,也可分批进料。

图 2.41 旋转蒸发器

由于蒸发器在不断旋转,可免加沸石而不会暴沸。同时,液体附于壁上形成了一层液膜,加大了蒸发面积,使蒸发速度加快。但使用时应注意以下两点:

（1）减压蒸馏时,当温度高、真空度低时,瓶内液体可能会暴沸。此时,及时转动插管开关,通入冷空气降低真空度即可。对于不同的物料,应找出合适的温度与真空度,以平稳地进行蒸馏。

（2）停止蒸发时,先停止加热,再切断电源,最后停止抽真空。若烧瓶取不下来,可趁热用木槌轻轻敲打,以便取下。

2.7.3　反应装置

在有机化学实验中,连接好实验装置是做好实验的基本保证。反应装置一般根据实验要求组合。常用的反应装置有回流反应装置、带有机械搅拌及回流的反应装置、带有气体吸收的装置、分水装置、水蒸气蒸馏装置等。图 2.42 为常见的常量反应装置图。

以上介绍了部分反应装置,还有一些提纯装置将在有关章节中介绍。

有机化学实验的各种反应装置都是由一件件玻璃仪器组装而成的,实验中应根据要求选择合适的仪器。一般选择仪器的原则如下:

（1）烧瓶的选择。根据液体的体积而定,一般液体的体积应占容器体积的 $\frac{1}{3} \sim \frac{1}{2}$,也就是说烧瓶容积的大小应是液体体积的 1.5 倍。进行水蒸馏和减压蒸馏时,液体体积不应超过烧瓶容积的 1/3。

（2）冷凝管的选择。一般情况下回流用球形冷凝管,蒸馏用直形冷凝管。但是当蒸馏温度超过 140 ℃时应改用空气冷凝管,以防温差较大时,由于仪器受热不均匀而造成冷凝管断裂。

（3）温度计的选择。实验室一般备有 150 ℃和 300 ℃两种温度计,根据所测温度可选用不同的温度计。一般选用的温度计要高于被测温度 10～20 ℃。

安装仪器时,应选好主要仪器的位置,要先下后上、先左后右,逐个将仪器边固定边组装。拆卸的顺序则与组装相反。拆卸前,应先停止加热,移走加热源,待稍微冷却后,先取下产物,然后再逐个拆掉。拆冷凝管时注意不要将水洒到电加热套上。

2.7.4　加热方法

某些化学反应在室温下难以进行或进行得很慢。为了加快反应速度,要采用加热的方法。温度升高,反应速度加快,一般温度每升高 10 ℃,反应速度增加 1 倍。

有机化学实验常用的热源是电加热套或煤气灯。由于玻璃对于剧烈的温度变化和不均匀的加热是不稳定的,且局部过热可能引起有机化合物的部分分解。因此,有机化学实验中直接用火焰加热很少被采用。通常采用下列几种加热方式。

1. 水浴

当所需加热温度在 80 ℃以下时,可将容器浸入水浴中。热浴液面应略高于容器中的液面,勿使容器底触及水浴锅底。若长时间加热,水浴中的水会汽化蒸发,可采用电热恒温水浴。还可在水面上加几片石蜡,石蜡受热熔化铺在水面上,可减少水的蒸发。

2. 油浴

加热温度在 80～250 ℃之间可用油浴。

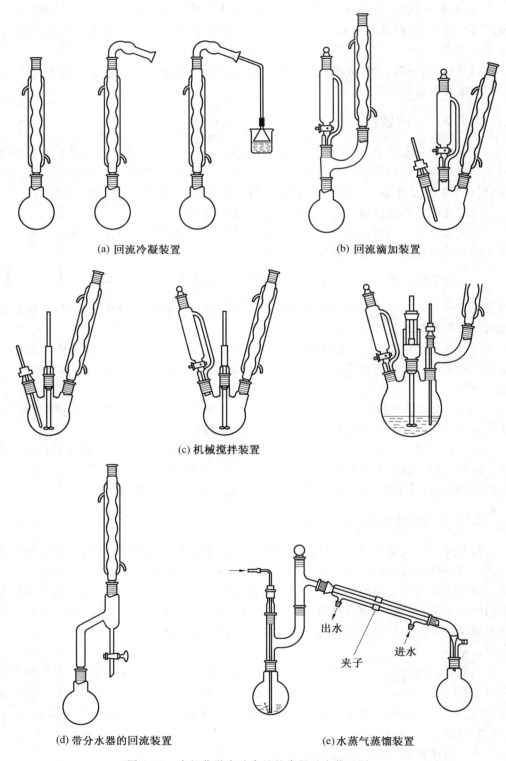

(a) 回流冷凝装置　　　　　　　　　(b) 回流滴加装置

(c) 机械搅拌装置

(d) 带分水器的回流装置　　　　　　(e) 水蒸气蒸馏装置

出水

夹子

进水

图 2.42　有机化学实验常见的常量反应装置图

油浴所能达到的最高温度取决于所用油的种类。若在植物油中加入质量分数为 1% 的对苯二酚,可增加油在受热时的稳定性。甘油和邻苯二甲酸二丁酯的混合液适用于加热到 140～180 ℃,温度过高则分解。甘油吸水性强,放置过久的甘油,使用前应首先加热蒸去所吸的水分,之后再用于油浴。液体石蜡可加热到 220 ℃ 以上,温度稍高虽不易分解,但易燃烧。固体石蜡也可加热到 220 ℃ 以上,其优点是室温下为固体,便于保存。硅油和真空泵油在 250 ℃ 以上时较稳定,但由于价格贵,一般实验室较少使用。

用油浴加热时,要在油浴中安装温度计(温度计感温头如水银球等,不应放到油浴锅底),以便随时观察和调节温度。

油浴所用的油中不能溅入水,否则加热时会产生泡珠或爆溅。使用油浴时,要特别注意防止油蒸气污染环境和引起火灾。为此,可用一块中间有圆孔的石棉板覆盖油锅。

3. 空气浴

空气浴就是让热源把局部空气加热,空气再把热能传导给反应容器。

电加热套加热就是简便的空气浴加热,能从室温加热到 200 ℃ 左右。安装电加热套时,要使反应瓶外壁与电加热套内壁保持 2 cm 左右的距离,以便利用热空气传热和防止局部过热等。

2.7.5　冷却方法

有时在反应中会产生大量的热,它使反应温度迅速升高,如果控制不当,可能引起副反应。它还会使反应物蒸发,甚至会发生冲料和爆炸事故。要把温度控制在一定范围内,就要进行适当的冷却。有时为了降低溶质在溶剂中的溶解度或加速结晶析出,也要采用冷却的方法。

1. 冰水冷却

可用冷水在容器外壁流动,或把反应器浸在冷水中,交换走热量。也可用水和碎冰的混合物做冷却剂,其冷却效果比单用冰块好。如果水不妨碍反应进行时,也可把碎冰直接投入反应器中,以更有效地保持低温。

2. 冰盐冷却

在 0 ℃ 以下进行操作时,常用按不同比例混合的碎冰和无机盐作为冷却剂。可把盐研细,把冰砸碎成小块(或用冰片花),使盐均匀包在冰块上。在使用过程中应随时加以搅拌。

3. 干冰或干冰与有机溶剂混合冷却

干冰(固体的二氧化碳)和乙醇、异丙醇、丙酮、乙醚或氯仿混合,可冷却到 -78～-50 ℃。应将这种冷却剂放在杜瓦瓶(广口保温瓶)或其他绝热效果好的容器中,以保持其冷却效果。

4. 低温浴槽

低温浴槽是一个小冰箱,冰室口向上,蒸发面用筒状不锈钢槽代替,内装酒精,外设压缩机,循环氟利昂制冷。压缩机产生的热量可用水冷或风冷散去。可装外循环泵,使冷酒精与冷凝器连接循环。还可装温度计等指示器。反应瓶应浸在酒精液体中。适于 -30～30 ℃ 范围的反应使用。

2.7.6　干燥方法

干燥是除去固体、液体或气体中少量水分或少量有机溶剂的常用方法。如在进行有机物波谱分析、定性或定量分析以及测物理常数时,往往要求预先干燥,否则测定结果便不准确。液体有机物在蒸馏前也需干燥,否则沸点前馏分较多,会使产物损失,甚至沸点也不准确。此外,许多有机化学反应需要在无水条件下进行。因此,溶剂、原料和仪器等均要干燥。可见,在有机化学实验中,试剂和产品的干燥具有重要的意义。

1. 基本原理

干燥方法可分为物理方法和化学方法两种。

(1)物理方法。物理方法中有烘干、晾干、吸附、分馏、共沸蒸馏和冷冻等。近年来,还常用离子交换树脂和分子筛等方法来进行干燥。

(2)化学方法。化学方法采用干燥剂来除水。根据除水作用原理,该方法又可分为以下两种。

① 能与水可逆地结合,生成水合物,例如

$$CaCl_2 + nH_2O \rightleftharpoons CaCl_2 \cdot nH_2O$$

② 与水发生不可逆的化学反应,生成新的化合物,例如

$$2Na + 2H_2O \longrightarrow 2NaOH + H_2 \uparrow$$

使用干燥剂时要注意以下几点:

① 干燥剂与水的反应为可逆反应时,反应达到平衡需要一定时间。因此,加入干燥剂后,一般最少要 2 h 或更长一点的时间后才能收到较好的干燥效果。因反应可逆,不能将水完全除尽,故干燥剂的加入量要适当,一般为溶液体积的 5% 左右。当温度升高时,这种可逆反应的平衡向脱水方向移动,所以在蒸馏前,必须将干燥剂滤除,否则被除去的水将返回液体中。另外,若把盐倒(或留)在蒸馏瓶底,受热时会发生迸溅。

② 干燥剂与水发生不可逆反应时,使用这类干燥剂在蒸馏前不必滤除。

③ 干燥剂只适用于干燥少量水分。若水的含量大,则干燥效果不好。为此,萃取时应尽量将水层分净,这样干燥效果好,且产物损失少。

2. 液体有机化合物的干燥

(1)干燥剂的选择。干燥剂应与被干燥的液体有机化合物不发生化学反应,包括溶解、络合、缔合和催化等作用,例如酸性化合物不能用碱性干燥剂等。表 2.4 列出了各类有机物常用干燥剂及其性能。

(2)使用干燥剂时要考虑干燥剂的吸水容量和干燥效能。干燥效能是指达到平衡时液体被干燥的程度。对于形成水合物的无机盐干燥剂,常用吸水后结晶水的蒸汽压来表示其干燥效能。如硫酸钠形成 10 个结晶水的水合物,蒸汽压为 260 Pa;氯化钙最多能形成 6 个结晶水的水合物,其吸水容量为 0.97,在 25 ℃时蒸汽压为 39 Pa。因此硫酸钠的吸水容量较大,但干燥效能弱;而氯化钙吸水容量较小,但干燥效能强。在干燥含水量较大而又不易干燥的化合物时,常先用吸水容量较大的干燥剂除去大部分水分,再用干燥效能强的干燥剂进行干燥。

(3)干燥剂的用量。根据有机化合物在液体中的溶解度和干燥剂的吸水量,可算出干

燥剂的最低用量。但是，干燥剂的实际用量是大大超过计算量的。实际操作中，主要是通过现场观察判断。

表 2.4　各类有机物常用干燥剂

干燥剂	干燥效能	干燥速度	适用范围	不适用范围
氧化钙（碱石灰，BaO 类同）	强	较快	中性及碱性气体、胺、醇、乙醚（低级的醇）	酸类和酯类
氯化钙	中等	较快，但吸水后易在其表面覆盖液体，应放置较长时间	烃、烯烃、丙酮、醚和中性气体	与醇、氨、胺、酚、氨基酸、酰胺、酮及某些醛和酯结合，不能用
硫酸镁	较弱	较快	中性，应用范围广，可代替 $CaCl_2$，可干燥酯、醛、酮、腈、酰胺等，并用于不能用 $CaCl_2$ 干燥的化合物	
硫酸钠	弱	缓慢	中性，一般用于有机液体的初步干燥	
硫酸钙	强	快	中性硫酸钙经常与硫酸钠配合，做最后干燥用	
碳酸钾	较弱	慢	弱碱性，用于干燥醇、酮、酯、胺及杂环等碱性化合物，可代替 KOH 干燥胺类	不适于酸、酚及其他酸性化合物
氢氧化钠（钾）	中等	快	强碱性，用于干燥胺及杂环等碱性化合物	醇、酯、醛、酮、酸、酚等
硅胶			用于干燥器中	HF
分子筛（硅酸钠铝和硅酸钙铝）	强	快	流动气体（温度可高于 100 ℃）、有机溶剂等（用于干燥器中）、各类有机化合物	不饱和烃

①观察被干燥液体。例如在环己烯中加入无水氯化钙进行干燥，未加干燥剂之前，由于环己烯中含有水，且环己烯不溶于水，溶液处于浑浊状态。当加入干燥剂吸水之后，环己烯呈清澈透明状，这时即表明干燥合格。否则应补加适量干燥剂继续干燥。

② 观察干燥剂。例如用无水氯化钙干燥乙醚时，乙醚中的水除净与否，溶液总是呈清澈透明状，如何判断干燥剂用量是否合适，则应看干燥剂的状态。加入干燥剂后，因其吸水变黏，粘在器壁上，故摇动不易旋转，表明干燥剂用量不够，应适量补加无水氯化钙，直到新加的干燥剂不结块，不粘壁，干燥剂棱角分明，摇动时旋转并悬浮（尤其 $MgSO_4$ 等小晶粒干燥剂），表明所加干燥剂用量合适。由于干燥剂还能吸收一部分有机液体，影响产品收率，故干燥剂用量应适中。加入少量干燥剂后应静置一段时间，观察用量不足时再

补加,一般每 100 mL 样品约需加入 0.5～1 g。

(4) 干燥时的温度。对于生成水合物的干燥剂,加热虽可加快干燥速度,但远远不如水合物放出水的速度快,因此,干燥通常在室温下进行。

(5) 操作步骤与要点:

① 首先把被干燥液体中水分尽可能除净,不应有任何可见的水层或悬浮水珠。

② 把待干燥的液体放入锥形瓶中,取颗粒大小合适(如无水氯化钙,应为黄豆粒大小,且不夹带粉末)的干燥剂,放入液体中,用塞子盖住瓶口,轻轻振摇,经常观察,判断干燥剂是否足量,静置(最少半小时,最好过夜)。

③ 把干燥好的液体滤入蒸馏瓶中,然后进行蒸馏。

3. 固体有机化合物的干燥

干燥固体有机化合物,主要是为除去残留在固体中的少量低沸点溶剂,如水、乙醚、乙醇、丙酮、苯等。由于固体有机化合物的挥发性比溶剂小,可以采取蒸发和吸附的方法来达到干燥的目的,常用干燥法如下:

(1)晾干。

(2)烘干。

① 把要烘干的物质放在表面皿或蒸发皿中,用水浴或沙浴烘干。

② 放在恒温烘箱中或用红外线灯烘干。

(3)冻干。

(4)若遇难抽干溶剂时,可把固体从布氏漏斗中转移到滤纸上,上下均放 2～3 层滤纸,挤压,使溶剂被滤纸吸干。

(5)干燥器干燥。容易分解或升华的物质,最好放在干燥器或真空干燥器中干燥。

4. 气体的干燥

在有机化学实验中常用的气体有 N_2、O_2、H_2、Cl_2、NH_3、CO_2,有时要求气体中含很少或几乎不含 CO_2、H_2O 等,因此就需要对上述气体进行干燥。

干燥气体常用的仪器有干燥管、干燥塔、U 形管、各种洗气瓶(用来盛液体干燥剂)等。干燥气体常用的干燥剂列于表 2.5 中。

表 2.5 用于气体干燥的常用干燥剂

干燥剂	可干燥的气体
CaO、碱石灰、NaOH、KOH	NH_3 类
无水 $CaCl_2$	H_2、HCl、CO_2、CO、SO_2、N_2、O_2、低级烷烃、醚、烯烃、卤代烃
P_2O_5	H_2、O_2、CO_2、SO_2、N_2、烷烃、乙烯
浓 H_2SO_4	H_2、N_2、CO_2、Cl_2、HCl、烷烃
$CaBr_2$、$ZnBr_2$	HBr

2.7.7 有机化合物的分离和提纯

在生产和做实验中,经常会遇到两种以上组分的均相分离问题。例如某物料经过化学反应以后,产生一个既有生成物又有反应物及副产物的液体混合物。为了得到纯的生成物,若反应后的混合物是均相的,时常采用蒸馏(或精馏)的方法将它们分离。

1. 简单蒸馏

通过简单蒸馏可以将两种或两种以上挥发度不同的液体分离,这两种液体的沸点应相差 30 ℃ 以上。

(1)简单蒸馏原理。

液体混合物之所以能用蒸馏的方法加以分离,是因为组成混合液的各组分具有不同的挥发度。例如,在常压下苯的沸点为 80.1 ℃,而甲苯的沸点为 110.6 ℃。若将苯和甲苯的混合液在蒸馏瓶内加热至沸腾,溶液部分会被汽化。此时,溶液上方蒸气的组成与液相的组成不同,沸点低的苯在蒸气相中的含量增多,而在液相中的含量减少。因而,若部分汽化的蒸气全部冷凝,就得到易挥发组分含量比蒸馏瓶内残留溶液中所含易挥发组分含量高的冷凝液,从而达到分离的目的。同样,若将混合蒸气部分冷凝,正如部分汽化一样,则蒸气中易挥发组分增多。这里强调的是部分汽化和部分冷凝,若将混合液或混合蒸气全部汽化或全部冷凝,则不言而喻,所得到的混合蒸气或混合液的组成不变。综上所述,蒸馏就是将液体混合物加热至沸腾,使液体汽化,然后让蒸气通过冷凝变为液体,使液体混合物分离的过程,从而达到提纯的目的。

(2)蒸馏过程。

通过蒸馏曲线可以看出蒸馏分为三个阶段,如图 2.43 所示。

在第一阶段,随着加热,蒸馏瓶内的混合液不断汽化,当液体的饱和蒸气压与施加给液体表面的外压相等时,液体沸腾。在蒸气未达到温度计水银球部位时,温度计读数不变。一旦水银球部位有液滴出现(说明体系正处于气—液平衡状态),温度计内水银柱便急剧上升,直至接近易挥发组分沸点,水银柱上升缓慢,开始有液体被冷凝而流出。我们将这部分流出液称为前馏分(或馏头)。由于这部分液体的沸点低于要收集组分的沸点,

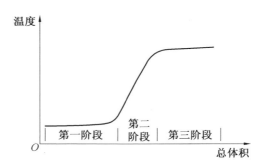

图 2.43　简单蒸馏曲线图

因此,应作为杂质弃掉。有时被蒸馏的液体几乎没有馏头,应将蒸馏出来的前 1～2 滴液体作为冲洗仪器的馏头去掉,不要收集到馏分中去,以免影响产品质量。

在第二阶段,馏头蒸出后,温度稳定在沸程范围内,沸程范围越小,组分纯度越高。此时,流出来的液体称为馏分,这部分液体是所要的产品。随着馏分的蒸出,蒸馏瓶内混合液体的体积不断减少。直至温度超过沸程,即可停止接收。

在第三阶段,如果混合液中只有一种组分需要收集,此时,蒸馏瓶内剩余液体应作为馏尾弃掉。如果是多组分蒸馏,第一组分蒸完后温度上升至第二组分沸程前流出的液体,则既是第一组分的馏尾又是第二组分的馏头,当温度稳定在第二组分沸程范围内时,即可接收第二组分。如果蒸馏瓶内液体很少,温度会自然下降。此时应停止蒸馏。无论进行何种蒸馏操作,蒸馏瓶内的液体都不能蒸干,以防蒸馏瓶过热或有过氧化物存在而发生爆

炸。

应当注意以下几点。

①在常压下进行蒸馏时,由于大气压往往不恰好等于 101.325 kPa(760 mmHg),因此,严格地说,应该对温度加以校正。但一般偏差较小,因而可忽略不计。

②当液体中溶入其他物质时,无论这种物质是固体、液体还是气体,无论挥发性大还是小,液体的蒸汽压总是降低的,因而所形成溶液的沸点会有变化。

③在一定压力下,凡纯净的化合物都有一个固定的沸点,但是具有固定沸点的液体不一定都是纯净的化合物。因为当两种或两种以上的物质形成共沸物时,它们的液相组成和气相组成相同,所以在同一沸点下,它们的组成一样。这样的混合物用一般的蒸馏方法无法分离,具体分离方法见共沸蒸馏。

(3)简单蒸馏装置。

简单蒸馏装置由蒸馏瓶(长颈或短颈圆底烧瓶)、蒸馏头、温度计套管、温度计、直形冷凝管、接引管、接收瓶等组装而成,如图 2.44 所示。

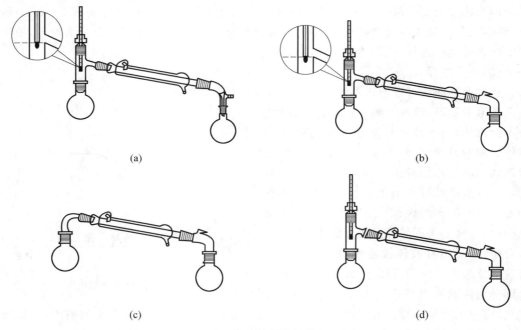

(a)　　　　　　　　　　　(b)

(c)　　　　　　　　　　　(d)

图 2.44　简单蒸馏装置

在装配过程中应注意以下几点:

①为了保证温度测量的准确性,温度计水银球的位置如图 2.44 所示,即温度计水银球上限与蒸馏头支管下限在同一水平线上。

②任何蒸馏或回流装置均不能密封,否则,当液体蒸汽压增大时,轻者蒸汽冲开连接口,使液体冲出蒸馏瓶,重者会发生装置爆炸而引起火灾。

③安装仪器时,应首先确定仪器的高度,一般在铁架台上放一升降台,将电加热套放在升降台上,再将蒸馏瓶放置于电加热套中间。然后,按自下而上、从左至右的顺序组装。仪器组装应做到横平竖直,铁架台一律整齐地放置于仪器背后。

（4）简单蒸馏操作。

①加料。做任何实验都应先组装仪器后再加原料。加液体原料时,取下温度计和温度计套管。在蒸馏头上口放一个长颈漏斗,注意长颈漏斗下口处的斜面应超过蒸馏头支管,然后慢慢地将液体倒入蒸馏瓶中。

②加沸石。为了防止液体暴沸,加入 2～3 粒沸石。沸石为多孔性物质,刚加入液体中时小孔内有许多气泡,它可以将液体内部的气体导入液体表面,形成汽化中心。如加热中断,再加热时应重新加入新沸石,因原来沸石上的小孔已被液体充满,不能再起到汽化中心的作用。同理,分馏和回流时也要加沸石。

③加热。在加热前,应检查仪器装配是否正确,原料、沸石是否加好,冷凝水是否通入,一切无误后再开始加热。开始加热时,电压可以调得略高一些,一旦液体沸腾,水银球部位出现液滴,就应开始控制调压器电压,以蒸馏速度每秒 1～2 滴为宜。蒸馏时,温度计水银球上应始终保持有液滴存在,如果没有液滴说明可能有两种情况:一是温度低于沸点,体系内气－液相没有达到平衡,此时,应将电压调高;二是温度过高,出现过热现象,此时温度已超过沸点,应将电压调低。

④馏分的收集。收集馏分时,应取下接收馏头的容器,换一个经过称量干燥的容器来接收馏分,即产物。当温度超过沸程范围,应停止接收。沸程越小,蒸出的物质越纯。

⑤停止蒸馏。馏分蒸完后,如不需要接收第二组分,可停止蒸馏。应先停止加热,将变压器调至零点,关掉电源,取下电加热套。待稍冷却后馏出物不再继续流出时,取下接收瓶,保存好产物,关掉冷却水,按规定拆除仪器并加以清洗。

（5）注意事项。

①蒸馏前应根据待蒸馏的液体的体积,选择合适的蒸馏瓶。一般以待蒸馏的液体占蒸馏瓶容积的 2/3 为宜,蒸馏瓶越大,产品损失越多。

②在加热开始后如发现没加沸石,应停止加热,待稍冷却后再加入沸石。千万不要在沸腾或接近沸腾的溶液中加入沸石,以免在加入沸石的过程中发生暴沸。

③对于沸点较低又易燃的液体,如乙醚,应用水浴加热,而且蒸馏不能太快,以保证蒸气全部冷凝。如果室温较高,接收瓶应放在冷水中冷却,并在接引管支口处连接一根橡胶管,将未被冷凝的蒸气导入流动的水中带走。

④在蒸馏沸点高于 130 ℃的液体时,应用空气冷凝管。主要原因是温度高时,如用水作为冷却介质,冷凝管内外温差增大,会使冷凝管接口处局部骤然遇冷而断裂。

2. 减压蒸馏

减压蒸馏适用于在常压下沸点较高及常压蒸馏时易发生分解、氧化、聚合等反应的热敏性有机化合物的分离和提纯。一般把低于一个大气压的气态空间称为真空。因此,减压蒸馏也称为真空蒸馏。

（1）减压蒸馏原理。

液体的沸点与外界施加于液体表面的压力有关,随着外界施加于液体表面压力的降低,液体沸点会下降。沸点与压力的关系可近似地用下式表示

$$\lg p = A + \frac{B}{T}$$

式中　p——液体表面的蒸汽压；

　　　T——液体沸腾时的热力学温度；

　　　A,B——常数。

如果用 $\lg p$ 为纵坐标，B/T 为横坐标，可近似得到一条直线。从二元组分已知的压力和温度，可算出 A 和 B 的数值，再将所选择的压力代入上式即可求出液体在这个压力下的沸点。表2.6给出了部分有机化合物在不同压力下的沸点。

表 2.6　部分有机化合物压力与沸点的关系

化合物 沸点/℃ 压力/Pa(mmHg)	水	氯苯	苯甲醛	水杨酸 乙酯	甘油	蒽
101 325(760)	100	132	179	234	290	354
6 665(50)	38	54	95	139	204	225
3 999(30)	30	43	84	127	192	207
3 332(25)	26	39	79	124	188	201
2 666(20)	22	34.5	75	119	182	194
1 999(15)	17.5	29	69	113	175	186
1 333(10)	11	22	62	105	167	175
666(5)	1	10	50	95	156	159

但实际上许多物质的沸点变化是由分子在液体中的缔合程度决定的。因此，在实际操作中经常使用图2.45来估计某种化合物在某一压力下的沸点。

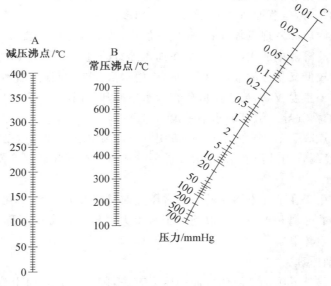

图 2.45　液体在常压、减压下的沸点近似图

压力对沸点的影响还可以作如下估算：

①从大气压降至 3 332 Pa（25 mmHg）时，高沸点（250～300 ℃）化合物的沸点随

之下降 100～125 ℃;

②当大气压在 3 332 Pa(25 mmHg)以下时,压力每降低一半,沸点下降 10 ℃。

对于某种化合物减压到一定程度后其沸点是多少,可以查阅有关资料,但更重要的是通过实验来确定。

图 2.45 的具体使用方法是:分别在两条线 A 和 B 上找出两个已知点,用一把尺子将两点连接成一条直线,并与第三条线 C 相交,其交点便是要求的数值。例如,水在 101 325 Pa(760 mmHg)时沸点为 100 ℃,若求 2 666 Pa(20 mmHg)时的沸点,可先在 B 线上找到 100 ℃一点,再在 C 线上找到 2 666 Pa(20 mmHg),将两点连成一条直线,并延伸至 A 线与之相交,其交点便是 2 666 Pa(20 mmHg)时水的沸点(22 ℃)。利用图 2.45 也可以反过来估计常压下的沸点和减压时要求的压力(1 mmHg 约为 133 Pa)。

(2)减压蒸馏装置。

减压蒸馏装置是由蒸馏瓶、克氏蒸馏头(或用 Y 形管与蒸馏头组成)、直形冷凝管、真空接引管(双股接引管或多股接引管)、接收瓶、安全瓶、压力计和油泵(或循环水泵)组成的,如图 2.46 所示。

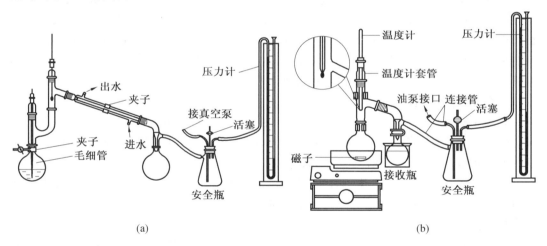

图 2.46　减压蒸馏装置图

在克氏蒸馏头的直口处插一根毛细管,直至蒸馏瓶底部,距底部越近越好,但又要保证毛细管有一定的出气量。在抽真空时,毛细管将微量气体抽进反应体系中,起到搅拌和汽化中心的作用,防止液体暴沸,因为在减压条件下沸石已不能起到汽化中心的作用。在毛细管上端加一节乳胶管,并插入一根细铜丝,用螺旋夹夹住,可以调节进气量。进行半微量和微量减压蒸馏时,用磁子搅拌液体可以防止液体暴沸。常量减压蒸馏时,因为被蒸馏液体较多,用此方法不太妥当。

真空接引管上的支口与安全瓶连接,安全瓶的作用不仅是防止压力下降或停泵时油(或水)倒吸流入接收瓶中造成产品污染,而且还可以防止物料进入减压系统。安全瓶连接着泵和压力计(如果使用循环水泵,泵本身带有压力表)。

(3)减压蒸馏操作。

①减压蒸馏时,蒸馏瓶和接收瓶均不能使用不耐压的平底仪器(如锥形瓶、平底烧瓶

等)和壁薄或有破损的仪器,以防由于装置内处于真空状态,外部压力过大而引起爆炸。

②减压蒸馏的关键是装置密封性要好,因此在安装仪器时,应在磨口接头处涂抹少量凡士林,以保证装置密封和润滑。温度计一般用一小段乳胶管固定在温度计套管上,根据温度计的粗细来选择乳胶管内径,乳胶管内径略小于温度计直径为好。

③仪器装好后,应空试系统是否密封。具体方法是:a.泵打开后,将安全瓶上的放空阀关闭,拧紧毛细管上的螺旋夹,待压力稳定后,观察压力计(表)上的读数是否到了最小或是否达到所要求的真空度。如果没有,说明系统内漏气,应进行检查。b.检查时首先将真空接引管与安全瓶连接处的橡胶管折起来用手捏紧,观察压力计(表)的变化,如果压力马上下降,说明装置内有漏气点,应进一步检查装置,排除漏气点;如果压力不变,说明自安全瓶以后的系统漏气,应依次检查安全瓶和泵,并加以排除或请指导教师排除。c.漏气点排除后,应再重新空试,直至压力稳定并且达到所要求的真空度时,方可进行下面的操作。

④减压蒸馏时,加入待蒸馏液体的量不能超过蒸馏瓶容积的1/2。待压力稳定后,蒸馏瓶内液体中有连续平稳的小气泡通过。如果气泡太大已冲入克氏蒸馏头的支管,则可能有两种情况:一是进气量太大,二是真空度太低。此时,应调节毛细管上的螺旋夹使其平稳进气。由于减压蒸馏时一般液体在较低的温度下就可以蒸出,因此,加热不要太快。当馏头蒸完后应转动真空接引管(一般用双股接引管,当要接收多组馏分时可采用多股接引管),开始接收馏分,蒸馏速度控制在每秒1～2滴。在压力稳定及化合物较纯时,沸程应控制在1～2 ℃范围内。

⑤停止蒸馏时,应先将加热器撤走,打开毛细管上的螺旋夹,待稍冷却后,慢慢地打开安全瓶上的放空阀,使压力计(表)恢复到零的位置,再关泵。否则由于系统中压力低,会发生油或水倒吸回安全瓶或冷阱的现象。

⑥为了保护油泵系统和泵中的油,在使用油泵进行减压蒸馏前,应将低沸点的物质先用简单蒸馏的方法去除,必要时可先用水泵进行减压蒸馏。加热温度以产品不分解为准。

3.水蒸气蒸馏

水蒸气蒸馏操作是将水蒸气通入不溶或难溶于水但有一定挥发性的有机物(近100 ℃时其蒸汽压至少为1 333.2 Pa)中,使该有机物在低于100 ℃的温度下,随着水蒸气一起蒸馏出来,如图2.47所示。

两种互不相溶的液体混合物的蒸汽压,等于两液体单独存在时的蒸汽压之和。当组成混合物的两种液体的蒸汽压之和等于大气压时,混合物就开始沸腾。互不相溶的液体混合物的沸点,要比每种物质单独存在时的沸点低。因此,在不溶于水的有机物中,通入水蒸气进行水蒸气蒸馏时,在比该物质的沸点低得多的温度,而且比100 ℃还要低的温度下就可使该物质蒸馏出来。

水蒸气蒸馏是用以分离和提纯有机化合物的重要方法之一,常用于下列各种情况:

(1)混合物中有大量的固体,通常的蒸馏、过滤、萃取等方法都不适用;

(2)混合物中有焦油状物质,通常的蒸馏、萃取等方法都不适用;

(3)在常压下蒸馏会发生分解的高沸点有机物。

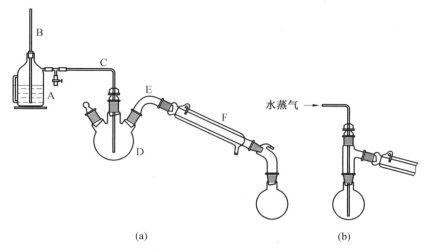

(a)　　　　　　　　　　　　　　　　(b)

图 2.47　水蒸气蒸馏装置

A—水蒸气发生器;B—安全管;C—水蒸气导管;D—三颈圆底烧瓶;E—流出液导管;F—冷凝管

4.重结晶

重结晶是提纯固体化合物的一种重要方法,它适用于产品与杂质性质差别较大,产品中杂质含量小于 5% 的体系。

(1)基本原理。

固体有机化合物在任何一种溶剂中的溶解度均随温度的变化而变化,一般情况下,当温度升高时,溶解度增加,温度降低时,溶解度减小。可利用这一性质,使化合物在较高温度(接近溶剂沸点)下溶解,在低温下结晶析出。由于产品与杂质在溶剂中的溶解度不同,可以通过过滤将杂质去除,从而达到分离和提纯的目的。由此可见,选择适合的溶剂是重结晶操作的关键。

(2)溶剂的选择。

①单一溶剂的选择。根据"相似相溶"原理,通常极性化合物易溶于极性溶剂中,非极性化合物易溶于非极性溶剂中。借助于文献可以查出常用化合物在溶剂中的溶解度。

如果在文献中找不出合适的溶剂,应通过实验选择溶剂。其方法是:取 0.1 g 的产物放入一支试管中,滴入 1 mL 溶剂,振荡下观察产物是否溶解,若不加热很快溶解,说明产物在此溶剂中的溶解度太大,不适合做此产物重结晶的溶剂;若加热至沸腾还不溶解,可补加溶剂,当溶剂用量超过 4 mL,产物仍不溶解时,说明此溶剂也不适宜。如所选择的溶剂能在使用 1~4 mL 并沸腾的情况下使产物全部溶解,并在冷却后能析出较多的晶体,说明此溶剂适合作为此产物重结晶的溶剂。实验中应同时选用几种溶剂进行比较。表 2.7 给出了一些重结晶常用的溶剂。有时很难选择到一种较为理想的单一溶剂,这时应考虑选择用混合溶剂。

表 2.7 重结晶常用溶剂的性质

溶剂名称	沸点/ ℃	密度/(g·cm³)	溶剂名称	沸点/ ℃	密度/(g·cm³)
水	100.0	1.00	环己烷	80.8	0.78
甲醇	64.7	0.79	二氧六烷	101.3	1.03
乙醇	78.0	0.79	二氯甲烷	40.8	1.34
丙酮	56.1	0.79	二氯乙烷	83.8	1.24
乙醚	34.6	0.71	三氯甲烷	61.2	1.49
石油醚	30～60 60～90	0.68～0.72	四氯化碳	76.8	1.58
醋酸乙酯	77.1	0.90	硝基甲烷	120.0	1.14
苯	80.1	0.88	甲乙酮	79.6	0.81
甲苯	110.6	0.87	乙腈	81.6	0.78

②混合溶剂的选择。混合溶剂一般由两种能以任何比例混溶的溶剂组成。其中一种溶剂对产物的溶解度较大,称为良溶剂;另一种溶剂则对产物的溶解度很小,称为不良溶剂。操作时先将产物溶于沸腾或接近沸腾的良溶剂中,滤掉不溶杂质或经脱色后的活性炭,趁热在滤液中滴加不良溶剂,至滤液变浑浊为止,再加热或滴加良溶剂,使滤液转变为清亮,放置冷却,使结晶全部析出。如果冷却后析出油状物,则需要调整两溶剂的比例,再进行实验,或另换一对溶剂。有时也可以将两种溶剂按比例预先混合好,再进行重结晶。常用的混合溶剂有:水－乙醇、甲醇－水、石油醚－苯、水－丙醇、甲醇－乙醚、石油醚－丙酮、水－醋酸、甲醇－二氯乙烷、氯仿－醚、乙醚－丙酮、氯仿－醇、苯－无水乙醇、乙醇－乙醚－醋酸乙酯。

在选择时应注意以下几个方面的问题:

① 所选择的溶剂应不与产物(即被提取物)发生化学反应。

② 产物在溶剂中的溶解度随温度变化越大越好,即在温度高时溶解度越大越好,在温度低时溶解度越小越好,这样才能保证有较高的回收率。

③ 杂质在溶剂中要么溶解度很大,冷却时不会随晶体析出而仍然在母液(溶剂)中,过滤时与母液一起去除;要么溶解度很小,加热时不被溶解,在热过滤时将其去除。

④ 所用溶剂的沸点不宜太高,应易挥发,易与晶体分离。一般溶剂的沸点应低于产物的熔点。

⑤ 所选溶剂还应具有毒性小,操作比较安全,价格低廉等优点。

(3)操作方法。

重结晶的操作过程为:饱和溶液的制备→脱色→热过滤→冷却结晶→抽滤→结晶的干燥。

①饱和溶液的制备。这是重结晶操作过程中的关键步骤。其目的是用溶剂充分分散产物和杂质,以利于分离和提纯。

一般用锥形瓶或圆底烧瓶来溶解固体。若溶剂易燃或有毒,应装回流冷凝器。加入沸石和已称量好的粗产品后,先加少量溶剂,然后加热使溶液沸腾或接近沸腾,边滴加溶剂边观察固体溶解情况,使固体刚好全部溶解,停止滴加溶剂,记录溶剂用量。再加入20%左右的过量溶剂,主要是为了避免溶剂挥发和热过滤时因温度降低,使晶体过早地在滤纸上析出而造成产品损失。溶剂用量不宜太多,太多会造成结晶析出太少或根本析不出来,此时,应将多余的溶剂蒸发掉,再冷却结晶。有时,总有少量固体不能溶解,应将热溶液倒出或过滤,在剩余物中再加入溶剂,观察是否能溶解,如加热后慢慢溶解,说明此产品需要加热较长时间才能全部溶解。如仍不溶解,则视为杂质去除。

　　②脱色。粗产品溶解后,如其中含有有色杂质或树脂状杂质,会影响产品的纯度甚至妨碍晶体的析出,此时常加入吸附剂以除去这些杂质,最常用的吸附剂有活性炭和三氧化二铝。吸附剂的选择和重结晶的溶剂有关,活性炭适用于极性溶剂(如水、乙醇等有机溶剂),三氧化二铝适用于非极性溶剂(如苯、石油醚),否则脱色效果差。一般用活性炭脱色,如要在酸性溶液中使用,最好先用盐酸处理,即将活性炭用1∶1的盐酸煮沸2~3 h,再用蒸馏水稀释后抽滤,用热蒸馏水洗至无酸性,抽滤后烘干。活性炭的用量,根据所含杂质的多少而定,一般为干燥粗产品质量的1%~5%,有时还要多些,若一次脱色不彻底,则可将滤液用1%~5%的活性炭进行脱色,但必须注意:活性炭除吸附杂质外,也会吸附产品,因而活性炭加入过多是不利的。为了避免液体的暴沸,甚至冲出容器,活性炭不能加到已沸腾的溶液中,须稍冷后加入,然后煮沸5~10 min,再趁热过滤除去活性炭。

　　③热过滤。其目的是去除不溶性杂质。为了尽量减少过滤过程中晶体的损失,操作时应做到:仪器热、溶液热、动作快。为了做到"仪器热",应事先将所用仪器用烘箱或气流烘干器烘热待用。热过滤有两种方法,即常压热过滤(重力过滤)和减压热过滤(抽滤)。常压热过滤的装置如图2.48所示。

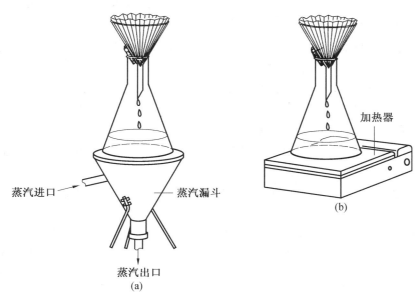

图 2.48　常压热过滤的装置图

普通漏斗也可以用铁圈架在铁架台上,下面可用电加热套保温。为了保证过滤速度快,经常采用折叠滤纸,滤纸的折叠方法如图 2.49 所示。

　　将滤纸对折,然后再对折成四份;将 2 与 3 对折成 4,1 与 3 对折成 5,如图 2.49 中(a);2 与 5 对折成 6,1 与 4 对折成 7,如图 2.49 中(b);2 与 4 对折成 8,1 与 5 对折成 9,如图 2.49 中(c)。这时,折好的滤纸边全部向外,角全部向里,如图 2.49 中的(d);再将滤纸反方向折叠,相邻的两条边对折即可得到图 2.49 中(e)的形状;然后将图 2.49 中(e)的 1 和 2 向相反的方向折叠一次,可以得到一个完好的折叠滤纸,如图 2.49 中(f)。在折叠过程中应注意:所有折叠方向要一致,滤纸中央圆心部位不要用力折,以免破裂。

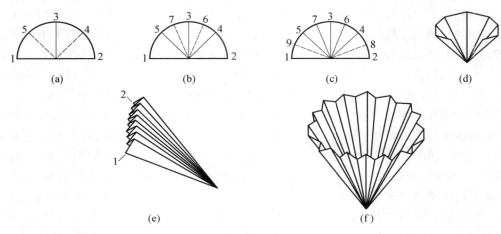

图 2.49　滤纸的折叠方法

　　热过滤时动作要快,以免液体或仪器冷却后,晶体过早地在漏斗中析出,如发生此现象,应用少量热溶剂洗涤,使晶体溶解进入到滤液中。如果晶体在漏斗中析出太多,应重新加热溶解再进行热过滤。

　　减压热过滤的优点是过滤快,缺点是当用沸点低的溶剂时,会因减压使热溶剂蒸发或沸腾,导致溶液浓度变大,晶体过早析出。

　　抽滤时,滤纸的大小应与布氏漏斗底部恰好一样,先用热溶剂将滤纸润湿,抽真空使滤纸与漏斗底部贴紧。然后迅速将热溶液倒入布氏漏斗中,在液体抽干之前漏斗应始终保持有液体存在,此时,真空度不宜太低。

　　④冷却结晶。冷却结晶是使产物重新形成晶体的过程。其目的是进一步与溶解在溶剂中的杂质分离。将上述热的饱和溶液冷却后,晶体可以析出,当冷却条件不同时,晶体析出的情况也不同。为了得到形状好、纯度高的晶体,在结晶析出的过程中应注意以下几点。

　　a.应在室温下慢慢冷却至有固体出现时,再用冷水或冰进行冷却,这样可以保证晶体形状好,颗粒大小均匀,晶体内不含杂质和溶剂。否则,当冷却太快时,晶体颗粒太大(超过 2 mm),会将溶液夹带在里边给干燥带来一定的困难。因此,控制好冷却速度是晶体析出的关键。

　　b.在冷却结晶过程中,不宜剧烈摇动或搅拌,这样会造成晶体颗粒太小。当晶体颗粒超过 2 mm 时,可稍微摇动或搅拌几下,使晶体颗粒大小趋于平均。

c.有时滤液已冷却,但晶体还未出现,可用玻璃棒摩擦瓶壁促使晶体形成,或取少量溶液,使溶剂挥发得到晶体,将该晶体作为晶种加入到原溶液中,液体中一旦有了晶种或晶核,晶体将会逐渐析出。晶种的加入量不宜过多,而且加入后不要搅动,以免晶体析出太快,影响产品的纯度。

d.有时从溶液中析出的是油状物,此时,更进一步的冷却可以使油状物成为晶体析出,但含杂质较多。应重新加热溶解,然后慢慢冷却,当油状物析出时,剧烈搅拌可使油状物在均匀分散的条件下固化,若还是不能固化,则需要更换溶剂或改变溶剂用量,再进行结晶。

⑤抽滤。抽滤的目的是将留在溶剂(母液)中的可溶性杂质与晶体(产品)彻底分离。其优点是:过滤和洗涤速度快,固体与液体分离得比较完全,固体容易干燥。

抽滤装置采用减压过滤装置。具体操作与减压热过滤大致相同,所不同的是仪器和液体都应该是冷的,所收集的是固体而不是液体。在晶体抽滤过程中应注意以下几点:

a.在转移瓶中有残留晶体时,应用母液转移,不能用新的溶剂转移,以防溶剂将晶体溶解,造成产品损失。用母液转移的次数和每次母液的用量都不宜太多,一般2～3次即可。

b.晶体全部转移至漏斗中后,为了将固体中的母液尽量抽干,应用玻璃钉或瓶塞挤压晶体。当母液抽干后,将安全瓶上的放空阀打开,用玻璃棒或不锈钢小勺将晶体松动,滴入几滴冷的溶剂进行洗涤,然后将放空阀关闭,将溶剂抽干同时进行挤压。这样反复2～3次,将晶体吸附的杂质洗干净。晶体抽滤洗涤后,将其倒入表面皿或培养皿中进行干燥。

⑥晶体的干燥。为了保证产品的纯度,需要将晶体进行干燥,把溶剂彻底去除。当使用的溶剂沸点比较低时,可在室温下使溶剂自然挥发达到干燥的目的。当使用的溶剂沸点比较高(如水)而产品又不易分解和升华时,可用红外灯烘干。当产品易吸水或吸水后易发生分解时,应用真空干燥器进行干燥。

5.萃取

溶质从一种溶剂向另一种溶剂转移的操作称为萃取。萃取是有机化学实验中用来提取或纯化有机化合物的常用的重要操作之一。用萃取可以从液体或固体混合物中提取出所需的物质,特别是从天然物质中提取有用的成分。也可以用来洗去混合物中少量杂质。通常称前者为"萃取",称后者为"洗涤"。

(1)液—液萃取。

实验室中常用的萃取仪器是分液漏斗。在操作前,先要检查它的活塞和顶塞与磨口是否匹配。取下活塞,擦干活塞与磨口,在活塞孔的两边各涂上薄薄一圈润滑脂(切勿涂得太多或使润滑脂进入活塞孔中,以免沾污萃取液)。塞好活塞并旋转数圈,使润滑脂均匀,在活塞处套上橡皮圈,以防止活塞脱落。将漏斗放入已固定在铁架上的铁圈中(见图2.50),活塞必须关好。分别将含有有机物的水溶液和萃取液倒入分液漏斗中,塞好顶塞,再旋转一下,以免在以后操作时漏液。取下分液漏斗,以右手掌心紧顶住漏斗顶塞并抓住漏斗,左手握住漏斗活塞部分,大拇指和食指握住活塞柄向内使力,中指垫在塞座旁边,无名指和小指在漏斗塞座另一边与中指一起夹住漏斗,左手掌悬空。左手掌切不可去顶住活塞小端,以免把活塞顶出而漏液。将漏斗倒过来,用左手拇指和食指旋开活塞先放气(见图2.51)。振摇时,将漏斗倾斜使活塞部分向上,轻轻振摇一下,放气后再振摇。两种不互溶的溶剂在混合时会产生压力,这种压力是混合时两种溶剂的部分蒸汽压加起来造成的。如果不及时放气,塞子就有可能被顶出而造成漏液。放气时,尾部不要对着人,以免有害气体逸出造成伤害事故。振摇和频繁放气以至不再有蒸汽冲出的声音为止。萃取时两种液体逐渐达到平衡(见图2.52)。剧烈振摇后,将漏斗放回铁圈中静置,待分层清晰后,打开上面顶塞,在分液漏斗下放置一容量适合的锥形瓶,将活塞缓缓旋开,使下层液体放至锥形瓶中。开始时可稍快些,当3/4的下层液体放出后,关闭活塞,静置几分钟,让沾在漏斗内壁上的下层液体流下,再慢慢打开活塞,将残留的下层液体放出,直至交界面恰好进入活塞孔,关闭活塞。上层液体必须由漏斗的上口倒出,切不可也从活塞处放出,以免被残留在漏斗颈中的下层液体沾污。

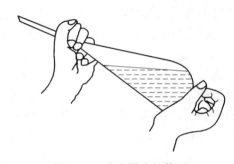

图 2.50　置于铁圈中的分液漏斗　　　　图 2.51　分液漏斗的使用

　　要事先根据溶剂的密度了解产物在哪一层,以免将产物倒掉。在未弄清哪一层是需要的产物之前,可将上下层分别保存,待加入另一种洗涤剂后分完层,确定其中一层是产物层,方可将另一层弃去。

　　当两种液体剧烈振摇后,有时会形成乳浊液。有时由于存在少量轻质沉淀,或溶剂部分互溶,或两液相相对密度相差较小等原因,也会使两液相不能清楚分开。

　　破坏乳浊液的方法有以下几种:

　　①可较长时间静置。

　　②可加入少量电解质如氯化钠等,利用盐析作用破坏乳化。在两液相相对密度相差很小时,也可加入氯化钠来增加水相的密度。

　　③若因碱性物质的存在而乳化,可加入少量稀酸或采用过滤等方法来消除。

　　④用加热来破坏乳浊液,或滴加数滴醇改变表面张力以破坏乳浊液。

　　(2)液—固萃取。

　　自固体中萃取化合物,多以浸出法来进行。实验室采用脂肪提取器(Soxhlet提取器,见图2.53)来提取物质,利用溶剂加热回流及虹吸的原理,使固体物质每次均被纯的溶剂萃取。其优点是效率高,溶剂用量少。此法对受热易分解或变色的物质不宜采用,也不宜采用高沸点溶剂。萃取前,应先将固体物质研细,以增加溶剂浸溶面积。然后将研细的固体物质装入滤纸筒内,再置于提取筒中,烧瓶内盛溶剂,并与提取筒相连,提取筒索式提取器上端接冷凝管。溶剂受热沸腾,其蒸气沿提取筒侧管上升至冷凝管,冷凝为液体,滴入滤纸筒中,并浸泡筒中样品。当液面超过虹吸管最高处时,即虹吸流回烧瓶,从而萃取出溶于溶剂的部分物质。如此重复多次,利用回流、溶解和虹吸作用,把要提取的物质富集于烧瓶内,达到高效萃取效果。

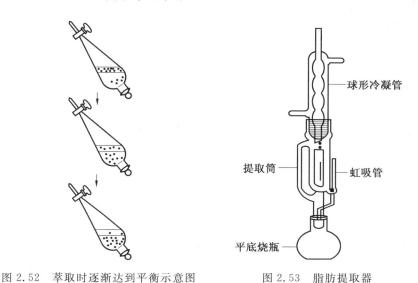

图 2.52 萃取时逐渐达到平衡示意图　　　图 2.53 脂肪提取器

球形冷凝管

提取筒　　　虹吸管

平底烧瓶

6. 升华与凝华

固体物质具有较高的蒸汽压时,往往不经过熔融状态就直接变成蒸气,这个过程称为升华;蒸气遇冷,再直接变成固体,这个过程称为凝华。

容易升华的物质含有不挥发性杂质时,可以用升华方法精制。用这种方法制得的产品,纯度较高,但损失较大。

升华前,必须把待升华的物质干燥。

把待精制的物质放入蒸发皿中,用一张穿有若干小孔的圆滤纸把锥形漏斗的口包起来,把漏斗倒盖在蒸发皿上,漏斗颈部塞一团疏松的棉花,如图 2.54(a)所示。

在沙浴或石棉铁丝网上将蒸发皿加热,逐渐地升高温度,使待精制的物质汽化,蒸气通过滤纸孔,遇到冷的漏斗内壁,又凝结为晶体,附在漏斗的内壁和滤纸上。穿有小孔的滤纸可防止升华后形成的晶体落回到下面的蒸发皿中。

较大量物质的升华,可在烧杯中进行。烧杯上放置一个通冷水的烧瓶,使蒸气在烧瓶底部凝结成晶体,并附着在瓶底上,如图 2.54(b)所示。

减压下的升华装置如图 2.55 所示。

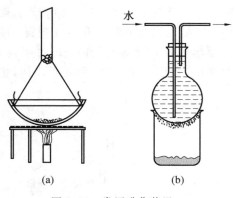

图 2.54　常压升华装置　　　　　　　　　　图 2.55　减压升华装置

2.7.8　色谱分离法

1.薄层色谱

薄层色谱(Thin Layer Chromatography)简称 TLC,是一种微量、快速和简便的色谱方法。它可用于分离混合物,鉴定和精制化合物,是近代有机分析化学中用于定性和定量的一种重要手段。它展开时间短(几十分钟就能达到分离目的),分离效率高(可达到300～4 000块理论塔板数),需要样品少(数微克)。如果把吸附层加厚,样品点成一条线,又可用做制备色谱,用以精制样品。薄层色谱特别适用于挥发性小的化合物,以及那些在高温下易发生变化、不宜用气相色谱分析的化合物。

薄层色谱属于液—固吸附色谱。样品在涂在玻璃板上的吸附剂(固定相)和溶剂(移动相,又称展开剂)之间进行分离。由于吸附剂对各种化合物的吸附能力不相同,在展开剂上移时达到分离的目的。进行薄层色谱分离通常分为以下几个步骤。

(1)薄层板的制备。

薄层板的制备方法有两种:一种是干法制板,另一种是湿法制板。

干法制板常用氧化铝做吸附剂,将氧化铝倒在玻璃上,取直径均匀的一根玻璃棒,将两端用胶布缠好,在玻璃板上滚压,把吸附剂均匀地铺在玻璃板上。这种方法操作简便,展开快,但是样品展开点易扩散,制成的薄板不易保存。

实验室最常用的是湿法制板。取 2 g 硅胶,加入 5～7 mL 0.7% 的羧甲基纤维素钠水溶液,调成糊状。将糊状硅胶均匀地倒在 3 块载玻片上,先用玻璃棒铺平,然后用手轻轻振动至平整。制大量铺板或铺较大板时,也可使用涂布器。

①铺板时,尽可能将吸附剂铺均匀,不能有气泡或颗粒等。

②铺板时,吸附剂的厚度不能太厚也不能太薄,太厚展开时会出现拖尾,太薄样品分不开,一般厚度为 0.5～1 mm。

③湿板铺好后,应放在比较平的地方晾干,然后转移至试管架上慢慢地自然干燥,千万不要快速干燥,否则薄层板会出现裂痕。

(2)薄层板的活化。

薄层板经过自然干燥后,再放入烘箱中活化,进一步除去水分。不同的吸附剂及配方,需要不同的活化条件。例如:硅胶一般在烘箱中逐渐升温,在 105～110 ℃下加热 30 min;氧化铝在 200～220 ℃下烘干 4 h 可得到活性为 H 级的薄层板,在 150～160 ℃下烘干 4 h 可得到活性为 Ⅲ～Ⅳ 级的薄层板。当分离某些易吸附的化合物时,可不用活化。

(3)点样。

将样品用易挥发溶剂配成 1%～5% 的溶液。在距薄层板的一端 10 mm 处,用铅笔轻轻地画一条横线作为点样时的起点线,在距薄层板的另一端 5 mm 处,再画一条横线作为展开剂向上爬行的终点线(画线时不能将薄层板表面破坏),如图 2.56 所示。

图 2.56　薄层板及薄层板的点样方法

用内径小于 1 mm、干净并且干燥的毛细管吸取少量的样品,轻轻触及薄层板的起点线(即点样),然后立即抬起,待溶剂挥发后,再触及第二次。这样点 3～5 次即可,如果样品浓度低可多点几次。在点样时应做到"少量多次",即每次点的样品量要少一些,点的次数可以多一些,这样可以保证样品点既有足够的浓度点又小。点好样品的薄层板待溶剂挥发后再放入展开缸中进行展开。

(4)展开。

在此过程中,选择合适的展开剂是至关重要的。一般展开剂的选择与柱色谱中洗脱剂的选择类似,即极性化合物选择极性展开剂,非极性化合物选择非极性展开剂。当一种展开剂不能将样品分离时,可选择用混合展开剂。表 2.8 给出了常见溶剂在硅胶板上的展开能力,由于硅胶是极性固定相,展开能力与溶剂的极性成正比。混合展开剂的选择请参考其他资料关于柱色谱中洗脱剂的选择。

表 2.8　TLC 常用的展开剂

溶剂名称
戊烷、四氯化碳、苯、氯仿、二氯甲烷、乙醚、醋酸乙酯、丙酮、乙醇、甲醇
极性及展开能力增加
⟶

展开时,在展开缸中注入配好的展开剂,将薄层板点有样品的一端放入展开剂中(注意:展开剂液面的高度应低于样品斑点),如图 2.57 所示。在展开过程中,样品斑点随着展开剂向上迁移,当展开剂前沿至薄层板上边的终点线时,立刻取出薄层板。将薄层板上分开的样品点用铅笔圈好,计算比移值。

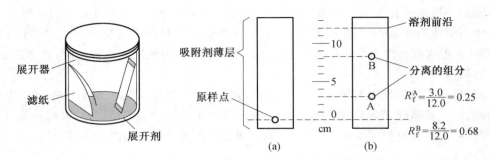

图 2.57　某组分薄层色谱展开过程及 R_f 值的计算

（5）比移值 R_f 的计算。

某种化合物在薄层板上上升高度与展开剂上升高度的比值称为该化合物的比移值，常用 R_f 来表示

$$R_f = \frac{\text{样品中某组分移动离开原点的距离}}{\text{展开剂前沿距原点中心的距离}}$$

图 2.57 给出了某化合物的展开过程及 R_f 值的计算。对于一种化合物，当展开条件相同时，R_f 值是一个常数。因此，可用 R_f 作为定性分析的依据。但是，由于影响 R_f 值的因素较多，如展开剂、吸附剂、薄层板的厚度、温度等均能影响 R_f 值，所以同一化合物的 R_f 值与文献值会相差很大。在实验中我们常采用的方法是：在一块板上同时点一个已知物和一个未知物，然后进行展开，通过计算 R_f 值来确定是否为同一化合物。

（6）显色。

样品展开后，如果本身带有颜色，可直接看到斑点的位置。但是，大多数有机化合物是无色的，因此，就存在显色的问题。常用的显色方法有以下两种：

①显色剂法。常用的显色剂有碘和三氯化铁水溶液等。许多有机化合物能与碘生成棕色或黄色的络合物。利用这一性质，在一密闭容器中（一般用展开缸即可）放几粒碘，将展开并干燥的薄层板放入其中，稍稍加热，让碘升华，当样品与碘蒸气反应后，薄层板上的样品点处即可显示出黄色或棕色斑点，取出薄层板用铅笔将点圈好即可。除饱和烃和卤代烃外，均可采用此方法。三氯化铁水溶液可用于带有酚羟基化合物的显色。

②紫外光显色法。用硅胶 GF254 制成的薄层板，由于加入了荧光剂，在 254 nm 波长的紫外灯下，可观察到暗色斑点，此斑点就是样品点。

2. 柱色谱

柱色谱法是通过色谱柱来实现分离的。色谱柱内装有固体吸附剂（固定相），液体样品从柱顶加入，在柱的顶部被吸附剂吸附，然后从柱顶加入有机溶剂（流动相），由于吸附剂对各组分的吸附能力不同，各组分以不同的速度下移，被吸附较弱的组分在流动相里的含量比被吸附较强的组分要高，从而以较快的速度向下移动，达到分离的目的。

第 **3** 章

数据处理方法

3.1　有效数字

3.1.1　有效数字的概念

各种测量都难免有误差,因此记录和计算测量的结果就应与测量的误差相适应,不能超出测量的精确程度。例如,用 50 mL 滴定管测量液体体积时可以准确到每格刻度 0.1 mL,再在两个刻度之间进行估计,可以估计到 0.01 mL(实际上往往只估计到 0.02 mL)。如果被测的液面位于 24.1 mL 和 24.2 mL 之间的正中,那么就可记录为 24.15 mL;如果位于 24.1 mL 的刻度以上 0.02 mL(估计)处,则可记录为 24.12 mL。在 24.15 和 24.12 中,各数字都属有效数字。在有效数字中,除最后一位数字有一定误差外,其余的数字都是准确的。例如,在 24.15 和 24.12 这两个数值中,"24.1"是可靠的,而在小数点后第二位上的"5"和"2"则是估计的,有一定的误差。

有些人可能认为,小数点的位数越多,精密度越高。其实两者之间并无联系。小数点的位置只与单位有关。例如 24.15 mL 也可写为 0.024 15 L,两者的精密度完全相同,都是四位有效数字。关于"0"的作用,因其位置不同而异。在 0.215、0.021 5 或 0.002 15 中,"0"只起到表示小数点位置的作用,不算有效数字。这三个数值都有三位有效数字。在 24.10、21.10、2.000、1.010 等数据中,"0"则是有效数字,所以它们都是四位有效数字。但是在 2 100 和 2 000 中,"0"的意义就不确切了,这时只能按照实际测量的精密程度来确定。如果它们各有两位数字是有效的,那么这两个数值就应该写成 2.1×10^3 和 2.0×10^3;如果是三位有效数字,则写成 2.10×10^3 和 2.00×10^3。同理,2×10^3 只表示它有一位有效数字。

3.1.2　有效数字的运算法则

在运算过程中,有效数字的计算规则如下:几个数据相加或相减时,它们的和或差只能保留一位不确定数字,即有效数字的保留应以小数点后位数最少的数字为根据。例如,将 0.012 1,25.64 及 1.057 82 三个数相加,结果应为 26.71,只有最后一位是不定值;在

乘除法中,有效数字取决于相对误差最大的那个数,即有效数字最少的那个数,以它为标准确定其他各数和最后结果的有效数字。例如

$$35.63 \times 0.548\ 1 \times 0.053\ 00 \div 1.169\ 8 = 0.885\ 5$$

用电子计算器作运算时,可以不必对每一步的计算结果进行位数确定,但最后计算结果应保留正确的有效数字位数。对最后结果多余数字的取舍原则是"四舍六入五成双",即当尾数≤4时,舍去;当尾数≥6时,进位;当尾数等于5时,如5后面的数字不全为0时,进1,全为0时,如进位后得偶数则进位,否则舍弃。

在对数运算中,对数的整数部分不算有效数字,其小数部分的有效数字位数与相应的真数相同。例如有三份溶液,其氢离子($[H^+]$)的浓度分别为 $0.020\ 00\ mol \cdot L^{-1}$、$0.020\ mol \cdot L^{-1}$ 和 $0.02\ mol \cdot L^{-1}$,它们的负对数值($-lg[H^+]$)应分别取 2.301 0、2.30 和 2.3,因而它们的 pH 值($-lg[H^+]$)应分别取 2.301 0、2.30 和 2.3。这些 pH 值的有效数字分别为四位、二位和一位,整数"2"不算有效数字。

必须说明的是,若一个数的第一位有效数字是 8 或大于 8,则计算有效数字时可多计一位。例如 91、0.8 等,它们的有效数字可分别看成三位和两位。故 0.8÷0.8 的商值取 1.0 而不是 1。另外,还必须强调一下,只有在涉及由直接或间接得到的物理量时,才存在有效数字的问题,而那些不需经过测量的数值,如"2"等分……"3"次……在运算过程中应该认为它们是无限多位有效数字,绝不能把它们当成一位有效数字。

3.2　测量中的误差

3.2.1　准确度和误差

1. 准确度
指测定值与真实值之间的偏离程度。

2. 误差
绝对误差指测定值与真实值之差;相对误差指绝对误差与真实值之比(占百分之几),即

$$绝对误差 = 测定值 - 真实值(单位与被测值相同)$$
$$相对误差 = 绝对误差/真实值(无单位)$$

例:真实值为 0.100 0 g 的样品,称出的测定值为 0.101 0 g。

$$绝对误差 = 0.101\ 0\ g - 0.100\ 0\ g = 0.001\ 0\ g$$
$$相对误差 = 0.001\ 0\ g/0.100\ 0\ g = 1.0\%$$

绝对误差与被测量的量的大小无关,而相对误差却与被测量的量的大小有关。被测量的量越大,则相对误差越小。一般用相对误差来反映测定值之间的偏离程度(即准确度)比用绝对误差更为合理。

3.2.2　精密度和偏差

1. 精密度

指测量结果的再现性(即重复性)。

2. 偏差

通常被测量的真实值很难准确知道,于是用多次重复测量结果的平均值代替真实值。这时单次测定结果与平均值之间的偏离就称为偏差。偏差与误差一样,也有绝对偏差和相对偏差之分。

$$绝对偏差 = 单次测定值 - 平均值$$
$$相对偏差 = 绝对偏差/平均值$$

从相对偏差的大小可以反映出测量结果再现性的好坏,即测量的精密度。相对偏差小,则可视为再现性好,即精密度高。

3.2.3　产生误差的原因

产生误差的原因很多。一般可分为系统误差、偶然误差和过失误差三类。

1. 系统误差

在做多次重复测量时,由于某种固定因素的影响,结果总是偏高或总是偏低。这些固定因素通常有:实验方法不完善,所用的仪器准确度差,药品不纯等。系统误差可以用改善方法、校正仪器、提纯药品等措施来减少。有时也可以在找出误差原因后,算出误差的大小而加以修正。

2. 偶然误差

在多次重复测量中,纵使操作者技能再高,工作再细致,每次测定的数据也不可能完全一致,而是有时稍偏高些,有时稍偏低些。这种误差产生的原因常难以察觉,例如在滴定管读数时,最后一位数字要估计到 0.01 mL,则难免会估计得有些不准确。这种误差是由于偶然因素引起的,误差的数值有时大些,有时小些,而且有时是正误差,有时是负误差。通常可采用"多次测定,取平均值"的方法来减小偶然误差。

3. 过失差错

除了上述两类误差以外,还有由于工作粗枝大叶,不遵守操作规程等原因而造成测量的数据有很大的误差。如果确知由于过失差错而引入了误差,则在计算平均值时应剔除该次测量的数据。通常只要我们加强责任感,对工作认真细致,过失差错是完全可以避免的。

3.3　作图方法简介

将实验数据用几何图形表示出来的方法称为图解法。图解法能简明地提示出各变量之间的关系,例如数据中的极大值、极小值、转折点、周期性等都很容易从图像上找出来。有时,进一步分析图像还能得到变量间的函数关系。另外,根据多次测试的数据所描绘出来的图像,一般具有"平均"的意义,从而也可以发现和消除一些偶然误差。所以图解法在数据处理上也是一种重要的方法。在基础化学实验中常用的作图软件有 Excel、CAD 等。

3.3.1　坐标标度的选择方法

习惯上以横坐标表示自变量,纵坐标表示因变量。坐标轴比例尺的选择一般应遵循下列原则:

(1)能表示出全部有效数字,从图中读出的物理量的精密度应与测量的精密度一致。通常可采取读数的绝对误差在图纸上约相当于 0.5 或 1 个小格(最小分度)。例如用分度为 1 ℃ 的温度计测量温度时,读数可能有 0.1 ℃ 的误差,则选择的比例尺应使 0.1 ℃ 相当于 0.5 或 1 个小格,即 1 ℃ 相当于 5 或 10 个小格。

(2)坐标标度应选取容易读数的分度,即每单位坐标格应代表 1、2 或 5 的倍数,而不要采用 3、6、7、9 的倍数。而且应把数字标示在图纸逢 5 或逢 10 的粗线上。

(3)在不违反上述两个原则的前提下,坐标纸的大小必须能包括所有必需的数据且略有宽裕。如无特殊需要(如直线外推求截距等)就不一定把变量的零点作为原点,可以只从稍低于最小测量值的整数开始,这样可以充分利用图纸而且有利于保证图的精密度。

3.3.2　利用 Excel 软件作图法

1. 在 Excel 的工作表中输入数据并作计算

2. 作 $\gamma-c$ 图

(1)选取 $\gamma-c$ 数据,点击 $\boxed{插入}$ 菜单,选择 $\boxed{图表}$;

(2)按图表向导选择图表类型——不带线的 x,y 散点图;

(3)选取作图数据源;

(4)对图表选项作相应选择;

(5)选择图表位置,嵌入工作表。

3. 添加趋势线并显示其公式

(1)在图中的数据点上点击快捷菜单;

(2)选择添加趋势线;

(3)由对话框上的 $\boxed{类型}$ 标签,选择相应的趋势线类型:

①对 $\gamma-c$ 数据,可选择"指数"型或"乘幂"型趋势线;

②对 $\dfrac{c}{\Gamma}-c$ 数据,选择"线性"趋势线。

(4)由对话框上的 $\boxed{选项}$ 标签,选择显示公式及显示 R^2 值。R 为相关系数,当 $R \rightarrow 1$ 时,表示所添加的趋势线与实验数据的相关程度高。

3.3.3　实验数据的规范表达

实验数据处理利用图解法时,要规范表达。下面举例说明规范的图解方法。

1. 直线图和曲线图

(1)直线图(图 3.1)

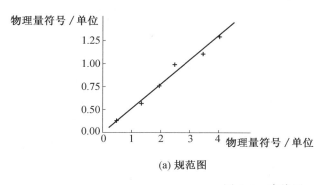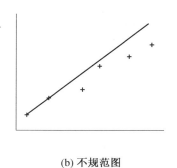

(a) 规范图　　　　　　　　　　　(b) 不规范图

图 3.1　直线图

(2)曲线图(图 3.2)

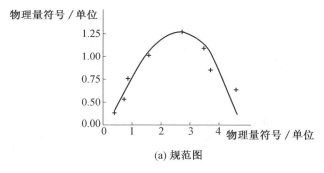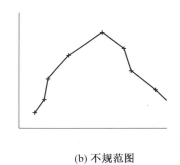

(a) 规范图　　　　　　　　　　　(b) 不规范图

图 3.2　曲线图

规范图:有文字精练的图题,且图题的位置正确;使用坐标纸,有坐标轴、刻度值及其标注;坐标轴上的物理量符号及单位标注正确;代表点标示正确、醒目,整个图无涂改;不在线上的代表点均匀地分布在线的两侧;直线是笔直的、曲线是光滑的、坐标纸大小适宜。

不规范图:没有图题或图题的位置不正确;无坐标轴、刻度值,或标注不完整;坐标轴上无物理量符号及单位标注;代表点标示不清楚、点过大,图上有涂改;不在线上的代表点的分布形式不正确;直线不直、曲线不光滑、连点成线、坐标纸太大。

2. 数据列表

(1)规范表(表 3.1)

表 3.1 一定量的各种气体在不同条件下的体积

气体	气体体积/m³	气体物质的量/mol	气体压力/kPa	气体温度/K
CO_2	1.387 4	42.779 8	101.325	395.25
CO	0.962 0	8.747 3	201.660	278.66
O_2	2.287 3	499.618 3	905.132	498.41
CH_4	0.056 6	0.158 5	6.247	268.33
C_2H_4	0.896 6	1.648 1	12.560	821.90

（2）不规范表（表 3.2）

表 3.2

气体	气体体积	气体物质的量	气体压力	气体温度
CO_2	1.387 4	42.778	101.325	395.25
CO	0.962 0	8.74	201.660	278.6
O_2	2.28	499.6	905	498
CH_4	0.056 6	0.158 5	6.247	268.33
C_2H_4	0.896 6	1.64	12.560	821.0

规范表:使用了三线表格样式;有文字精练的表题,且表题的位置正确;表的栏头中物理量的符号(或汉字)及单位书写规范;表中数字以小数点排列整齐,公因子写在栏头与物理量的符号相乘。

不规范表:与前述情况不一致。

第 **4** 章

常用仪器的操作和使用

4.1 电子天平

电子天平是最新一代的天平,它是利用电子装置完成电磁力补偿的调节,使物体在重力场中实现力的平衡,或通过电磁力矩的调节,使物体在重力场中实现力矩的平衡。

自动调零、自动校准、自动去皮和自动显示称量结果是电子天平最基本的功能。这里的"自动",严格地说应该是"半自动",因为,它需要经人工触动指令键后方可自动完成指定的动作。

4.1.1 称量原理

电子天平是根据电磁力补偿原理设计并由微电脑控制的,它把被测的质量转换成电信号(电压或电流)后,以数字和符号形式显示出称量的结果。

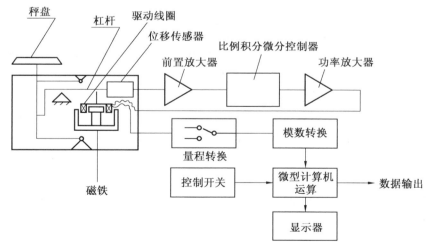

图 4.1 上皿式电子天平结构方块图

最早期的电子天平,只是把横梁的位移转换成电信号,再以数字形式把称量结果显示出来。到 20 世纪 70 年代,又出现了无刀口、无砝码的电子天平。这种天平采用电流补偿原理,把秤盘上负荷所引起的秤盘支架的垂直位置变化,通过位移传感器(如电感传感器等)获得的信号加以放大,产生补偿电流,补偿电流流入线圈,产生磁力把秤盘支架推回原位。这个补偿电流正比于负荷质量,它的数值大小会以数字形式显示出来。

电子天平按结构可分为上皿式(见图 4.1)电子天平和下皿式电子天平。秤盘在支架上面为上皿式,秤盘吊挂在支架下面为下皿式。目前,广泛使用的是上皿式电子天平。上皿式电子天平尽管控制方式和线路结构多种多样,但其结构原理大体相同。

4.1.2 BP210S 型电子天平的使用方法

BP210S 型电子天平的外形如图 4.2 所示,是多功能、上皿式常量分析天平,感量为0.1 mg,其显示屏和控制面板如图 4.3 所示。

图 4.2 BP210S 型电子天平

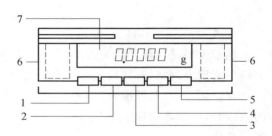

图 4.3 BP210S 型电子天平显示屏及控制面板
1—开/关键;2—清除键(CF);3—校准/调整键(CAL);4—功能键(F); 5—打印键;6—去皮/调零键(TARE);7—质量显示屏

一般情况下,只使用开/关键、去皮/调零键和校准/调整键。使用时的操作步骤如下:

(1)接通电源(电源插头),屏幕右上角显示出一个"0",预热 30 min 以上。

(2)检查水平仪(在天平后面,如两个气泡同圆心表示天平处于水平状态),如不水平,应通过调节天平前边左、右两个水平支脚而使其达到水平状态。

(3)按下开/关键,显示屏很快出现"0.000 0 g"。

(4)如果显示不是"0.000 0 g",则要按下"TARE"键。

(5)将被称物放在秤盘上,这时可见显示屏上的数字在不断变化,待数字稳定并出现质量单位"g"后(最好再等几秒),即可读数并记录称量结果。

(6)称量完毕,取下被称物,如果不久还要继续使用天平,可暂不按开/关键,天平将自动保持零位,或者按一下开/关键(但不可拔下电源插头),让天平处于待命状态,即显示屏上数字消失,左下角出现一个"0",再来称样时按一下开/关键就可使用。如果较长时间(如半天以上)不再用天平,应拔下电源插头,盖上防尘罩。

(7)如果天平长时间没有用过,或天平移动过位置,应进行一次校准。校准要在天平预热 30 min 以后进行,程序是:调整水平,按下开/关键,显示稳定后如不为零则按一下"TARE"键,稳定地显示"0.000 0"后,按一下校准/调整键(CAL),天平将自动进行校准,屏幕显示出"CAL",表示正在进行校准。10 s 左右,"CAL"消失,表示校准完毕,应显示出"0.000 0 g",如果显示不正好为零,可按一下"TARE"键,然后即可进行称量。

4.1.3　称量方法

用电子天平进行称量,快捷是其主要特点。下面介绍几种最常用的称量方法。

1. 直接称量法

此法用于称量一种物体的质量。例如,称量某小烧杯的质量,容量器皿校正中称量某容量瓶的质量,重量分析实验中称量某坩埚的质量等,都使用这种称量法。这种称量法适于称量洁净干燥的不易潮解或升华的固体试样。

2. 固定质量称量法(又称增量法)

此法用于称量某一固定质量的试剂(如基准物质)或试样,如图 4.4 所示。这种称量操作的速度很慢,适于称量不易吸潮、在空气中能稳定存在的粉末状或小颗粒(最小颗粒应小于 0.1 mg)样品,以便容易调节其质量。

注意:用固定质量称量法称量试样时,若加入的试样不慎超过指定质量,取出的多余试样应弃去,不要放回原试样瓶中。操作时不能将试样散落于天平秤盘上的表面皿等容器以外的地方,称好的试样必须定量地由表面皿等容器直接转入接收器,此即所谓"定量转移"。

3. 递减称量法(又称减量法)

此法用于称量一定质量范围的试样或试剂。在称量过程中试样易吸水、易氧化或易与 CO_2 反应时,可选择此法。由于称取试样的质量是由两次称量之差求得,故又称差减法。

称量步骤如下:从干燥器中取出称量瓶(注意:不要让手指直接触及称量瓶和瓶盖),要戴手套拿取称量瓶或用小纸片夹住称量瓶盖柄(见图 4.5),打开瓶盖,用牛角匙加入试样(一般为一份试样量的整数倍,可在粗天平上粗称),盖上瓶盖。将称量瓶置于天平秤盘上,称出称量瓶加试样后的准确质量。将称量瓶取出,在接收器的上方倾斜瓶身,用称量瓶盖轻敲瓶口上部,使试样慢慢落入容器中,如图 4.6 所示。当倾出的试样接近所需量(可从体积上估计或试重得知)时,一边继续用瓶盖轻敲瓶口,一边逐渐将瓶身竖直,使黏附在瓶口上的试样落下,然后盖好瓶盖,把称量瓶放回天平秤盘,准确称其质量。两次质量之差,即为试样的质量。按上述方法连续递减,可称取多份试样。有时一次很难得到合

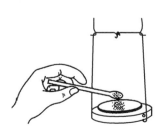

图 4.4　固定质量称量法

图 4.5　称量瓶的拿法

图 4.6　从称量瓶中敲出试样的操作

乎质量范围要求的试样,可多进行几次相同的操作过程。

4.1.4　使用注意事项

1.开、关天平,放、取被称物,开、关天平侧门等动作都要轻、缓,切不可用力过猛、过快,以免造成天平部件脱位或损坏。

2.调定零点和称量读数时,要留意天平门是否已关好。称量读数要立即记录在实验报告本上。调定零点和称量读数后,应随手关好天平。

3.对于热的或过冷的被称物,应置于干燥器中,直至其温度同天平室温度一致后才能进行称量。

4.天平的前门仅供安装、检修和清洁时使用,通常不要打开。

5.通常在天平箱内放置变色硅胶做干燥剂,当变色硅胶失效后应及时更换。注意保持天平、天平台和天平室的安全、整洁和干燥。

6.如果发现天平不正常,应及时报告教师或实验室工作人员,不要自行处理。称量完成后,应及时对天平进行还原,并在天平使用登记本上进行登记。

4.2　酸　度　计

4.2.1　测量原理

酸度计(pH 计)是对溶液中氢离子活度产生选择性响应的一种电化学传感器。在理论上,溶液的酸度可以这样测得:以参比电极、指示电极和溶液组成工作电池,测量出电池的电动势,以已知酸度的标准缓冲溶液的 pH 值为基准,比较标准缓冲溶液组成的电池的电动势和待测试液组成的电池的电动势,从而得出待测试液的 pH 值。

酸度计由电极和电动势测量部分组成。目前酸度计上配套使用的电极大多数采用的是复合电极,老一代酸度计尚在使用玻璃电极与甘汞电极。由于复合电极使用比较广泛,所以对于酸度计的使用方法主要介绍如何使用复合电极。

电极用来与试液组成工作电池,电动势测量部分则将电池产生的电动势进行放大和测量,最后显示出溶液的 pH。

酸度计使用前要进行校准,一般采用标准缓冲溶液,即 pH 值标准缓冲溶液。我国目前使用的几种 pH 值标准缓冲溶液在不同温度下的 pH 值见表 4.1。常用的几种 pH 值标准缓冲溶液的组成和配制方法见表 4.2。

表 4.1　不同温度下标准缓冲溶液的 pH 值

t / ℃	$0.05\ mol \cdot L^{-1}$ 四草酸氢钾	饱和酒石酸氢钾	$0.05\ mol \cdot L^{-1}$ 邻苯二甲酸氢钾	$0.025\ mol \cdot L^{-1}$ 磷酸二氢钾和磷酸氢二钠	$0.01\ mol \cdot L^{-1}$ 四硼酸钠
0	1.67	—	4.01	6.98	9.40
5	1.67	—	4.01	6.95	9.39
10	1.67	—	4.00	6.92	9.33
15	1.67	—	4.00	6.90	9.27
20	1.68	—	4.00	6.88	9.22
25	1.69	3.56	4.01	6.86	9.18
30	1.69	3.55	4.01	6.84	9.14
35	1.69	3.55	4.02	6.84	9.10
40	1.70	3.54	4.03	6.84	9.07
45	1.70	3.55	4.04	6.83	9.04
50	1.71	3.55	4.06	6.83	9.01
55	1.72	3.56	4.08	6.84	8.99
60	1.73	3.57	4.10	6.84	8.96

表 4.2　标准缓冲溶液的配制方法

试剂名称	分子式	浓度/ $(mol \cdot L^{-1})$	试剂的干燥与预处理	标准缓冲溶液的配制方法
四草酸氢钾	$KH_3(C_2O_4)_2 \cdot 2H_2O$	0.05	(57 ± 2) ℃下干燥至恒重	12.709 6 g $KH_3(C_2O_4)_2 \cdot 2H_2O$ 溶于适量蒸馏水，定量稀释至 1 L
酒石酸氢钾	$KC_4H_5O_6$	饱和	不必预先干燥	$KC_4H_5O_6$ 溶于(25 ± 3) ℃蒸馏水中直至饱和
邻苯二甲酸氢钾	$KHC_8H_4O_4$	0.05	(110 ± 5) ℃下干燥至恒重	10.211 2 g $KHC_8H_4O_4$ 溶于适量蒸馏水中，定量稀释至 1 L
磷酸二氢钾和磷酸氢二钠	KH_2PO_4 和 Na_2HPO_4	0.025	KH_2PO_4 在(110 ± 5) ℃下干燥至恒重，Na_2HPO_4 在(120 ± 5) ℃下干燥至恒重	3. 402 1 g KH_2PO_4 和 3.549 0 g Na_2HPO_4 溶于适量蒸馏水，定量稀释至 1 L
四硼酸钠	$Na_2B_4O_7 \cdot 10H_2O$	0.01	$Na_2B_4O_7 \cdot 10H_2O$ 放在含有 NaCl 和蔗糖饱和液的干燥器中	3.813 7 g $Na_2B_4O_7 \cdot 10H_2O$ 溶于适量去 CO_2 的蒸馏水中，定量稀释至 1 L

标准缓冲溶液须保存在盖紧的玻璃瓶或塑料瓶中（硼砂溶液应保存在塑料瓶中），一般几周内可保持 pH 值稳定不变，低温保存可延长使用寿命。在电极浸入标准缓冲溶液之前，玻璃电极与甘汞电极应用蒸馏水充分冲洗，并用滤纸吸干，以免标准缓冲溶液被稀释或沾污。标准缓冲溶液在稳定期内可多次使用。如果变质发浑，则应弃去。

在使用酸度计测 pH 值时，一般只要有酸性、近中性和碱性三种标准就可以了。应选用与待测溶液的 pH 值相近的标准缓冲溶液来校正酸度计，这样可以减少测量误差。下面介绍两款酸度计的使用方法。

4.2.2 pHS－25 型酸度计的使用方法

图 4.7 是 pHS－25 型酸度计，操作步骤如下。

1. 开机

（1）电源线插入电源插座。

（2）按下电源开关，电源接通后，预热 30 min。

2. 标定

仪器使用前先要标定。一般来说，仪器在连续使用时，每天要标定一次。

（1）在测量电极插座处拔下短路插头。

（2）在测量电极插座处插上复合电极。

（3）把"选择"旋钮调到 pH 挡。

（4）调节"温度"旋钮，使旋钮红线对准溶液温度值。

（5）把"斜率"旋钮顺时针调到底（即调到 100％位置）。

图 4.7 pHS－25 型酸度计

（6）把清洗过的电极插入 pH＝6.86 的标准缓冲溶液中。

（7）调节"定位"旋钮，使仪器显示读数与该标准缓冲溶液的 pH 值相一致（如 pH＝6.86）；

（8）用蒸馏水清洗电极（见图 4.8(a)），再用 pH＝4.00 的标准缓冲溶液调节"斜率"旋钮到 pH＝4.00；

（9）重复（6）～（8）的操作，直至显示的数据重现时稳定在标准缓冲溶液 pH 值的数值上，允许变化范围为 pH＝±0.01。

注意：经标定的仪器"定位"旋钮及"斜率"旋钮不应再有变动。标定的标准缓冲溶液第一次用 pH＝6.86 的溶液，第二次应接近被测溶液的值，如被测溶液为酸性时，缓冲液应选 pH＝4.00；如被测溶液为碱性时，则选 pH＝9.18 的标准缓冲溶液。

一般情况下，在 24 h 内仪器不需要再标定。

3. 测量被测溶液的 pH 值

经标定过的仪器，即可用来测量被测溶液，被测溶液与标准缓冲溶液的温度不同，测量步骤也有所不同。

（1）被测溶液与标准缓冲溶液温度相同时，测量步骤如下：

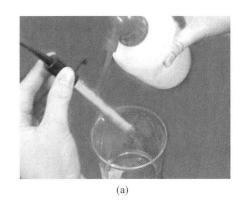 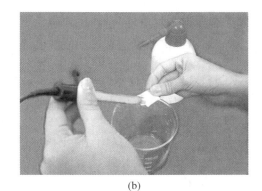

(a)　　　　　　　　　　　　　　　　　(b)

图 4.8　清洗和擦干电极

①"定位"旋钮不变;

②用蒸馏水清洗电极头部,用滤纸吸干(见图 4.8(b));

③把电极浸入被测溶液中,搅拌溶液,使溶液均匀后,在显示屏上读出该溶液的 pH 值;

④测量结束后,将电极泡在 3 mol·L⁻¹ KCl 溶液中,或及时套上保护套,套内装少量 3 mol·L⁻¹ KCl 溶液以保护电极球泡的湿润。

(2)被测溶液和标准缓冲溶液温度不同时,测量步骤如下:

①"定位"旋钮不变;

②用蒸馏水清洗电极头部,用滤纸吸干;

③用温度计测出被测溶液的温度值;

④调节"温度"旋钮,使红线对准被测溶液的温度值;

⑤把电极插入被测溶液内,搅拌溶液,使溶液均匀后,读出该溶液的 pH 值。

4.2.3　PB-10 赛多利斯酸度计的操作步骤

1. 使用前的准备

酸度计在使用前处于待机状态,电极部分浸泡于 4 mol·L⁻¹ KCl 的电极储存液中。

2. 校准

(1)按"Mode"(转换)键可以在 pH 和 mV 模式之间进行切换。通常测定溶液 pH 值将模式置于 pH 状态。

(2)按"SETUP"键,显示屏显示 Clear buffe,按"ENTER"键确认,清除以前的校准数据。

(3)按 "SETUP"键直至显示屏显示标准缓冲溶液组"1.68,4.01,6.86,9.18, 12.46",按"ENTER"确认。

(4)将电极小心地从电极储存液中取出,用去离子水充分冲洗电极,冲洗干净后用滤纸吸干表面水(注意不要擦拭电极)。

(5)将电极浸入第一种标准缓冲溶液(6.86)中,搅拌均匀。等到数值达到稳定并出现 "S"时,按"STANDARDIZE"键,等待仪器自动校准,如果校准时间过长,可按"ENTER"

键手动校准。校准成功后，作为第一校准点标准数值被存储，显示"6.86"和电极斜率。

（6）将电极从第一种标准缓冲溶液中取出，重复步骤（3）洗净电极后，将电极浸入第二种标准缓冲溶液（4.01）中，搅拌均匀。等到数值达到稳定并出现"S"时，按"STAND-ARDIZE"键，等待仪器自动校准，如果校准时间过长，可按"ENTER"键手动校准。校准成功后，作为第二校准点的数值被存储，显示（4.01,6.86）和信息"%Slope××"。××表示测量的电极斜率值，该测量值在 90%～105% 范围内可以接受。如果与理论值有更大偏差，将显示错误信息（Err），电极应清洗，并重复上述步骤重新校准。

（7）重复以上操作完成第三校准点（9.18）的校准。

3. 测量

用去离子水反复冲洗电极，用滤纸吸干电极表面残留水分后将电极浸入待测溶液。待测溶液如果辅以磁力搅拌器搅拌，可使电极响应速度更快。测量过程中等待数值达到稳定出现"S"时，即可读取测量值。使用完毕后，用去离子水将电极冲洗干净，用滤纸吸干电极上的水分，浸于 4 mol·L^{-1} KCl 溶液中保存。

4. 注意事项

pH 玻璃电极测量 pH 值的核心部件是位于电极末端的玻璃薄膜，该部分是整个仪器最敏感也最容易受到损伤的部位。在清洗和使用的过程中，应该避免任何由于不小心造成的碰撞。使用滤纸吸干电极表面残留液时也要小心，不要反复擦拭。

如果使用磁力搅拌器，在测量时应保证电极与溶液底部有一定的距离，以防止磁棒碰到电极上。

如发现电极有问题，可用 0.1 mol·L^{-1} HCl 溶液浸泡电极半小时，再放入 4 mol·L^{-1} KCl 溶液中保存。

4.3 数字贝克曼温度计

4.3.1 主要特点

数字贝克曼温度计是精确测量温差的温度计，它的主要特点有以下几个。

（1）它的最小刻度为 0.01 ℃，用放大镜可以读准到 0.002 ℃，测量精度较高。还有一种最小刻度为 0.002 ℃，可以估计读准到 0.000 4 ℃。

（2）一般只有 5 ℃量程，0.002 ℃刻度的数字贝克曼温度计量程只有 1 ℃。为了适用于不同用途，其刻度方式有两种：一种是 0 ℃刻在下端，另一种是 0 ℃刻在上端。

（3）其结构如图 4.9 所示，与普通温度计不同，在它的毛细管 B 上端，加装了一个水银储管 D，用来调节水银球 A 中的水银量。因此，虽然量程只有 5 ℃，却可以在不同范围内使用。一般可以在 −6～120 ℃之间使用。

（4）由于水银球 A 中的水银量是可变的，因此水银柱的刻度值不是温度的绝对值，只是在量程范围内的温度变化值。

4.3.2　使用方法

1. 测定数字贝克曼温度计的 *R* 值

数字贝克曼温度计最上部刻度 a 处到毛细管末端 b 处所相当的温度变化值称为 *R* 值。将数字贝克曼温度计与一支普通温度计(最小刻度 0.1 ℃)同时插入恒温浴中并不断升温,数字贝克曼温度计的水银柱就会上升,由普通温度计读出从 a 到 b 段相当的温度变化即 *R* 值,一般取几次测量值的平均值。

2. 水银球 A 中水银量的调节

在使用数字贝克曼温度计时,首先应当将它插入一杯与待测体系温度相同的水中,达到热平衡以后,如果毛细管内水银面在所要求的合适刻度附近,说明水银球 A 中的水银量合适,不必进行调节。否则,就应当调节水银球中的水银量。若球内水银过多,毛细管水银量超过 b 点,就应当左手握数字贝克曼温度计中部,将温度计倒置,右手轻击左手手腕,使水银储管 D 内水银与 b 点处水银相连接。再将温度计轻轻倒转放置在温度为 *t'* 的水中,平衡后用左手握住温度计的顶部,迅速取出,离开水面和实验台,立即用右手轻击左手手腕,使水银储管 D 内水银在 b 点处断开。此步骤要特别小心,切勿使温度计与硬物碰撞,以免损坏温度计。温度 *t'* 的选择可以按照下式计算

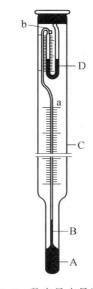

图 4.9　数字贝克曼温度计
a—刻度;b—毛细管末端;
A—水银球;B—毛细管;
C—温度标尺;D—水银储管

$$t' = t + R + (5 - x) \tag{4.1}$$

式中　*t*——实验温度;

　　　x——*t* 温度时数字贝克曼温度计的设定读数。

若水银球 A 中的水银量过少时,左手握住数字贝克曼温度计中部,将温度计倒置,右手轻击左手手腕,水银就会在毛细管中向下流动,待水银储管 D 内水银与 b 点处水银相连接后,再按上述方法调节。

调节后,将数字贝克曼温度计放在实验温度为 *t* 的水中,观察温度计水银柱是否在所要求的刻度 *x* 附近,如相差太大,再重新调节。

4.3.3　使用注意事项

1. 数字贝克曼温度计由薄玻璃组成,易被损坏,一般只能放置在三处:安装在使用仪器上,放在温度计盒内,握在手中。不准随意放置在其他地方。

2. 调节时,应当注意防止骤冷或骤热,还应避免重击。

3. 已经调节好的温度计,注意不要使毛细管中水银再与储管 D 中水银相连接。

4. 使用夹子固定温度计时,必须垫有橡胶垫,不能用铁夹直接夹温度计。

4.4 旋 光 仪

4.4.1 旋光现象和旋光度

一般光源发出的光,其光波在垂直于传播方向的一切方向上振动,这种光称为自然光,或称非偏振光。而只在一个方向上有振动的光称为平面偏振光。当一束平面偏振光通过某些物质时,其振动方向会发生改变,此时光的振动面旋转一定的角度,这种现象称为物质的旋光现象,这种物质称为旋光物质。旋光物质使偏振光振动面旋转的角度称为旋光度。尼柯尔(Nicol)棱镜就是利用旋光物质的旋光性而设计的。

4.4.2 构造原理和结构

旋光仪的主要组件是两块尼柯尔棱镜。尼柯尔棱镜是由两块方解石直角棱镜沿斜面用加拿大树脂粘合而成,如图 4.10 所示。

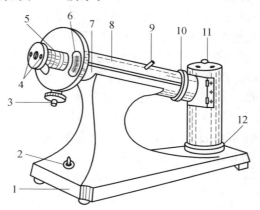

图 4.10 旋光仪外形示意图

1—底座;2—电源开关;3—度盘转动手轮;4—读数放大镜;5—调焦手轮;6—度盘及游标;7—镜筒;8—镜筒盖;9—镜盖手柄;10—镜盖连接器;11—灯罩;12—灯座

当一束单色光照射到尼柯尔棱镜时,分解为两束相互垂直的平面偏振光,一束折射率为 1.658 的寻常光,一束折射率为 1.486 的非寻常光,这两束光线到达加拿大树脂粘合面时,折射率大的寻常光(加拿大树脂的折射率为 1.550)被全反射到底面上的墨色涂层而被吸收,而折射率小的非寻常光则通过棱镜,这样就获得了一束单一的平面偏振光。用于产生平面偏振光的棱镜称为起偏镜,若让起偏镜产生的偏振光照射到另一个透射面与起偏镜透射面平行的尼柯尔棱镜,则这束平面偏振光也能通过第二个棱镜,如果第二个棱镜的透射面与起偏镜的透射面垂直,则由起偏镜透过来的偏振光完全不能通过第二个棱镜。如果第二个棱镜的透射面与起偏镜的透射面之间的夹角 θ 在 0°~90°之间,则光线可部分通过第二个棱镜,这第二个棱镜称为检偏镜。通过调节检偏镜,能使透过的光线强度在最强和零之间变化。如果在起偏镜与检偏镜之间放有旋光性物质,则由于物质的旋光作用,使来自起偏镜的光的偏振面改变了某一角度,只有检偏镜也旋转同样的角度,才能补偿旋光线改变的角度,使透过的光的强度与原来相同。旋光仪就是根据这种原理设计的。

通过检偏镜用肉眼判断偏振光通过旋光物质前后的强度是否相同是十分困难的,这样会产生较大的误差,为此设计了一种在视野中分出三分视场的装置,原理是:在起偏镜后放置一块狭长的石英片,由起偏镜透过来的偏振光通过石英片时,由于石英片的旋光性,使偏振旋转了一个角度 φ,通过镜前观察,光的振动方向如图 4.11 所示。

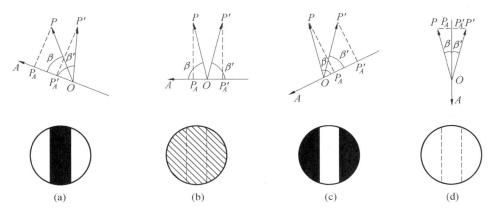

图 4.11　三分视场示意图

(1) $\beta' > \beta$,$OP_A > OP_A'$。从目镜观察到三分视场中与石英片对应的中部为暗区,与起偏镜直接对应的两侧为亮区,三分视场很清晰。当 $\beta' = \pi/2$ 时,亮区与暗区的反差最大。

(2) $\beta' = \beta$,$OP_A = OP_A'$。三分视场消失,整个视场为较暗的红色。

(3) $\beta' < \beta$,$OP_A < OP_A'$。视场又分为三部分,与石英片对应的中部为亮区,与起偏镜直接对应的两侧为暗区。当 $\beta = \pi/2$ 时,亮区与暗区的反差最大。

(4) $\beta' = \beta$,$OP_A = OP_A'$。三分视场消失。由于此时 OP 和 OP' 在 OA 轴上的分量比第二种情形时大,因此整个视场为较亮的红色。

由于在亮度较弱的情况下,人眼辨别亮度微小变化的能力较强,所以取图 4.11 中情形的视场为参考视场,并将此时检偏镜偏振化方向所在的位置取做刻度盘的零点。

实验时,将旋光性溶液注入已知长度 L 的测试管中,把测试管放入旋光仪的试管筒内,这时 OP 和 OP' 两束线偏振光均通过测试管,它们的振动面都转过相同的角度 α,并保持两振动面间的夹角为 2θ 不变。转动检偏镜使视场再次回到图 4.11 的状态,则检偏镜所转过的角度就是被测溶液的旋光角 α。

4.4.3　使用方法

首先打开钠光灯,稍等几分钟,待光源稳定后,从目镜中观察视场,如不清楚可调节目镜焦距。

选用合适的样品管并洗净,充满蒸馏水(应无气泡),放入旋光仪的样品管槽中,调节检偏镜的角度,使三分视场消失且整个视场为较暗的红色,读出刻度盘上的刻度,并将此角度作为旋光仪的零点。

零点确定后,将样品管中的蒸馏水换为待测溶液,按同样方法测定,此时刻度盘上的读数即为该样品的旋光度。

4.4.4 正确读数

旋光仪读数方法与游标卡尺读数方法完全一样。刻度盘分两个半圆,分别标出 0°～180°。另有一固定的游标,分为 20 等分,等于刻度盘 19 等分。读数时,先看游标的 0°落在刻度盘上的位置,记下整数,再仔细观察游标卡尺刻度线与主盘刻度线,找出对得最准的一条即为小数部分,整数部分与小数部分加和得最后结果。

主盘如果是反时针方向旋转,读数方法同上面相同,只要将主盘的 170°视为 $-10°$ 即可。

具体情况如图 4.12 所示。

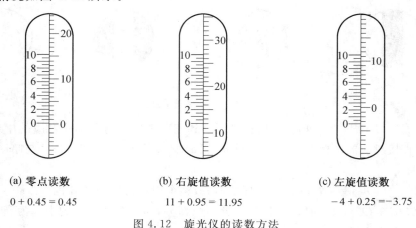

(a) 零点读数

$0 + 0.45 = 0.45$

(b) 右旋值读数

$11 + 0.95 = 11.95$

(c) 左旋值读数

$-4 + 0.25 = -3.75$

图 4.12 旋光仪的读数方法

4.4.5 使用注意事项

1. 旋光仪在使用时,需通电预热几分钟,但钠光灯使用时间不宜过长。

2. 旋光仪是比较精密的光学仪器,使用时,仪器金属部分切忌沾污酸碱,防止腐蚀。光学镜片部分不能与硬物接触,以免损坏镜片。不能随便拆卸仪器,以免影响精度。

4.5 EM－3C 型电位差计

4.5.1 构造原理

EM－3C 型电位差计是利用补偿原理和比较法精确测量直流电位差或电源电动势的常用仪器,它准确度高、使用方便,测量结果稳定可靠,还常被用来精确地间接测量电流、电阻和校正各种精密电表。在现代工程技术中,电子电位差计还广泛用于各种自动检测和自动控制系统。线式电位差计是一种教学型板式电位差计,通过它的解剖式结构,可以更好地学习和掌握电位差计的基本工作原理和操作方法,有利于进一步使用箱式电位差计。

用电压表测量电源电动势,其实测量结果是端电压,不是电动势。因为将电压表并联到电源两端,就有电流 I 通过电源的内部。由于电源有内阻 r,在电源内部不可避免地存在电位降 I_r,因而电压表的指示值只是电源的端电压($U=E_x-I_r$)的大小,它小于电动势。显然,只有当 $I=0$ 时,电源的端电压 U 才等于其电动势 E_x。

怎样才能使电源内部没有电流通过而又能测定电源的电动势呢? 在如图 4.13 所示的电路中,E_x 是待测电源,E_0 是电动势可调的电源,E_x 与 E_0 通过检流计并联在一起。当调节 E_0 的大小至检流计指针不偏转,即电路中没有电流时,两个电源在回路中互为补偿,它们的电动势大小相等,方向相反,即 $E_x=-E_0$,电路达到平衡。若已知平衡状态下 E_0 的大小,就可以确定 E_x 的值。这种测定电源电动势的方法,称为补偿法。

实验中利用线式电位差计测量电池电动势,通过两次比较实现测量目的,可以分别称为定标和测量,下面予以说明。

1. 定标

电位差计的测量原理如图 4.14 所示,可以视为由三个回路组成,它们是:由 $E-R_n-AB$ 构成的工作回路,由 E_N-G-CD 构成的定标(或校正)回路,以及由 E_x-G-CD 构成的测量回路。在 K_1 闭合的情况下,如果将 K_2 拨向位置 1 时,将标准电池 E_N 与 U_{CD} 进行比较,达到平衡(G 中无电流通过)时,则 $U_{CD}=E_N$,此时电阻丝单位长度上的电压降

$$U_N=\frac{E_N}{L_0} \tag{4.2}$$

式中　L_0——此时 CD 的长度。

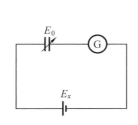

图 4.13　补偿原理示意图

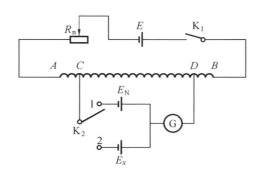

图 4.14　电位差计测量原理示意图

假如测量者要求每米电阻丝上的电压降为 $0.2(\mathrm{V/m})$(运算中作常数处理),则可计算出 CD 的长度 $L_0=\dfrac{E_N}{0.2}$,确定了 CD 的长度后,通过调节 R_n,使检流计中无电流通过,即调节好工作电压(或工作电流)。

2. 测量

在保证工作电压(或工作电流)不变的条件下,将 K_2 拨向位置 2,调节 C 和 D 的位置,使检流计中电流为零,比较未知电动势 E_x 与 U_{CD},此时有 $E_x=U_{CD}$,测出此时 CD 的长度并记为 L_x,则可计算出未知电动势

$$E_x = U_N \cdot L_x = \frac{E_N}{L_0} \cdot L_x \tag{4.3}$$

如果已经选取工作电压为 0.2 V/m，则未知电动势为

$$E_x = 0.2 L_x \tag{4.4}$$

4.5.2 操作步骤

1. 按图 4.15 连接好电路。工作电源 E 用直流稳压电源，R 为电阻箱，R_n 为滑线变阻器，E_N 为标准电池，E_x 为被测电池，G 为检流计。

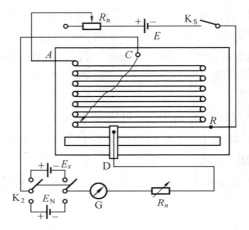

图 4.15 电位差计测电动势实验线路图

2. 读出标准电池的温度，算出该温度下标准电池的电动势。

3. 取 E 为 5～10 V，将 R、R_n 调至最大，将开关 K_2 拨向定标回路，接通标准电池 E_N，调节 C、D 的位置，使检流计指针无偏转，再适当减小 R_n，尽量将 R 减小到 0，同时微调活动触头 D 以保证回路中无电流，记下此时 C、D 间电阻丝的长度 L_0。

4. 在不改变工作回路的情况下，将 K_2 拨向 E_x，先将 R 调至最大，调节 C、D 的位置，使检流计中无电流通过；再将 R 逐渐调至零，同时细调 D 的位置，保持检流计中无电流通过，读出此时电阻丝的长度 L_x，利用式（4.3）求出未知电动势 E_x。

5. 重复以上步骤 3 和 4，再测量三次，算出 E_x 的平均值及不确定度。

4.5.3 使用注意事项

1. 接线时，所有电池的正、负极不能接错，否则补偿回路不可能调到补偿状态。

2. 标准电池应防止振动、倾斜等，通过的电流不允许大于 5 μA，严禁用电压表直接测量它的端电压，实验时接通时间不宜过长。

4.6 阿贝折光仪

折光率是物质的重要物理常数之一，许多纯物质都具有一定的折光率，如果其中含有杂质，则折光率将发生变化，出现偏差。杂质越多，偏差越大。因此通过折光率的测定，可

以测定物质的浓度。

4.6.1　构造原理

阿贝折光仪的外形图如图 4.16 所示。

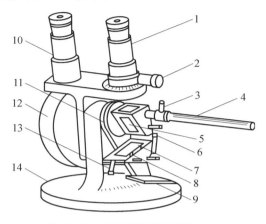

图 4.16　阿贝折光仪外形图

1—测量望远镜；2—消散手柄；3—恒温水入口；4—温度计；5—测量棱镜；6—铰链；7—辅助棱镜；8—加液槽；9—反射镜；10—读数望远镜；11—转轴；12—刻度盘罩；13—闭合旋钮；14—底座

当一束单色光从介质Ⅰ进入介质Ⅱ（两种介质的密度不同）时,光线在通过界面时改变了方向,这一现象称为光的折射,如图 4.17 所示。

光的折射现象遵从折射定律

$$\frac{\sin \alpha}{\sin \beta}=\frac{n_{\mathrm{II}}}{n_{\mathrm{I}}}=n_{\mathrm{I,II}} \qquad (4.5)$$

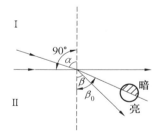

图 4.17　光的折射

式中　α——入射角；

β——折射角；

n_{I}、n_{II}——交界面两侧两种介质的折光率；

$n_{\mathrm{I,II}}$——介质Ⅱ对介质Ⅰ的相对折光率。

若介质Ⅰ为真空,因规定 $n=1.000\ 0$,故 $n_{\mathrm{I,II}}=n_{\mathrm{II}}$ 为绝对折光率。但介质Ⅰ通常为空气,空气的绝对折光率为 $1.000\ 29$,这样得到的各物质的折光率称为常用折光率,也称为对空气的相对折光率。同一物质两种折光率之间的关系为

$$绝对折光率 = 常用折光率 \times 1.000\ 29$$

根据式(4.5)可知,当光线从一种折光率小的介质Ⅰ射入折光率大的介质Ⅱ时($n_{\mathrm{I}}<n_{\mathrm{II}}$),入射角一定大于折射角($\alpha>\beta$)。当入射角增大时,折射角也增大,设当入射角 $\alpha=90°$ 时,折射角为 β_0,我们将此折射角称为临界角。因此,当在两种介质的界面上以不同角度射入光线时(入射角 α 从 $0°\sim90°$),光线经过折光率大的介质后,其折射角 $\beta \leqslant \beta_0$。其结果是大于临界角的部分无光线通过,成为暗区；小于临界角的部分有光线通过,成为亮区。

根据式(4.5)可得

$$n_I = n_{II} \frac{\sin \beta}{\sin \alpha} = n_{II} \cdot \sin \beta_0 \qquad (4.6)$$

因此在固定一种介质时,临界折射角 β_0 的大小与被测物质的折光率是简单的函数关系,阿贝折光仪就是根据这个原理而设计的。

4.6.2 构造原理和结构

阿贝折光仪的光学系统示意图如图 4.18 所示。它的主要部分是由两个折射率为 1.75 的玻璃直角棱镜所构成,上部为测量棱镜,是光学平面镜,下部为辅助棱镜,其斜面是粗糙的毛玻璃,两者之间约有 0.1~0.15 mm 厚度空隙,用于装待测液体,并使液体展开成一薄层。当从反射镜反射来的入射光进入辅助棱镜至粗糙表面时,会产生漫散射,以各种角度透过待测液体,而从各个方向进入测量棱镜而发生折射。其折射角都落在临界角 β_0 之内,因为棱镜的折光率大于待测液体的折光率,因此入射角从 $0°\sim90°$ 的光线都通过测量棱镜发生折射。具有临界角 β_0 的光线从测量棱镜出来反射到目镜上,此时若将目镜十字线调节到适当位置,则会看到目镜上呈半明半暗状态。折射光都应落在临界角 β_0 内,成为亮区,其他部分为暗区,构成了明暗分界线。

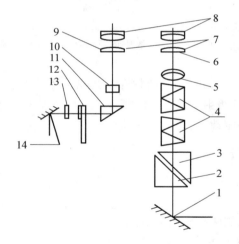

图 4.18 阿贝折光仪光学系统示意图

1—反射镜;2—辅助棱镜;3—测量棱镜;4—消色散棱镜;5—物镜;6—分划板;7、8—目镜;9—分划板;10—物镜;11—转向棱镜;12—照明度盘;13—毛玻璃;14—小反光镜

根据式(4.6)可知,只要已知棱镜的折光率 $n_{棱}$,通过测定待测液体的临界角 β_0,就能求得待测液体的折光率 $n_{液}$。实际上测定 β_0 值很不方便,当折射光从棱镜出来进入空气又产生折射时,折射角为 β'_0。$n_{液}$ 与 β'_0 之间的关系为

$$n_{液} = \sin r \sqrt{n_{棱}^2 - \sin^2 \beta'_0} - \cos r \cdot \sin \beta'_0 \qquad (4.7)$$

式中,r 为常数;$n_{棱} = 1.75$。

测出 β'_0 即可求出 $n_{液}$。因为在设计折光仪时已将 β'_0 换算成 $n_{液}$ 值,故从折光仪的标尺上可直接读出液体的折光率。

在实际测量折光率时,我们使用的入射光不是单色光,而是使用由多种单色光组成的

普通白光,因不同波长的光的折射率不同而产生色散,所以在目镜中会看到一条彩色的光带,而没有清晰的明暗分界线。为此,在阿贝折光仪中安置了一套消色散棱镜(又称补偿棱镜)。通过调节消色散棱镜,使测量棱镜出来的色散光线消失,明暗分界线清晰,此时测得的液体的折光率相当于用单色光钠光 D 线($\lambda=589$ nm)所测得的折光率 n_D。

4.6.3　使用方法

1.仪器安装:将阿贝折光仪安放在光亮处,但应避免阳光的直接照射,以免液体试样受热而迅速蒸发。用超级恒温槽将恒温水通入棱镜夹套内,检查棱镜上温度计的读数是否符合要求(一般选用(20.0 ± 0.1) ℃或(25.0 ± 0.1) ℃)。

2.加样:旋开测量棱镜和辅助棱镜的闭合旋钮,使辅助棱镜的磨砂斜面处于水平位置,若棱镜表面不清洁,可滴加少量丙酮,用擦镜纸沿单一方向轻擦镜面(不可来回擦)。待镜面洗净干燥后,用滴管滴加数滴试样于辅助棱镜的毛镜面上,迅速合上辅助棱镜,旋紧闭合旋钮。若液体易挥发,动作要迅速,或先将两棱镜闭合,然后用滴管从加液孔中注入试样(注意切勿将滴管折断在孔内)。

3.调光:转动镜筒使之垂直,调节反射镜使入射光进入棱镜,同时调节目镜的焦距,使目镜中十字线清晰明亮。调节消色散补偿器,使目镜中彩色光带消失。再调节读数螺旋,使明暗的界面恰好同十字线交叉处重合。

4.读数:从读数望远镜中读出刻度盘上的折光率数值。常用的阿贝折光仪可读至小数点后的第四位,为了使读数准确,一般应将试样重复测量三次,每次相差不能超过0.000 2,然后取平均值。

4.6.4　使用注意事项

阿贝折光仪是一种精密的光学仪器,使用时应注意以下几点:

(1)使用时要注意保护棱镜,清洗时只能用擦镜纸而不能用滤纸等。加试样时不能将滴管口触及镜面。对于酸碱等腐蚀性液体不得使用阿贝折光仪。

(2)每次测定时,试样不可加得太多,一般只需加2~3滴即可。

(3)要注意保持仪器清洁,保护刻度盘。每次实验完毕,要在镜面上加几滴丙酮,并用擦镜纸擦干。最后用两层擦镜纸夹在两棱镜镜面之间,以免镜面损坏。

(4)读数时,有时在目镜中观察不到清晰的明暗分界线,而是畸形的,这是由于棱镜间未充满液体。若出现弧形光环,则可能是由于光线未经过棱镜而直接照射到聚光透镜上。

(5)若待测试样折光率不在1.3~1.7范围内,则用阿贝折光仪不能测定,也看不到明暗分界线。

4.6.5　校正和保养

阿贝折光仪的刻度盘的标尺零点有时会发生移动,须加以校正。校正的方法一般采用已知折光率的标准液体,常用纯水。通过仪器测定纯水的折光率,读取数值,如与该条件下纯水的标准折光率不符,则调整刻度盘上的数值,直至相符为止。也可用仪器出厂时配备的折光玻璃来校正,具体方法一般在仪器说明书中有详细介绍。

阿贝折光仪使用完毕后,要注意保养。应清洁仪器,如果光学零件表面有灰尘,可用高级鹿皮或脱脂棉轻擦后,再用洗耳球吹去。如有油污,可用脱脂棉蘸少许汽油轻擦后再用乙醚擦干净。用毕后将仪器放入有干燥剂的箱内,放置于干燥、空气流通的室内,防止仪器受潮。搬动仪器时应避免强烈振动和撞击,防止光学零件损伤而影响精度。

4.7 DDS－11A 型电导率仪

DDS－11A 型电导率仪的测量范围广,可以测定一般液体和高纯水的电导率,操作简便,可以直接从表上读取数据,并有 $0\sim10$ mV 信号输出,可接自动平衡记录仪进行连续记录。

4.7.1 测量原理

电导率仪的工作原理如图 4.19 所示。把振荡器产生的一个交流电压源 E,送到电导池 R_x 与量程电阻(分压电阻)R_m 的串联回路里,电导池里的溶液电导越大,R_x 越小,R_m 获得的电压 E_m 也就越大。将 E_m 送至交流放大器放大,再经过信号整流,以获得推动表头的直流信号输出,由表头直读电导率。由图 4.19 可知

$$E_m = \frac{ER_m}{(R_m + R_x)} = ER_m \Big/ \Big(R_m + \frac{K_{cell}}{K}\Big)$$

K_{cell} 为电导池常数,当 E、R_m 和 K_{cell} 均为常数时,电导率 κ 的变化必将引起 E_m 作相应变化,所以测得 E_m 的大小,也就测得溶液电导率的数值。

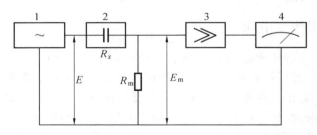

图 4.19 电导率仪测量原理图
1—振荡器;2—电导池;3—放大器;4—指示器

电导率仪振荡会产生低周(约 140 Hz)及高周(约 1 100 Hz)两个频率,分别作为低电导率测量和高电导率测量的信号源频率。振荡器用变压器耦合输出,因而使信号 E 不随 R_x 变化而改变。因为测量信号是交流电,所以电极极片间及电极引线间均出现了不可忽视的分布电容 C_o(大约 60 pF),电导池则有电抗存在,这样将电导池视为纯电阻来测量,则存在比较大的误差,特别在 $0\sim0.1$ $\mu S \cdot cm^{-1}$ 低电导率范围内,此项影响较显著,需采用电容补偿消除,其原理如图 4.20 所示。

信号源输出变压器的次极有两个输出信号 E_1 及 E,E_1 作为电容的补偿电源。E_1 与 E 的相位相反,所以由 E_1 引起的电流 I_1 流经 R_m 的方向与测量信号 I 流过 R_m 的方向相反。测量信号 I 中包括通过纯电阻 R_x 的电流和流过分布电容 C_o 的电流。调节 K_6 可以使

I_1 与流过 $C_。$ 的电流振幅相等,使它们在 R_m 上的影响大体抵消。

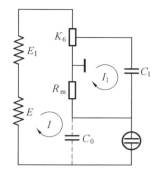

图 4.20　电容补偿原理图

4.7.2　测量范围

1.测量范围:$0\sim 105\ \mu S \cdot cm^{-1}$,分 12 个量程。

2.配套电极:DJS－1 型光亮电极;DJS－1 型铂黑电极;DJS－10 型铂黑电极。光亮电极用于测量较小的电导率($0\sim 10\ \mu S \cdot cm^{-1}$),而铂黑电极用于测量较大的电导率($10\sim 105\ \mu S \cdot cm^{-1}$)。通常选用铂黑电极,因为它的表面积比较大,这样降低了电流密度,减少或消除了极化。但在测量低电导率溶液时,铂黑电极对电解质有强烈的吸附作用,出现不稳定的现象,这时宜用光亮电极。

3.电极选择原则见表 4.3。

表 4.3　电极选择

量程	电导率	测量频率	配套电极
1	$0\sim 0.1$	低周	DJS－1 型光亮电极
2	$0\sim 0.3$	低周	DJS－1 型光亮电极
3	$0\sim 1$	低周	DJS－1 型光亮电极
4	$0\sim 3$	低周	DJS－1 型光亮电极
5	$0\sim 10$	低周	DJS－1 型光亮电极
6	$0\sim 30$	低周	DJS－1 型铂黑电极
7	$0\sim 10^2$	低周	DJS－1 型铂黑电极
8	$0\sim 3\times 10^2$	低周	DJS－1 型铂黑电极
9	$0\sim 10^3$	高周	DJS－1 型铂黑电极
10	$0\sim 3\times 10^3$	高周	DJS－1 型铂黑电极
11	$0\sim 10^4$	高周	DJS－1 型铂黑电极
12	$0\sim 10^5$	高周	DJS－10 型铂黑电极

4.7.3　使用方法

DDS－11A 型电导率仪的面板如图 4.21 所示。使用方法如下:

(1)打开电源开关前,应观察表针是否指零,若不指零时,可调节表头的螺丝,使表针指零。

(2)将校正、测量开关拨到"校正"位置。

(3)插好电源后,再打开电源开关,此时指示灯亮。预热数分钟,待指针完全稳定下来为止。调节校正调节器,使表针指向满刻度。

(4)根据被测溶液电导率的大致范围选用低周或高周,并将高周、低周开关拨向所选位置。

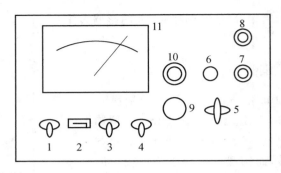

图 4.21　DDS−11A 型电导率仪的面板图

1—电源开关；2—指示灯；3—高周、低周开关；4—校正测量开关；5—量程选择开关；
6—电容补偿调节器；7—电极插口；8—10 mV 输出插口；9—校正调节器；10—电极常
数调节器；11—表头

(5)将量程选择开关拨到测量所需范围。如预先不知道被测溶液电导率的大小，则由最大挡逐挡下降至合适范围，以防表针打弯。

(6)根据电极选用原则，选好电极并插入电极插口。各类电极要注意调节好配套电极常数，如配套电极常数为 0.95（电极上已标明），则将电极常数调节器调节到相应的位置——0.95 处。

(7)倾去电导池中电导水，将电导池和电极用少量被测溶液洗涤 2～3 次，再将电极浸入被测溶液中并恒温。

(8)将校正、测量开关拨向"测量"，这时表头上的指示读数乘以量程开关的倍率，即为被测溶液的实际电导率。

(9)当量程开关指向黑点时，读表头上刻度（$0～1 \mu S \cdot cm^{-1}$）的数值；当量程开关指向红点时，读表头下刻度（$0～3 \mu S \cdot cm^{-1}$）的数值。

(10)当用 $0～0.1 \mu S \cdot cm^{-1}$ 或 $0～0.3 \mu S \cdot cm^{-1}$ 这两挡测量高纯水时，在电极未浸入溶液前，调节电容补偿调节器，使表头指示为最小值（此最小值是电极铂片间的漏阻，由于此漏阻的存在，使调节电容补偿调节器时表头指针不能达到零点），然后开始测量。

(11)如要想了解在测量过程中电导率的变化情况，将 10 mV 输出接到自动平衡记录仪即可。

4.7.4　使用注意事项

1.电极的引线不能潮湿，否则测不准。

2.应迅速测量高纯水，否则空气中 CO_2 溶入水中变为 CO_3^{2-} 离子，使电导率迅速增加。

3.电导电极使用前后应浸在蒸馏水内，以防止铂黑惰化。

4.盛被测溶液的容器必须清洁，没有离子沾污。

5.电极要轻拿轻放，切勿触碰铂黑。

4.8　热电偶温度计

热电偶在温度测量中被广泛使用,其优点有:(1)测量精度高。因热电偶直接与被测对象接触,故不受中间介质的影响。(2)测量范围广。常用的热电偶从－50～1 600 ℃均可连续测量,某些特殊热电偶最低可测到－269 ℃(如金铁镍铬),最高可达 2 800 ℃(如钨－铼)。(3)构造简单,使用方便。热电偶通常由两种不同的金属丝组成,而且不受大小和开头的限制,外有保护套管,用起来非常方便。

4.8.1　工作原理

两种不同成分的导体(称为热电偶丝材料或热电极)两端接合成回路,当接合点的温度不同时,在回路中就会产生电动势,这种现象称为热电效应,而这种电动势称为热电势。热电偶就是利用这种原理进行温度测量的,其中,直接用来测量介质温度的一端称为工作端(也称为测量端),另一端称为冷端(也称为补偿端)。冷端与显示仪表或配套仪表连接,显示仪表会指出热电偶所产生的热电势。

热电偶实际上是一种能量转换器,它将热能转换为电能,用所产生的热电势测量温度,对于热电偶的热电势,应注意如下几个问题:

(1)热电偶的热电势是热电偶两端温度函数的差,而不是热电偶两端温度差的函数;

(2)当热电偶的材料均匀,热电偶所产生的热电势的大小与热电偶的长度和直径无关,只与热电偶材料的成分和两端的温度差有关;

(3)当热电偶的两个热电偶丝材料成分确定后,热电偶热电势的大小只与热电偶的温度差有关;若热电偶冷端的温度保持一定,这时热电偶的热电势仅是工作端温度的单值函数。

4.8.2　几种常用的热电偶

要构成一对热电偶,应具备一定的条件。首先是组成热电偶的金属性质要稳定,即在测温量程范围内不应发生熔融和化学变化;其次应有较大的温度系数,即温度变化一度,相应的热电势变化应较大,变化越大,测温的精度就越高,因此有时为了提高热电偶的测温精度,常把热电偶串联起来组成热电堆来进行测温;再有构成的热电偶重现性要好;此外,热电偶的热导率要高,热容要小。目前常用的热电偶有以下几种。

1. 铂铑 10－铂热电偶(WRLB)

铂铑 10－铂热电偶是由含铑 10%的铂丝和纯铂丝组成,用符号 LB 表示,括号中的 WR 指热电偶。在 LB 热电偶中,铂铑丝为正极,纯铂丝为负极。

铂铑 10－铂热电偶适于在氧化性和中性介质中使用,它的量程宽(可测至 1 600 ℃),重现性好,所以不仅用于精密温度测量,而且可以作为标准温度计使用。它的缺点是热电势小,须配合更灵敏的电学测量仪表。此外,它价格昂贵,线性不好。

2. 镍铬－镍硅(镍铝)热电偶(WREU)

镍铬－镍硅(镍铝)热电偶由镍铬丝和镍硅(镍铝)丝组成,用符号 EU 表示。镍铬丝为正极,镍硅(镍铝)丝为负极。

镍铬-镍硅(镍铝)热电偶适于在氧化性或中性介质中使用,当介质温度低于 500 ℃时,也可在还原性介质中进行温度测量。它的测温范围一般在 200~1 000 ℃之间,瞬时使用可达 1 300 ℃。它的热电势大,线性亦好,价格适中,所以常用于 1 100 ℃以下的温度测量。它的缺点是稳定性欠佳,长期使用会因镍铝氧化变质而影响测量精度,故需经常标定。

3. 镍铬-考铜热电偶(WREA)

镍铬-考铜热电偶是由镍铬丝和考铜(铜、镍合金)丝组成,用符号 EA 表示。镍铬丝为正极,考铜丝为负极。

镍铬-考铜热电偶适于在还原性介质或中性介质中使用,它的温度系数比上述两种热电偶要大,所以灵敏度高。此外,价格又便宜,但由于考铜丝易受氧化而变质,因此测量温度不高,量程也有限,一般用于 200~800 ℃之间的温度测量。

4. 铂铑 30-铂铑 6 热电偶(WRLL)

铂铑 30-铂铑 6 热电偶由含铑 30%和 6%的铂丝组成,用符号 LL 表示。含铑 30%的铂丝为正极,含铑 6%的铂丝为负极。它性能稳定,精度高,适于在氧化性和中性介质中使用。当自由端温度低于 40 ℃时,对热电势值可不必修正,因为在低温时,它的热电势极小。

4.8.3 热电偶的制备

以镍铬-镍硅热电偶为例,其制备方法如下:选取适当粗细和长度的镍铬丝和镍硅丝各一段,将镍铬丝用小绝缘瓷管穿好,将其一端与镍硅丝的一端紧密地扭合在一起(扭合头为 0.5 cm),将扭合头稍稍加热并立即蘸以硼砂粉,并用小火熔化,然后放在高温焰上小心烧结,直到扭头熔成一光滑的小珠,冷却后将硼砂玻璃层除去。

4.9 常用压缩气体钢瓶

在物理化学实验中,经常要使用一些气体,例如燃烧热的测定实验中要使用氧气,合成氨反应平衡常数的测定实验中要使用氢气和氮气。为了便于运输、储藏和使用,通常将气体压缩成压缩气体(如氢气、氮气和氧气)或液化气体(如液氨和液氯等),灌入耐压钢瓶内。使用时,通过减压阀(气压表)有控制地放出气体。由于钢瓶的内压很大(有的高达15 MPa),而且有些气体易燃或有毒,一旦泄漏,将造成严重后果,所以在使用钢瓶时要注意安全。

4.9.1 使用注意事项

1. 钢瓶应存放在阴凉、干燥、远离热源(如阳光、暖气、炉火)处。可燃性气体钢瓶必须与氧气钢瓶分开存放。

2. 绝不可使油或其他易燃性有机物沾在气瓶上(特别是气门嘴和减压阀),也不得用棉、麻等物堵漏,以防燃烧引起事故。

3. 使用钢瓶中的气体时,要用减压阀(气压表)。各种气体的气压表不得混用,以防爆炸。

4. 不可将钢瓶内的气体全部用完,一定要保留 0.05 MPa 以上的残留压力(减压阀表压)。可燃性气体如 C_2H_2,应剩余 0.2～0.3 MPa。

5. 为了避免各种气瓶混淆而用错气体,通常在气瓶外面涂以特定的颜色以示区别,并在瓶上写明瓶内气体的名称。

6. 在搬动存放气瓶时,应装上防震垫圈,旋紧安全帽,以保护开关阀,防止其意外转动和减少碰撞。

7. 搬运充装有气体的气瓶时,最好用特制的担架或小推车,也可以用手平抬或垂直转动。但绝不允许用手执着开关阀移动。

8. 充装有气体的气瓶装车运输时,应妥善加以固定,避免途中滚动碰撞。装卸车时应轻抬轻放,禁止采用抛丢、下滑或其他易引起碰击的方法。

9. 充装有互相接触后可引起燃烧、爆炸的气体的气瓶(如氢气瓶和氧气瓶)时,不能同车搬运或同存一处,也不能与其他易燃易爆物品混合存放。

10. 气瓶瓶体有缺陷,安全附件不全或已损坏,不能保证安全使用的,切不可再送去充装气体,应送交有关单位检查合格后方可使用。

4.9.2　一般高压气瓶使用原则

1. 高压气瓶必须分类分处保管,直立放置时要固定稳妥。气瓶要远离热源,避免曝晒和强烈振动。一般实验室内存放气瓶量不得超过两瓶。

在钢瓶肩部,用钢印打出下述标记:制造厂、制造日期、气瓶型号、工作压力、气压试验压力、气压试验日期及下次送验日期、气体容积、气瓶质量。

为了避免各种钢瓶使用时发生混淆,常将钢瓶漆上不同颜色,写明瓶内气体名称。

2. 高压气瓶上选用的减压器要分类专用,安装时螺扣要旋紧,防止泄漏;开、关减压器和开关阀时,动作必须缓慢;使用时应先旋动开关阀,后开减压器;用完先关闭开关阀,放尽余气后,再关减压器。切不可只关减压器,不关开关阀。

3. 使用高压气瓶时,操作人员应站在与气瓶接口处垂直的位置上。操作时严禁敲打撞击,并经常检查有无漏气,应注意压力表读数。

4. 使用氧气瓶或氢气瓶等,应配备专用工具,并严禁与油类接触。操作人员不能穿戴沾有各种油脂或易感应产生静电的服装手套操作,以免引起燃烧或爆炸。

5. 使用可燃性气体和助燃性气体气瓶时,与明火的距离应大于 10 米(确难达到时,可采取隔离等措施)。

6. 用后的气瓶,应按规定留 0.05 MPa 以上的残余压力。可燃性气体应剩余0.2～0.3 MPa(约 2～3 kg/cm^2 表压)。H_2 应保留 2 MPa 以上的残余压力,不可用尽,以防重新充气时发生危险。

7. 各种气瓶必须定期进行技术检查。充装一般气体的气瓶三年检验一次。如在使用中发现有严重腐蚀或严重损伤的,应提前进行检验。

4.9.3 几种特殊气体的性质和安全

1. 乙炔

乙炔是极易燃烧、容易爆炸的气体。含有 7%～13% 乙炔的乙炔－空气混合气,或含有 30% 乙炔的乙炔－氧气混合气最易发生爆炸。乙炔和氯、次氯酸盐等化合物也会发生燃烧和爆炸。

存放乙炔气瓶的地方,要求通风良好。使用时应装上回闪阻止器,还要注意防止气体回缩。如发现乙炔气瓶有发热现象,说明乙炔已发生分解,应立即关闭气阀,并用水冷却瓶体,同时最好将气瓶移至远离人员的安全处加以妥善处理。发生乙炔燃烧时,绝对禁止用四氯化碳灭火。

2. 氢气

氢气密度小,易泄漏,扩散速度很快,易和其他气体混合。当氢气与空气混合气达到爆炸极限时,极易引起自燃自爆,燃烧速度约为 2.7 m/s。

氢气应单独存放,最好放置在室外专用的小屋内,以确保安全。严禁放在实验室内,严禁烟火。应旋紧气瓶开关阀。

3. 氧气

氧气是强烈的助燃烧气体,高温下,纯氧十分活泼。温度不变而压力增加时,可以和油类发生急剧的化学反应,并引起发热自燃,进而产生强烈爆炸。

氧气瓶一定要防止与油类接触,并绝对避免让其他可燃性气体混入氧气瓶。禁止用(或误用)盛其他可燃性气体的气瓶来充灌氧气。氧气瓶禁止放于阳光曝晒的地方。

4. 氧化亚氮(笑气)

氧化亚氮具有麻醉兴奋作用,受热时可分解成为氧和氮的混合物,如遇可燃性气体即可与此混合物中的氧化合燃烧。

4.9.4 氧气钢瓶减压阀的使用

1. 依使用要求的不同,氧气钢瓶减压阀有多种规格。最高进口压力大多为 150 kg/cm²,最低进口压力应不小于出口压力的 2.5 倍。出口压力规格较多,最低为 0～1 kg/cm²,最高为 0～40 kg/cm²。

2. 安装减压阀时应确定其连接尺寸规格是否与钢瓶和使用系统的接头相一致,接头处需用垫圈。安装前须瞬时开启气瓶阀吹除灰尘,以免带进杂质。

3. 氧气减压阀严禁接触油脂,以免发生事故。减压阀及扳手上的油污应用酒精擦去。

4. 停止工作时,应将减压阀中余气放净,然后拧松调节螺杆,以免弹性组件长久受压变形。

5. 减压阀应避免撞击振动,不可与腐蚀性物质接触。

第 *5* 章

无机化学实验

实验 1　常用仪器的认领、玻璃仪器的洗涤

实验前预习内容

实验前预习 1.2 节和 2.1 节的内容。

一、实验目的

1.认识并验收无机化学实验中常用仪器。

2.掌握玻璃仪器的洗涤。

二、实验内容

1.常用仪器的认领

逐个认识、验收无机化学实验中全部仪器。验收时应特别注意仪器是否有破损,对带有活塞、盖子的玻璃仪器应检查是否能打开,带有螺旋的铁器应检查螺旋是否能旋动等。对验收中发现的问题可按仪器的名称、规格、数量、存在问题的性质详细写在实验报告上。

2.玻璃仪器的洗涤

洗涤烧杯、试管、称量瓶、表面皿、量筒,洗净后自然晾干。

3.液体体积的估量

(1)用 10 mL 量筒分别量取 1 mL、2 mL、5 mL 自来水,倒入四支试管中,放在试管架上,以便作估量时的参比量。

(2)分别向另外四支试管中加入 1 mL、2 mL、5 mL 自来水,反复练习至基本准确为止(与参比量对比)。

4.用滴管向量筒中滴加水,计算该滴管每滴水的体积。

本次实验报告主要写出本次实验的体会,并对所要求的基本操作作出评价。

三、思考题

1.怎样洗涤玻璃仪器？洗净的标准是什么？

2.使用毛刷应注意什么？为什么不能用手刷、用布擦仪器？

3.铬酸洗液怎样配制？使用时应注意什么？什么情况下用铬酸洗液洗涤仪器？废液怎样处理？

实验 2　电子天平称量练习

实验前预习内容

1.预习 4.1 节有关电子天平的使用方法和称量方法等内容。

2.思考并回答(答案写在实验报告中)：

(1)常用的称量方法有几种？如何操作？

(2)什么情况下适合采用递减称量法？

注：预习报告写法参见附录 1 中 Ⅳ. 定量分析实验。

一、实验目的

1.学习电子天平的基本操作和常用称量方法(直接称量法、固定质量称量法和递减称量法)，为以后实验打好称量技术基础。

2.培养准确、整齐、简明地记录实验原始数据的习惯，不可涂改数据，不可将测量数据记录在实验记录本以外的任何地方。

二、实验原理

参见 4.1.1 节的有关内容。

三、主要试剂和仪器

试剂：石英砂。

仪器：电子天平、表面皿、称量瓶、烧杯、牛角匙。

四、实验步骤

1.固定质量称量法

称取 0.500 0 g 石英砂试样两份，称量方法如下：

(1)在电子天平上准确称出洁净干燥的表面皿或小烧杯的质量(可先在粗天平上粗称)，记录称量数据。

(2)用牛角匙将试样慢慢加到表面皿的中央，直到称量试样的质量为 0.500 0 g 为止(误差为 ±0.2 mg)，记录称量数据。

(3)可以多练习几次，以表面皿加试样为起点，再增加 0.500 0 g 试样，继续敲入试样,直到练习准确为止。

2. 递减称量法

称取 0.3～0.4 g 试样两份,称量方法如下:

(1)取两个洁净、干燥的小烧杯或磁坩埚,分别在电子天平上称准至 0.1 mg 并记录。

(2)取一个洁净、干燥的称量瓶,先在粗天平上粗称其大致质量,然后加入约 1.2 g 试样,在电子天平上准确称量其质量并记录。估计一下试样的体积,转移 0.3～0.4 g 试样(约占试样总体积的 1/3)至第一个已知质量的空小烧杯中,称量并记录称量瓶和剩余试样的质量。以同样的方法再转移 0.3～0.4 g 试样至第二个小烧杯中,再次称量称量瓶的剩余质量。

(3)分别准确称量两个已有试样的小烧杯,记录其质量。

(4)计算倾出试样质量和称取试样质量的绝对差值。

五、记录和结果

直接称量法称量结果记录于表 5.1 中,递减称量法称量结果记录于表 5.2 中。

表 5.1　直接称量法称量结果记录

表面皿质量/g	第一份试样质量	第二份试样质量

表 5.2　递减称量法称量结果记录

次数 项目	Ⅰ	Ⅱ
称量瓶＋试样质量(倾出样前)/ g		
空小烧杯质量/ g		
称量瓶＋试样质量(倾出样后)/ g		
小烧杯＋试样质量/ g		
倾出试样质量/ g		
称取试样质量(小烧杯中试样)/ g		
绝对差值/ g		

另外,在实际操作中通常是将试样直接转移至锥形瓶中,不需要验证试样的质量,因此,上述实验步骤可简化如下:

(1)取一个洁净、干燥的称量瓶,先在粗天平上加入一定量的试样,然后将装好试样的称量瓶在电子天平上归零,估计一下试样的体积,转移部分试样至盛接容器(盛接容器不可放入天平中称量)。

(2)称量此时称量瓶加试样的质量,此时天平显示为负值,例如"－0.341 2 g",该值的相反数即为所称取试样的质量。按上述方法可以依次称量多份试样。

六、思考题

1. 为了保证称量数据的准确,使用精密电子天平时应注意哪些问题?
2. 总结本次实验,并简述采用递减称量法称取样品的操作过程。

实验 3　氯化钠的提纯

实验前预习内容

1. 预习 2.5.1～2.5.3 节溶解、结晶与固液分离部分,了解溶质的浓缩、重结晶、常压过滤、减压过滤及滤纸的折叠方式等基本操作方法。

2. 查找钙、镁、钡的硫酸盐和碳酸盐的溶解度和氯化钠在不同温度下的溶解度,比较它们有什么差别。

3. 思考并回答:

(1)粗食盐中的钙、镁、钾离子和硫酸根以什么顺序除去? 可否任意改变顺序?

(2)为什么用毒性较大的 $BaCl_2$ 除去 SO_4^{2-},可否用 $CaCl_2$ 代替?

(3)提纯后的食盐溶液在浓缩时为什么不能蒸干?

注:预习报告写法参见附录 1 中 Ⅰ. 制备实验。

一、实验目的

1. 掌握提纯 NaCl 的原理和方法。
2. 初步学会无机制备实验的一些基本操作。
3. 了解 SO_4^{2-}、Ca^{2+}、Mg^{2+} 等离子的定性鉴定。

二、实验原理

化学试剂或医药用的 NaCl 都是以粗食盐为原料提纯的。粗食盐中有 SO_4^{2-}、Ca^{2+}、Mg^{2+}、K^+ 等可溶性杂质和泥沙等不溶性杂质。选择适当的试剂可使 SO_4^{2-}、Ca^{2+}、Mg^{2+} 等离子生成沉淀而除去。一般是先在食盐溶液中加入 Ba^{2+} 溶液,除去 SO_4^{2-}:

$$Ba^{2+} + SO_4^{2-} =\!=\!= BaSO_4(s)$$

然后在溶液中加入 Na_2CO_3 溶液,除去 Ca^{2+}、Mg^{2+} 和过量的 Ba^{2+}:

$$Ca^{2+} + CO_3^{2-} =\!=\!= CaCO_3(s)$$

$$4Mg^{2+} + 5CO_3^{2-} + 2H_2O =\!=\!= Mg(OH)_2 \cdot 3MgCO_3(s) + 2HCO_3^-$$

$$Ba^{2+} + CO_3^{2-} =\!=\!= BaCO_3(s)$$

过量的 Na_2CO_3 溶液用盐酸中和。粗食盐中的 K^+ 与这些沉淀剂不起作用,仍留在溶液中。由于 KCl 的溶解度比 NaCl 的大,而且在粗食盐中的含量较少,所以在蒸浓食盐溶液时,NaCl 会结晶出来,KCl 仍留在母液中。

三、主要试剂和仪器

试剂:HCl 溶液（2.0 $mol \cdot L^{-1}$）、NaOH（2.0 $mol \cdot L^{-1}$）、Na_2CO_3（1.0 $mol \cdot$

L^{-1})、$BaCl_2$(1.0 mol・L^{-1})、(NH_4)$_2C_2O_4$(0.50 mol・L^{-1})。

仪器:天平、普通漏斗、布氏漏斗、吸滤瓶、蒸发皿、烧杯、真空泵。

四、实验步骤

1. 粗食盐的提纯

(1)粗食盐的溶解。在天平上称取 8.0 g 粗食盐(可用研钵研细),置于烧杯中,加 30 mL蒸馏水。加热、搅拌,使盐溶解。

(2)SO_4^{2-} 离子的除去。在煮沸的粗食盐溶液中,边搅拌边逐滴加入 1.0 mol・L^{-1} 的 $BaCl_2$溶液(约需 2 mL)。为了检验沉淀是否完全,可将电炉子移开,待沉淀下降后,在上层清液中加入 1~2 滴 $BaCl_2$ 溶液,观察是否有浑浊现象,如无浑浊,说明 SO_4^{2-} 离子已沉淀完全,如有浑浊,则要继续滴加 $BaCl_2$ 溶液,直到沉淀完全为止。然后用小火加热 5 min,以使沉淀颗粒长大而便于过滤,注意不要蒸干。用普通漏斗趁热过滤,保留滤液,弃去沉淀。

(3)Ca^{2+}、Mg^{2+} 和 Ba^{2+} 离子的除去。在滤液中加入 2.0 mol・L^{-1} NaOH 溶液 1 mL 和 1.0 mol・L^{-1} Na_2CO_3 溶液 3 mL,加热至沸。同上法,用 Na_2CO_3 溶液检验沉淀是否完全。继续煮沸 5 min,用普通漏斗趁热过滤,保留滤液,弃去沉淀。

(4)调节溶液的 pH 值。在滤液中逐滴加入 2.0 mol・L^{-1} HCl 溶液,充分搅拌,并用玻璃棒蘸取滤液在 pH 试纸上试验,直到溶液呈微酸性(pH = 4~5)为止。

(5)蒸发浓缩。将溶液转移到蒸发皿中,用小火加热,蒸发浓缩至溶液呈稠粥状为止,但切不可将溶液蒸干。

(6)结晶、减压过滤、干燥。让浓缩液冷却至室温,用布氏漏斗减压过滤。再将晶体转移到蒸发皿中,在石棉网上用小火加热,以干燥之。冷却后,称其质量,计算收率。

2. 产品纯度的检验

取粗食盐和提纯后的食盐各 1.0 g,分别溶解于 5 mL 去离子水中,然后各分成三份,盛于试管中。按下面的方法对照检验它们的纯度。

(1)SO_4^{2-} 的检验:加入 1.0 mol・L^{-1} $BaCl_2$ 溶液 2 滴,观察有无白色 $BaSO_4$ 沉淀产生。

(2)Ca^{2+} 的检验:加入 0.50 mol・L^{-1}(NH_4)$_2C_2O_4$ 溶液 2 滴,观察有无白色 CaC_2O_4 沉淀生成。

(3)Mg^{2+} 的检验:加入 2.0 mol・L^{-1} NaOH 溶液 2~3 滴,使之呈碱性,再加入几滴镁试剂。如有蓝色沉淀生成,表示 Mg^{2+} 存在。

五、思考题

1.过量的 Ba^{2+} 如何除去?

2.粗食盐的提纯过程中,为什么要加 HCl 溶液?

3.中和过量的 NaOH 和 Na_2CO_3 时为什么只选 HCl 溶液,用其他酸是否也可以?

4.提纯后的食盐溶液在浓缩时为什么不能蒸干?且在浓缩时为什么不能采用高温?

5.除去 SO_4^{2-}、Ca^{2+}、Mg^{2+} 的顺序可否更改? SO_4^{2-}、Ca^{2+}、Mg^{2+}、K^+ 中哪种离子的除

去要采用化学法？

实验 4   硫酸亚铁铵的制备

实验前预习内容

1.复习常压过滤、减压过滤操作及滤纸的折叠方法。

2.思考并回答：

(1)$FeSO_4$制备步骤中,反应完全后为什么再加入 1 mL H_2SO_4？

(2)硫酸亚铁铵产品浓缩过程与氯化钠产品浓缩过程有什么不同？为什么？

(3)为什么 $FeSO_4$ 和$(NH_4)_2SO_4$混合就能得到硫酸亚铁铵产品而不是其他物质？

一、实验目的

1.练习水浴加热、常压过滤和减压过滤等基本操作。

2.了解复盐的一般特征和制备方法。

二、实验原理

硫酸亚铁铵又称摩尔盐,是浅绿色单斜晶体。它在空气中比一般亚铁盐稳定,不易被氧化,可溶于水但不溶于乙醇。

由硫酸铵、硫酸亚铁和硫酸亚铁铵在水中的溶解度数据可知,在一定的温度范围内,硫酸亚铁铵在水中的溶解度比组成它的每一组分的溶解度都小。因此,很容易从浓的硫酸亚铁和硫酸铵混合溶液中制得结晶的摩尔盐。

本实验是先将金属铁屑溶于稀硫酸制得硫酸亚铁溶液

$$Fe + H_2SO_4 = FeSO_4 + H_2 \uparrow$$

然后加入硫酸铵制得混合溶液,加热浓缩,冷至室温,便析出硫酸亚铁铵复盐

$$FeSO_4 + (NH_4)_2SO_4 + 6H_2O = (NH_4)_2SO_4 \cdot FeSO_4 \cdot 6H_2O$$

三种盐的溶解度(g /100 g 水)数据见表 5.3。

表 5.3   硫酸铵、硫酸亚铁和硫酸亚铁铵在不同温度的水中的溶解度

物质	10 ℃	20 ℃	30 ℃	40 ℃	50 ℃
$(NH_4)_2SO_4$	73.0	75.4	78.0	81.0	84.5
$FeSO_4 \cdot 7H_2O$	20.5	26.5	32.9	40.2	48.6
$(NH_4)_2SO_4 \cdot FeSO_4 \cdot 6H_2O$	17.2	21.2	24.5	33.0	40.0

三、主要试剂、仪器和材料

试剂:铁屑、$(NH_4)_2SO_4(s)$、$Na_2CO_3(10\%)$、$H_2SO_4(3 \ mol \cdot L^{-1})$、乙醇$(95\%)$。

仪器:天平、布氏漏斗、吸滤瓶、锥形瓶、蒸发皿。

材料:滤纸、pH 试纸。

四、实验步骤

1. 铁屑的净化(除去油污)

由机械加工过程得到的铁屑油污较多,可用碱煮的方法除去。为此称取 2.1 g 铁屑,放于锥形瓶内,加入 10% Na_2CO_3 溶液 20 mL,缓缓加热约 10 min,除去铁屑表面的油污。冷却后,用倾析法倒去污液,然后用水洗涤 3～4 次,最后用蒸馏水洗涤一次,干燥后,备用。

2. 硫酸亚铁的制备

向盛有 2.0 g 铁屑的锥形瓶中加入 3 mol · L^{-1} H_2SO_4 溶液约 13 mL,水浴中加热(在通风橱中进行),并经常取出锥形瓶摇荡和适当补充水分,直至反应基本完全为止(请思考如何判断)。再加入 3 mol · L^{-1} H_2SO_4 溶液 1 mL(请思考目的是什么),过滤,滤液转移至蒸发皿内。

3. 硫酸亚铁铵的制备

称取 4.8 g 固体 $(NH_4)_2SO_4$ 加入到上述溶液中,水浴加热,搅拌至 $(NH_4)_2SO_4$ 完全溶解,继续蒸发浓缩至表面出现晶膜为止。冷至室温,过滤,用少量乙醇洗涤晶体两次。取出晶体,将其转移至表面皿上晾干。观察产品的颜色和晶形,称量,计算产率。

五、记录和结果

1. 观察并记录实验过程中的实验现象。

2. 记录产品的质量及母液的体积,根据母液的体积粗略计算母液中将含有多少硫酸亚铁铵。现已测得 282 K 时母液的密度为是 1.18 g/cm³。

3. 根据实验产率讨论影响产率的因素有哪些?

六、思考题

1. 铁屑与硫酸反应制取 $FeSO_4$ 过程中,是铁过量还是酸过量? 为什么?

实验 5　置换法测定摩尔气体常数 R

实验前预习内容

1. 预习理想气体状态方程和气体分压定律。

2. 思考并回答:

(1) 计算摩尔气体常数 R 时,要用到哪些数据,如何得到?

(2) 如何检查本实验体系是否漏气? 理由是什么?

(3) 考虑下列情况对实验结果有何影响? 如有影响,如何避免?

① 量气管和橡皮管内的气泡没有赶净;

② 镁条表面的氧化物没有除尽；

③ 镁条装入时碰到酸；

④ 读数时，量气管的温度还高于室温；

⑤ 读取液面位置时，量气管和漏斗中的液面不在同一水平面。

注：预习报告写法参见附录1中Ⅱ.物理量测定实验。

一、实验目的

1. 掌握理想气体状态方程和气体分压定律的应用。

2. 练习测量气体体积的操作和气压计的使用。

二、实验原理

理想气体状态方程（简称理想气体方程）在化学教学中的应用十分广泛。理想气体方程 $pV = nRT$ 中的摩尔气体常数 R 的数值可根据 $R = pV/nT$ 通过实验来确定。实验需要测定气体的压力、体积、温度和气体的物质的量。

本实验通过金属镁与稀硫酸反应制取氢气，氢气的量可根据镁的量确定。如果称取一定质量的镁与过量的硫酸反应，则在一定温度和压力下，即可测出氢气的体积。实验时的温度和压力可以分别由温度计和气压计测得。氢气的物质的量可以通过反应中镁的质量来求得。就理论而言，通过实验测定摩尔气体常数 R 是可行的。

由于氢气是在水面上收集的，所以氢气中混有水蒸气，计算时应考虑水的蒸汽压。水的饱和蒸汽压可在附录 11 中查出。根据气体分压定律，氢气的分压可由下式求得

$$p(\mathrm{H_2}) = p - p(\mathrm{H_2O})$$

根据以上所得各项数据，可计算得到摩尔气体常数 R 的数值。

三、主要试剂和仪器

试剂：镁条、$\mathrm{H_2SO_4}$（3 mol·L^{-1}）。

仪器：电子天平、量气管（碱式滴定管）、滴定管夹、水平管（长颈普通漏斗）、大试管。

四、实验步骤

1. 准确称取两份已擦去表面氧化膜的镁条，每份质量为 0.030～0.035 g（准至 0.000 1 g）。镁条太少时，产生的氢气体积太小，导致实验误差增大；镁条太多时，由于产生的氢气太多，可能超过量气管的体积，导致实验失败。

2. 按图 5.1 所示装配好仪器，打开试管胶塞，由水平管向量气管内装水至略低于刻度"0"的位置。上下移动水平管以赶尽胶管和量气管内的气泡，然后将试管的塞子塞紧。

3. 为保证实验结果的准确性，实验装置的密封性必须良好。检查仪器是否漏气的方法如下：将水平管向下移动一段距离，如果量气管内液面只在初始时稍有下降，以后维持不变（观察 3～5 min），即表明装置不漏气。如果液面不断下降，应检查各接口是否严密，直至确认不漏气为止（一般来说，漏气的主要原因是橡皮塞没有塞好）。

4. 把液面调节管上移至原来位置，取下试管，用一长颈漏斗向试管中注入 3 mol·

$L^{-1} H_2SO_4\ 6\sim8\ mL$,取出漏斗时注意切勿使酸沾污管壁。将试管按一定倾斜度固定好,把镁条用水稍微湿润后贴于管壁内,确保镁条不与酸接触。检查量气管内液面是否处于"0"刻度以下,再次检查装置气密性。

5. 将水平管靠近量气管右侧,使两管内液面在同一水平面上,以保证量气管内的压力等于大气压,然后准确读出并记录量气管内水面凹面最低点的读数。将试管底部略微提高,让酸与镁条接触,这时,反应产生的氢气进入量气管中,管中的水被压入水平管内。为避免量气管内压力过大,可适当下移水平管,使两管液面大体保持同一水平面。

6. 反应完毕后,待试管冷至室温(约需10 min 左右),然后使水平管与量气管内液面处于同一水平面,记录液面位置。1～2 min 后,再记录液面位置,直至两次读数一致,即表明管内气体温度已与室温相同。

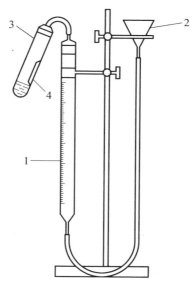

图 5.1　测定摩尔气体常数装置
1—量气管;2—液面调节管;3—试管;4—镁条

五、记录和结果

本实验所测数据记录表 5.4 中。

表 5.4　测定摩尔气体常数 R 的记录表格

次数 项目	I	II
实验时温度/K		
实验时大气压/Pa		
镁条质量/g		
反应前量气管液面位置/mL		
反应后量气管液面位置/mL		
气体的体积/mL		
室温时(实验时的温度)水的饱和蒸汽压/Pa		
摩尔气体常数 R		
相对误差		

六、思考题

1.如何检测本实验体系是否漏气？其根据是什么？

2.读取量气管内气体体积时，为何要使量气管和水平管中的液面保持同一水平面？

实验 6　化学反应速率、反应级数和活化能的测定

实验前预习内容

1.复习反应速率、速率方程定义及阿伦尼乌斯经验公式。

2.理解实验原理及反应速率、反应级数和反应活化能的求算方法。

3.思考并回答：过二硫酸铵、碘化钾、硫代硫酸钠的浓度是否需要准确标定？为什么？

一、实验目的

1.了解浓度、温度和催化剂对反应速率的影响。

2.测定过二硫酸铵与碘化钾反应的平均反应速率、反应级数、反应速率常数和反应活化能。

二、实验原理

在水溶液中，过二硫酸铵与碘化钾发生如下反应

$$(NH_4)_2S_2O_8 + 3\ KI =\!=\!= (NH_4)_2SO_4 + K_2SO_4 + KI_3$$

反应的离子方程式为

$$S_2O_8^{2-} + 3\ I^- =\!=\!= 2SO_4^{2-} + I_3^- \tag{5.1}$$

该反应的平均反应速率与反应物浓度的关系可用下式表示

$$v = \frac{\Delta[S_2O_8^{2-}]}{\Delta t} \approx k[S_2O_8^{2-}]^m[I^-]^n$$

式中　$\Delta[S_2O_8^{2-}]$——$S_2O_8^{2-}$ 在 Δt 时间内物质的量浓度的改变值；

$[S_2O_8^{2-}]$、$[I^-]$——两种离子初始浓度；

k——反应速率常数；

m 和 n——反应级数。

为了能够测定 $\Delta[S_2O_8^{2-}]$，在混合 $(NH_4)_2S_2O_8$ 和 KI 溶液时，同时加入一定体积的已知浓度的 $Na_2S_2O_3$ 溶液和作为指示剂的淀粉溶液，这样在反应(5.1)进行的同时，也进行着如下的反应

$$2S_2O_3^{2-} + I_3^- =\!=\!= S_4O_6^{2-} + 3I^- \tag{5.2}$$

反应(5.2)进行得非常快，几乎瞬间完成，而反应(5.1)却慢得多，所以由反应(5.1)生成的 I_3^- 立刻与 $S_2O_3^{2-}$ 作用生成无色的 $S_4O_6^{2-}$ 和 I^-。因此，在反应开始阶段，看不到碘与淀粉作用而显示出来的特有的蓝色。但是一旦 $Na_2S_2O_3$ 耗尽，反应(1)继续生成的微量的 I_3^- 立即使淀粉溶液显示蓝色。所以蓝色的出现标志着反应(2)的完成。

从反应方程式(5.1)和(5.2)的计量关系可以看出，$S_2O_8^{2-}$ 浓度减少的量等于 $S_2O_3^{2-}$ 减少量的一半，即

$$\Delta\left[S_2O_8^{2-}\right]=\frac{\Delta\left[S_2O_3^{2-}\right]}{2}$$

由于 $S_2O_3^{2-}$ 在溶液显示蓝色时已全部耗尽，所以 $\Delta\left[S_2O_3^{2-}\right]$ 实际上就是反应开始时 $Na_2S_2O_3$ 的初始浓度。因此，只要记下从反应开始到溶液出现蓝色所需要的时间 Δt，就可以求算反应(1)的平均反应速率 $-\Delta\left[S_2O_8^{2-}\right]/\Delta t$。

在固定 $[S_2O_3^{2-}]$，改变 $[S_2O_8^{2-}]$ 和 $[I^-]$ 的条件下进行一系列实验，测得不同条件下的反应速率，就能根据 $v=k\left[S_2O_8^{2-}\right]^m\left[I^-\right]^n$ 的关系推出反应级数。

再由下式可进一步求出反应速率常数 k

$$k=\frac{v}{\left[S_2O_8^{2-}\right]^m\left[I^-\right]^n}$$

根据阿伦尼乌斯公式，反应速率常数 k 与反应温度有如下关系

$$\lg k=-\frac{E_a}{2.303RT}+A$$

式中　E_a——反应活化能；

　　　R——摩尔气体常数；

　　　T——绝对温度。

因此，只要测得不同温度时的 k 值，以 $\lg k$ 对 $1/T$ 作图就可得一直线，由直线的斜率可求得反应活化能 E_a。

$$斜率=-\frac{E_a}{2.303R}$$

三、主要试剂和仪器

试剂：$KI(0.20\ mol\cdot L^{-1})$、$(NH_4)_2S_2O_8(0.20\ mol\cdot L^{-1})$、$Na_2S_2O_3(0.01\ mol\cdot L^{-1})$、$KNO_3(0.20\ mol\cdot L^{-1})$、$(NH_4)_2SO_4(0.20\ mol\cdot L^{-1})$、$Cu(NO_3)_2(0.020\ mol\cdot L^{-1})$、淀粉$(0.2\%)$。

仪器：秒表、温度计。

四、实验步骤

1. 浓度对反应速率的影响

室温下按表 5.5 编号 I 的用量分别量取 KI、淀粉、$Na_2S_2O_3$ 溶液于烧杯中，用玻璃棒搅拌均匀。再量取 $(NH_4)_2S_2O_8$ 溶液，迅速加到烧杯中，同时按动秒表，立刻用玻璃棒将溶液搅拌均匀。观察溶液，刚一出现蓝色，立即停止计时，在表 5.6 是记录反应时间。

同上述方法进行编号 II～V 实验反应时间记录在表 5.16 中。为了使溶液的离子强度和总体积保持不变，在实验编号 II～V 中所减少的 KI 或 $(NH_4)_2S_2O_8$ 的量分别用 KNO_3 和 $(NH_4)_2SO_4$ 溶液补充。

表 5.5　实验试剂用量

实验编号		I	II	III	IV	V
试剂用量（mL）	$0.20\ mol \cdot L^{-1}\ KI$	10	10	10	5	2.5
	0.2%（m）淀粉溶液	2.0	2.0	2.0	2.0	2.0
	$0.01\ mol \cdot L^{-1}\ Na_2S_2O_3$	4.0	4.0	4.0	4.0	4.0
	$0.20\ mol \cdot L^{-1}\ KNO_3$	/	/	/	5	7.5
	$0.20\ mol \cdot L^{-1}\ (NH_4)_2SO_4$	/	5	7.5	/	/
	$0.20\ mol \cdot L^{-1}\ (NH_4)_2S_2O_8$	10	5	2.5	10	10

2. 温度对反应速率的影响

按表 5.5 实验编号 IV 的用量分别加入 KI、淀粉、$Na_2S_2O_3$ 和 KNO_3 溶液于烧杯中，搅拌均匀。在一个试管中加入 $(NH_4)_2S_2O_8$ 溶液，将烧杯和试管放入冰水浴中冷却，待它们冷却到低于室温 10 ℃ 时，把试管中的 $(NH_4)_2S_2O_8$ 迅速倒入烧杯中，同时计时并不断搅拌，当溶液刚出现蓝色时记录反应时间和温度。

用同样的方法在热水浴中进行高于室温 10 ℃ 的实验。

将两次实验数据和实验 IV 的数据记入表 5.7 中，并进行比较。

3. 催化剂对反应速率的影响

按表 5.5 实验编号 IV 的用量分别加入 KI、淀粉、$Na_2S_2O_3$ 和 KNO_3 溶液于烧杯中，再加入 2 滴 $0.020\ mol \cdot L^{-1}\ Cu(NO_3)_2$ 溶液，搅拌均匀，迅速加入 $(NH_4)_2S_2O_8$ 溶液，搅拌，在表 5.8 中记录反应时间。

五、记录和结果

1. 列表记录下列实验数据

表 5.6　浓度对反应速率的影响（室温　　℃）

实验编号		I	II	III	IV	V
起始浓度 /(mol · L⁻¹)	$(NH_4)_2S_2O_8$					
	KI					
	$Na_2S_2O_3$					
反应时间 t/s						
反应速率 v						

表 5.7　温度对反应速率的影响

实验编号	IV	VI	VII
反应温度/℃			
反应时间 t/s			
反应速率 v			

表 5.8　催化剂对反应速率的影响

实验编号	IV	VIII
加入 0.020 mol·L^{-1} Cu(NO$_3$)$_2$的滴数	0	2
反应时间 t/s		

2. 计算反应级数和反应速率常数

将反应速率表示式 $v = k\left[S_2O_8^{2-}\right]^m\left[I^-\right]^n$ 两边取对数,得

$$\lg v = m\lg\left[S_2O_8^{2-}\right] + n\lg\left[I^-\right] + \lg k$$

当[I$^-$]不变时(即实验 I、II、III),以 $\lg v$ 对 $\lg\left[S_2O_8^{2-}\right]$ 作图,可得一直线,斜率即为 m。同理,当[$S_2O_8^{2-}$]不变时(即实验 I、IV、V),以 $\lg v$ 对 $\lg[I^-]$ 作图,可求得 n,此反应级数则为($m + n$)。

将求得的 m 和 n 代入 $v = k\left[S_2O_8^{2-}\right]^m\left[I^-\right]^n$,即可求得反应速率常数 k;结果记入表 5.9 中。

表 5.9　反应速率常数的实验测定结果

实验编号	I	II	III	IV	V
$\lg v$					
$\lg\left[S_2O_8^{2-}\right]$					
$\lg[I^-]$					
m					
n					
反应速率常数 k					

3. 反应活化能的计算

计算结果记入表 5.10 中。

表 5.10　反应活化能的计算结果

实验编号	IV	VI	VII
反应速率常数 k			
$\ln k$			
$1/T$			
反应活化能 E_a			

六、思考题

根据实验结果讨论浓度、温度、催化剂对反应速率及反应速率常数的影响。

实验 7　弱电解质电离常数的测定

实验前预习内容

1. 预习 4.2 节中酸度计测定 pH 值的原理,玻璃电极的使用方法和 pH 标定方法。

2. 思考并回答:

(1)在醋酸溶液的平衡体系中,未电离的 HAc、Ac^- 和 H^+ 的浓度如何获得?

(2)在测定同一种电解质溶液的 pH 值时,测定的顺序为什么要由稀到浓?

一、实验目的

1. 测定醋酸的电离常数,加深对电离常数和电离度的理解。

2. 学习使用酸度计。

3. 学习移液管、容量瓶的使用。

二、实验原理

弱电解质(弱酸或碱)在水溶液中都发生部分电离,电离出来的离子与未电离的分子间处于平衡状态,例如醋酸(HAc)

$$HAc \Longrightarrow H^+ + Ac^-$$

$$K_a = \frac{[H^+][Ac^-]}{[HAc]} \tag{5.3}$$

式中　$[H^+]$、$[Ac^-]$ 和 $[HAc]$ —— H^+、Ac^- 和 HAc 的浓度;

　　　K_a ——电离常数。

HAc 溶液的总浓度可以用标准 NaOH 溶液滴定测得。其电离出来的 H^+ 离子浓度,可在一定温度下,用酸度计测定 HAc 溶液的 pH 值,再根据 $pH = -lg[H^+]$ 关系式计算出来。另外,根据各物质之间的浓度关系,求出 $[Ac^-]$、$[HAc]$ 后代入式(5.3)便可计算出该温度下的电离常数,并可计算出电离度 α。

三、主要试剂和仪器

试剂:HAc($0.1\ mol \cdot L^{-1}$ 已标定)。

仪器:酸度计、容量瓶、烧杯、移液管、吸量管。

四、实验步骤

1. 分别吸取 2.50 mL、5.00 mL 及 25.00 mL $0.1\ mol \cdot L^{-1}$ HAc 溶液于三个 50 mL 容量瓶中,用蒸馏水稀释至刻度,摇匀,并分别计算出各溶液的准确浓度。

2. 用四个干燥的 50 mL 烧杯,分别取约 30 mL 上述三种浓度的 HAc 溶液及未经稀释的 HAc 溶液,由稀到浓分别用酸度计测定它们的 pH 值。

五、记录和结果

醋酸的电离度和电离常数记入表 5.11 中。

表 5.11　醋酸的电离度和电离常数(温度:K)

溶液编号	$c/(mol \cdot L^{-1})$	pH	$[H^+]/(mol \cdot L^{-1})$	$\alpha/\%$	K_a	
					测定值	平均值
1						
2						
3						
4						

根据实验结果讨论 HAc 电离度与其浓度的关系,并对浓度及电离常数的测定结果进行讨论。

六、思考题

1.如果改变所测 HAc 溶液的温度,则电离度和电离常数有无变化?

2.影响电离度和电离常数的因素有哪些?

实验 8　电离平衡和沉淀平衡

实验前预习内容

1.复习电离平衡,同离子效应,缓冲溶液,沉淀的生成、溶解和转化等内容。

2.填写表 5.12、表 5.13 中的各理论计算值。

3.思考并回答:

(1)什么是同离子效应? 什么是缓冲溶液? pH=5 的缓冲溶液如何配制?

(2)加热对水解有何影响? 为什么?

(3)沉淀的溶解和转化的条件各有哪些?

(4)如何计算盐溶液的 pH 值。

注:预习报告写法参见附录 1 中Ⅲ. 性质实验。

一、实验目的

1.掌握缓冲溶液的配制并试验其性质。

2.了解同离子效应和盐类水解以及抑制水解的方法。

3.试验沉淀的生成、溶解和转化的条件。

二、实验原理

同实验 7 原理。如果向溶液中加入更多的 Ac^-(比如加入 NaAc)或 H^+,都可以使平衡向左移动,降低 HAc 的电离度,这种作用称为同离子效应。

如果溶液中同时存在着弱酸以及它的盐,例如 HAc 和 NaAc,这时加入少量的酸可被 Ac^- 结合为电离度很小的 HAc 分子,加入少量的碱则被 HAc 所中和,溶液的 pH 值始终改变不大。这种溶液称为缓冲溶液。同理,弱碱及其盐也可组成缓冲溶液。弱酸和强碱,或弱碱和强酸以及弱酸和弱碱所生成的盐,在水溶液中都会发生水解。根据同离子效应,向溶液中加入 H^+ 或 OH^- 就可以阻止它们水解。另外,由于水解是吸热反应,所以加热可促进盐的水解。

难溶强电解质在一定温度下与它的饱和溶液中的相应离子处于平衡状态。例如

$$AgCl \Longrightarrow Ag^+ + Cl^-$$

它的平衡常数就是饱和溶液中两种离子浓度的乘积,称为溶度积 $K_{sp(AgCl)}$。只要溶液中两种离子浓度的乘积大于其溶度积,便有沉淀产生。反之,如果能降低饱和溶液中某种离子的浓度,使两种离子浓度的乘积小于其溶度积,则沉淀便会溶解。例如,在上述饱和溶液中加入 $NH_3 \cdot H_2O$,使 Ag^+ 结合为 $Ag(NH_3)_2^+$,AgCl 沉淀便可溶解。根据类似的原理,向溶液中加入 I^-,它便与 Ag^+ 结合为溶解度更小的 AgI 沉淀。这时溶液中 Ag^+ 浓度减小了,对于 AgCl 来说已成为不饱和溶液,而对于 AgI 来说,只要加入足够量的 I^-,便是过饱和溶液,结果一方面 AgCl 沉淀不断溶解,另一方面 AgI 沉淀不断产生,最后 AgCl 沉淀全部转化为 AgI 沉淀。

三、主要试剂、仪器和材料

试剂:NH_4Ac(s)、$Fe(NO_3)_3$(s)、$SbCl_3$(s)、$NH_3 \cdot H_2O$(0.1 mol $\cdot$ L^{-1}、6 mol $\cdot$ L^{-1})、HCl(0.2 mol $\cdot$ L^{-1}、6 mol $\cdot$ L^{-1})、KI(0.001 mol $\cdot$ L^{-1}、0.1 mol $\cdot$ L^{-1}、0.5 mol $\cdot$ L^{-1})、HAc(0.2 mol $\cdot$ L^{-1})、NaOH(0.2 mol $\cdot$ L^{-1})、NaAc(0.1 mol $\cdot$ L^{-1}、0.2 mol $\cdot$ L^{-1})、NH_4Cl(0.1 mol $\cdot$ L^{-1})、NaCl(0.1 mol $\cdot$ L^{-1}、1 mol $\cdot$ L^{-1})、Na_2CO_3(0.1 mol $\cdot$ L^{-1})、HNO_3(6 mol $\cdot$ L^{-1})、$Pb(NO_3)_2$(0.001 mol $\cdot$ L^{-1}、0.1 mol $\cdot$ L^{-1})、$BaCl_2$(0.1 mol $\cdot$ L^{-1})、$(NH_4)_2C_2O_4$(饱和)、PbI_2(饱和)、$AgNO_3$(0.1 mol $\cdot$ L^{-1}、0.5 mol $\cdot$ L^{-1})、Na_2S(0.1 mol $\cdot$ L^{-1}、1 mol $\cdot$ L^{-1})、K_2CrO_4(0.05 mol $\cdot$ L^{-1})、酚酞(0.2%乙醇溶液)。

仪器:离心机、试管。

材料:pH 试纸。

四、实验步骤

1. 同离子效应

(1)同离子效应对电离平衡的影响。取 1 mL 浓度为 0.1 mol $\cdot$ L^{-1} $NH_3 \cdot H_2O$ 溶液,先用 pH 试纸测定 pH 值,然后加 1 滴酚酞溶液,观察溶液的颜色,再加入 NH_4Ac 固体少许,观察溶液颜色变化,解释上述现象。

(2)同离子效应对沉淀平衡的影响。在试管中加饱和 PbI_2 溶液约 1 mL,然后滴加 0.5 mol $\cdot$ L^{-1} KI 溶液 2~3 滴,振荡试管,观察并解释实验现象。

2. 缓冲溶液的配制和性质

(1)用 pH 试纸分别测定蒸馏水和浓度为 $0.2\ mol\cdot L^{-1}$ HAc 溶液的 pH 值。

(2)在 2 支各盛 5 mL 蒸馏水的试管中,分别加 1 滴 $0.2\ mol\cdot L^{-1}$ HCl 溶液和 $0.2\ mol\cdot L^{-1}$ NaOH 溶液,分别用 pH 试纸测定其 pH 值。

(3)在 1 支试管中加入 5 mL 浓度为 $0.2\ mol\cdot L^{-1}$ HAc 和 5 mL 浓度为 $0.2\ mol\cdot L^{-1}$ NaAc 溶液,混合均匀后测定其 pH 值。将溶液均分为两份,一份加 1 滴 $0.2\ mol\cdot L^{-1}$ HCl 溶液,另一份加 1 滴 $0.2\ mol\cdot L^{-1}$ NaOH 溶液,分别用 pH 试纸测定其 pH 值。

(4)将实验结果填入表 5.12 中。

表 5.12　在纯水、缓冲溶液中加入强酸和强碱时 pH 值的变化

体系	纯水	5 mL 纯水中加 1 滴(约 0.05 mL)		缓冲溶液	5 mL 缓冲溶液中加 1 滴(约 0.05 mL)	
		$0.2mol\cdot L^{-1}$ HCl	$0.2mol\cdot L^{-1}$ NaOH		$0.2\ mol\cdot L^{-1}$ HCl	$0.2\ mol\cdot L^{-1}$ NaOH
计算值						
实测值						

分析实验结果,对缓冲溶液性质作出结论。

3. 盐类水解

(1)用精密 pH 试纸测定浓度为 $0.1\ mol\cdot L^{-1}$ 的表 5.13 中各种溶液的 pH 值,在表中填写理论计算得到的 pH 值和实验测定的 pH 值,并解释所观察到的现象。

表 5.13　几种盐溶液的 pH 计算值和实验值

溶液	NH_4Cl	NaAc	NaCl	Na_2CO_3
计算值				
实测值				

(2)取少许固体 $Fe(NO_3)_3$,加水约 5 mL,等固体完全溶解后,观察溶液的颜色。将溶液分成三份,第一份留做比较,第二份在小火上加热煮沸,在第三份中加几滴 $6\ mol\cdot L^{-1}$ HNO_3 溶液,观察现象,写出反应方程式并解释实验现象。

(3)取少许 $SbCl_3$ 固体于试管中,加 $2\sim3$ mL 水溶解,观察有何现象。然后滴加 $6\ mol\cdot L^{-1}$ HCl 溶液,振荡试管,观察又有何现象。从该试管中吸取少量上层清液加入到装有 $3\sim4$ mL 水的另一个试管中,再观察有何现象。解释实验现象,并写出相应的反应方程式。

(4)根据实验结果,总结影响水解平衡移动的因素。

4. 沉淀平衡

(1)沉淀的生成。

① 在一支试管中加入 1 mL $0.1\ mol\cdot L^{-1}$ $Pb(NO_3)_2$ 溶液,然后加入 1 mL $0.1\ mol\cdot L^{-1}$ KI 溶液,观察有无沉淀生成?

② 在另一支试管中加入 1 mL 0.001 mol·L^{-1}Pb(NO$_3$)$_2$溶液,然后加入 1 mL 0.001 mol·L^{-1} KI溶液,观察有无沉淀生成? 试以溶度积原理解释以上的现象。

(2)沉淀的溶解。

① 取 5 滴 0.1 mol·L^{-1} BaCl$_2$溶液,加 3 滴饱和(NH$_4$)$_2$C$_2$O$_4$溶液,观察沉淀的生成。然后再加数滴 6 mol·L^{-1} HCl 溶液,观察现象并说明原因。

② 取 5 滴 0.5 mol·L^{-1} AgNO$_3$溶液,加 2 滴 1 mol·L^{-1} NaCl 溶液,观察沉淀的生成。然后再逐滴加入 6 mol·L^{-1} NH$_3$·H$_2$O,观察现象并说明原因。

③ 取 10 滴 0.5 mol·L^{-1}AgNO$_3$溶液,加 3～4 滴 1 mol·L^{-1}Na$_2$S 溶液,观察沉淀的生成。然后再加少许 6 mol·L^{-1} HNO$_3$溶液,加热,观察现象并说明原因。

(3)分步沉淀。

在试管中加入 0.5 mL 0.1 mol·L^{-1} NaCl 溶液和 0.5 mL 0.05 mol·L^{-1}K$_2$CrO$_4$溶液,然后逐滴加入 0.1 mol·L^{-1}AgNO$_3$溶液,边加边振荡,观察形成的沉淀的颜色变化,试以溶度积原理解释之。

(4)沉淀的转化。

取 0.1 mol·L^{-1}AgNO$_3$溶液 5 滴,加入 0.1 mol·L^{-1}NaCl 溶液 6 滴,观察有何种颜色的沉淀生成。离心分离,弃去上层清液,沉淀中滴加 0.1 mol·L^{-1}Na$_2$S 溶液,观察现象并说明原因。

五、思考题

已知 H$_3$PO$_4$、NaH$_2$PO$_4$、Na$_2$HPO$_4$ 和 Na$_3$PO$_4$ 四种溶液的摩尔浓度相同,它们依次分别显酸性、弱酸性、弱碱性和碱性,为什么?

实验 9　氧化还原反应

实验前预习内容

1.预习氧化还原反应的本质及能斯特方程。

2.思考并回答:

(1)影响电极电势的因素有哪些?

(2)怎样通过电极电势来判断氧化还原反应的方向?

一、实验目的

1.掌握电极电势、反应介质酸度及反应物浓度对氧化还原反应的影响。

2.熟悉几种重要的氧化剂、还原剂。

3.了解影响氧化还原反应的因素。

二、实验原理

氧化还原反应是很重要的一类化学反应。它的本质特征是在反应过程中有电子的转移,因而使元素的氧化数发生变化。元素原子氧化数升高(即失去电子)的变化称为氧化,含该元素的物质为还原剂。相反,元素原子氧化数降低(即得到电子)的变化称为还原,含该元素的物质为氧化剂。

水溶液中物质氧化还原能力的强弱,可用有关电对的电极电势(φ)进行比较:电极电势(φ)越高,电对中氧化态物质的氧化能力越强,反之,电对中还原态物质的还原能力越强。因此,氧化还原反应的自发方向总是电极电势较高的电对中的氧化态物质与电极电势较低的电对中的还原态物质反应,分别转化为相应的还原态和氧化态物质。

物质的浓度与电极电势(φ)的关系可用能斯特方程表示

$$\varphi = \varphi^0 + \frac{0.059}{n} \lg \frac{[氧化态]}{[还原态]}$$

式中　φ^0——标准电极电势。

氧化态或还原态的浓度变化都会改变其电极电势(φ)。

有些反应,如含氧酸根离子参加的氧化还原反应中经常有 H^+ 参加,因而介质的酸度也会对 φ 值产生影响。

电极电势(φ)的高低对氧化还原反应的方向、反应速率及产物等都有影响。通过本次实验,我们将对此加深理解。

三、主要试剂和仪器

试剂:HCl($6\ mol \cdot L^{-1}$)、NaOH($6\ mol \cdot L^{-1}$)、CCl_4、溴水、碘水、淀粉(1%)、Zn 片、H_2O_2(3%)、NH_4F(饱和)、$NaHCO_3$(s)、H_2SO_4($3\ mol \cdot L^{-1}$)、HAc($3\ mol \cdot L^{-1}$)、Na_2SO_3($0.5\ mol \cdot L^{-1}$)、$Na_2S_2O_3$($0.5\ mol \cdot L^{-1}$)、$K_2Cr_2O_7$($0.1\ mol \cdot L^{-1}$)、$CuSO_4$($0.2\ mol \cdot L^{-1}$)、$KMnO_4$($0.01\ mol \cdot L^{-1}$)、KI($0.1\ mol \cdot L^{-1}$)、KBr($0.1\ mol \cdot L^{-1}$)、$(NH_4)Fe(SO_4)_2$($0.1\ mol \cdot L^{-1}$)、Na_2S($0.1\ mol \cdot L^{-1}$)、$Pb(NO_3)_2$($0.1\ mol \cdot L^{-1}$)、$FeCl_3$($0.1\ mol \cdot L^{-1}$)、$FeSO_4$($0.1\ mol \cdot L^{-1}$)。

仪器:离心机、试管、离心管、玻璃棒、烧杯、酒精灯。

四、实验步骤

1. 电极电势与氧化还原反应的关系

(1)在试管中加入 $0.2\ mol \cdot L^{-1} CuSO_4$ 溶液 1 mL,然后插入 Zn 片,15 min 后,观察溶液的颜色及 Zn 片表面的变化。

(2)操作分两步。

①将 2 滴 $0.1\ mol \cdot L^{-1} FeCl_3$ 溶液和 10 滴 $0.1\ mol \cdot L^{-1} KI$ 溶液在试管中混匀后,加 5 滴 CCl_4,充分振荡,放置片刻,观察 CCl_4 层的变化。

② 用 $0.1\ mol \cdot L^{-1} KBr$ 代替 $0.1\ mol \cdot L^{-1} KI$ 溶液,重复上述操作。根据实验结果,定性比较 $\varphi_{(Br_2/Br^-)}$、$\varphi_{(I_2/I^-)}$、$\varphi_{(Fe^{3+}/Fe^{2+})}$ 的高低,并指出最强的氧化剂和还原剂。

(3)操作分两步。

① 取两试管,一支加入 5 滴 $0.1\ mol \cdot L^{-1} FeSO_4$ 溶液,另一支加 5 滴蒸馏水后,分别滴入 2 滴溴水,充分振荡后,观察两溶液颜色。

② 取两试管,各加入 5 滴 0.1 mol·L^{-1}FeSO$_4$ 溶液,向其中一试管中滴入 5 滴饱和 NH$_4$F 溶液,再各加入 2 滴碘水,充分振荡后,观察溶液的颜色变化,并加以解释。

根据实验结果,说明电极电势与氧化还原反应方向的关系。

(4)将 2 滴 0.1 mol·L^{-1}KI 和 3 mol·L^{-1}H$_2$SO$_4$ 混入一试管中,滴入 3‰H$_2$O$_2$ 数滴,观察溶液的颜色变化。再滴入 1‰淀粉 1 滴,观察有何现象。向溶液中再滴加 6 mol·L^{-1}NaOH溶液数滴,观察现象,并试用碘在碱性介质中的标准电极电势图来解释。

2. 氧化剂、还原剂的相对性

(1)H$_2$O$_2$ 的氧化性。

在盛有 5 滴 0.1 mol·L^{-1}Pb(NO$_3$)$_2$ 的试管中,滴加 0.1 mol·L^{-1}Na$_2$S 溶液 5 滴,观察沉淀的颜色。静置后,倾出上层清液,在沉淀上滴加 3‰H$_2$O$_2$ 数滴,在水浴中微热片刻后,观察其现象。

(2)H$_2$O$_2$ 的还原性。

取 5 滴 0.01 mol·L^{-1}KMnO$_4$ 溶液于一试管中,滴加 2 滴 3 mol·L^{-1}H$_2$SO$_4$ 后,再逐滴加入 3‰H$_2$O$_2$,观察其颜色的变化。

3. 介质酸度对氧化还原反应的影响

(1)在各盛有 10 滴 0.1 mol·L^{-1}KBr 的两试管中,分别滴入 10 滴 3 mol·L^{-1}H$_2$SO$_4$ 和 10 滴 3 mol·L^{-1}HAc,然后各滴入 2 滴 0.01 mol·L^{-1}KMnO$_4$ 溶液,观察并比较紫色褪去的快慢,写出反应方程式,并加以解释。

(2)取 3 支试管,各加入 10 滴 0.5 mol·L^{-1}Na$_2$SO$_3$ 溶液,向第一支试管中滴入 2 滴 3 mol·L^{-1}H$_2$SO$_4$,向第二支试管中滴入 2 滴蒸馏水,向第三支试管中滴入 2 滴 6 mol·L^{-1}NaOH 溶液,然后向 3 支试管中滴入 0.01 mol·L^{-1}KMnO$_4$ 溶液 2 滴,摇匀,观察并解释其现象。

(3)将 5 滴 0.1 mol·L^{-1}K$_2$Cr$_2$O$_7$ 溶液和 2 滴 0.1 mol·L^{-1}KI 溶液混入一试管内,微热后,滴加 2 滴 6 mol·L^{-1}HCl 和 1 滴 1‰淀粉溶液,观察其现象。再滴入 6 滴 6 mol·L^{-1}NaOH,观察溶液颜色变化。再滴入 1 滴 6 mol·L^{-1}HCl,溶液的颜色又如何变化? 试加以解释。

4. 浓度、沉淀平衡、配位平衡对氧化还原反应的影响

(1)操作分两步:

① 取 5 滴 0.1 mol·L^{-1}(NH$_4$)Fe(SO$_4$)$_2$ 溶液,加入 5 滴 0.1 mol·L^{-1}KI 溶液,再滴入 5 滴 CCl$_4$ 振荡,观察 CCl$_4$ 层的颜色。

② 取 5 滴 0.1 mol·L^{-1}(NH$_4$)Fe(SO$_4$)$_2$ 溶液,滴入 5 滴饱和 NH$_4$F 溶液,再加入 5 滴 0.1 mol·L^{-1}KI 溶液和 5 滴 CCl$_4$,观察 CCl$_4$ 层的颜色,并与实验(1)中①比较,试加以解释。

(2)取 0.2 mol·L^{-1}CuSO$_4$ 溶液 1 mL,加入 10 滴 0.1 mol·L^{-1}KI 溶液,再逐滴加入 0.5 mol·L^{-1}Na$_2$S$_2$O$_3$溶液,以除去反应中生成的碘。离心分离后,观察沉淀颜色,并用电极电势及溶度积原理解释此现象。

(3)向 10 滴 0.1 mol·L^{-1}FeCl$_3$ 溶液中逐滴加入饱和 NH$_4$F 溶液至溶液恰变为无

色。再滴入 10 滴 0.1 mol·L^{-1}KI 溶液及 5 滴 CCl$_4$,充分振荡后,静置片刻观察 CCl$_4$ 层的颜色。与本实验 1.(2)的结果进行比较,并加以解释。

五、思考题

1. H$_2$O$_2$ 为什么既具有氧化性又具有还原性? 反应后可生成何种产物?
2. 以 KMnO$_4$ 为例,说明 pH 值对氧化还原产物的影响。

实验 10　配位反应

实验前预习内容

1. 复习配位化合物的性质。
2. 思考并回答:
(1)影响配合物稳定性的因素有哪些? 如何影响?
(2)判断配合物和沉淀之间能否互相转换的依据是什么?

一、实验目的

1. 了解配位化合物的生成及配离子的性质。
2. 比较配离子的相对稳定性,了解它与简单离子的区别。
3. 了解影响配位平衡的因素。

二、实验原理

　　配位化合物是由一定数目的离子(或分子)和中心原子(或离子)以配位键相结合,按一定的组成和空间构型所形成的化合物,简称配合物。配合物一般分为内界和外界两部分。内界即配离子,是由中心原子(或离子)与配体通过配位键连接的、能稳定存在的复杂离子。如配合物[Cu(NH$_3$)$_4$]SO$_4$ 中[Cu(NH$_3$)$_4$]$^{2+}$ 是配离子,Cu^{2+} 是中心离子,NH$_3$ 是配体,NH$_3$ 中的 N 原子是配位原子。配位数即每分子配合物中配位原子的个数,上述配合物的配位数为 4。含有一个配位原子的配体称为单基(齿)配体,如 NH$_3$。一个多基(齿)配体通过 2 个以上的配位原子与中心原子(或离子)形成的配合物称为螯合物。如 EDTA 共有 6 个配位能力很强的配位原子,它既可做四基配体,也可做六基配体,绝大多数金属离子均能与 EDTA 形成多个五元环结构的螯合物,它比一般的单基、双基的配体形成的配合物要稳定。配离子的性质决定配合物的性质,而配离子与简单离子有明显的不同。随着配离子的生成,溶液的颜色、酸碱性、物质的溶解度,氧化还原性等性质都有所改变。如 Cu^{2+} 可以和 NaOH 溶液作用生成 Cu(OH)$_2$ 沉淀,而当向 Cu^{2+} 溶液中加入氨水后,Cu^{2+} 与 NH$_3$ 作用形成[Cu(NH$_3$)$_4$]$^{2+}$,从而减少溶液中的游离 Cu^{2+} 浓度,甚至难以达到形成 Cu(OH)$_2$ 时所需 Cu^{2+} 的最低浓度,所以就不能和 NaOH 作用生成 Cu(OH)$_2$ 蓝色沉淀了。

　　配合物的稳定性常用标准稳定常数 K_f 表示,在一定温度下,若金属离子 M 与配位剂

形成 1∶1 的配合物 ML

$$M + L \rightleftharpoons ML$$

反应的标准平衡常数 K_f 称为 ML 的标准稳定常数。

$$K_f = \frac{[ML]}{[M][L]}$$

标准稳定常数越大，ML 越稳定。而配位平衡同样受溶液的酸度、沉淀反应、氧化还原反应等影响。

三、主要试剂和仪器

试剂：HNO_3（6 mol·L^{-1}）、HCl（6 mol·L^{-1}）、NaOH（0.1 mol·L^{-1}、6 mol·L^{-1}）、NH_3·H_2O（6 mol·L^{-1}、浓）、NaCl（0.1 mol·L^{-1}）、$Na_2S_2O_3$（0.1 mol·L^{-1}）、KI（0.1 mol·L^{-1}）、KBr（0.1 mol·L^{-1}）、KSCN（0.1 mol·L^{-1}）、KNO_3（0.1 mol·L^{-1}）、$BaCl_2$（0.1 mol·L^{-1}）、$FeCl_3$（0.1 mol·L^{-1}）、Na_2S（0.1 mol·L^{-1}）、CCl_4、$CuSO_4$（0.2 mol·L^{-1}）、$NiSO_4$（0.2 mol·L^{-1}）、$Na_3[Co(NO_2)_6]$（20%）、$(NH_4)_2C_2O_4$（饱和）、NH_4F（饱和）、$SnCl_2$（0.5 mol·L^{-1}）、EDTA（0.02 mol·L^{-1}）、$AgNO_3$（0.1 mol·L^{-1}）。

仪器：试管、离心管、离心机。

四、实验步骤

1. 配合物的生成

(1)在两个离心管中各加入 10 滴 0.2 mol·L^{-1} $NiSO_4$溶液，然后分别滴加0.1 mol·L^{-1} $BaCl_2$溶液和 0.1 mol·L^{-1} NaOH 溶液数滴，离心分离后，观察其沉淀颜色。

(2)另取一试管，滴加 10 滴 0.2 mol·L^{-1} $NiSO_4$ 溶液，逐滴加入 0.02 mol·L^{-1} EDTA，观察溶液的颜色变化。将其分为两份，分别滴加 0.1 mol·L^{-1} $BaCl_2$ 溶液和 0.1 mol·L^{-1} NaOH溶液各数滴，观察其现象，与上述实验比较并加以解释。

(3)操作分两步。

①在试管中加入 5 滴 0.1 mol·L^{-1} $FeCl_3$溶液，再滴入 2 滴 0.1 mol·L^{-1} KSCN 溶液，观察反应现象。所得溶液 A 保留待用。

②向 10 滴 0.2 mol·L^{-1} $CuSO_4$溶液中逐滴加入 6 mol·L^{-1} NH_3·H_2O，仔细观察反应现象。所得溶液 B 保留待用。

(4)在盛有 1 滴 0.1 mol·L^{-1} $AgNO_3$ 溶液的试管中，滴加 0.1 mol·L^{-1} NaCl 溶液，再逐滴加入 6 mol·L^{-1} NH_3·H_2O，观察实验现象。所得溶液 C 保留待用。

(5)在一试管中加入 0.1 mol·L^{-1} KNO_3 溶液 2 滴，滴加 2 滴 20% $Na_3[Co(NO_2)_6]$溶液，用玻璃棒搅拌并摩擦试管内壁，透过有色溶液观察黄色 $K_2Na[Co(NO_2)_6]$沉淀的生成。

2. 影响配位平衡的因素

(1)操作分三步：

① 在 A 溶液中，逐滴加入 6 mol·L^{-1} NaOH 溶液，观察颜色的变化并加以解释。

② 在 B 溶液中,滴加 6 mol·L^{-1}HNO$_3$溶液,观察并解释其现象。

③ 另取 5 滴 0.1 mol·L^{-1}FeCl$_3$溶液于一试管中,滴加 10 滴饱和(NH$_4$)$_2$C$_2$O$_4$溶液,观察其现象。再滴加 3 滴 0.1 mol·L^{-1}KSCN 溶液,观察有无血红色物质生成? 再滴加 6 mol·L^{-1}HCl 溶液,观察溶液有何变化并解释之。

(2)向 C 溶液中滴加 0.1 mol·L^{-1}Na$_2$S 溶液,观察反应现象并加以解释。

(3)在离心管中滴入 5 滴 0.1 mol·L^{-1}AgNO$_3$溶液和 5 滴 0.1 mol·L^{-1}NaCl 溶液,离心分离。将沉淀洗涤后,在沉淀上滴加 6 mol·L^{-1}NH$_3$·H$_2$O 数滴,并用玻璃棒搅拌。待沉淀完全溶解后,向其中滴加 5 滴 0.1 mol·L^{-1}KBr 溶液,观察有何现象? 离心分离,在洗涤后的沉淀上滴加 0.1 mol·L^{-1}Na$_2$S$_2$O$_3$溶液,使沉淀溶解,在所得溶液中滴加 0.1 mol·L^{-1}KI 溶液,观察其现象。

通过上述实验结果,比较 AgCl、AgBr、AgI 的 K_{sp} 的大小和[Ag(NH$_3$)$_2$]$^+$、[Ag(S$_2$O$_3$)$_2$]$^{3-}$ 的稳定性。

(4)操作分两步:

① 将 3 滴 0.1 mol·L^{-1}FeCl$_3$溶液和 1 滴 0.1 mol·L^{-1}KSCN 溶液置于一试管中,再滴加 0.5 mol·L^{-1}SnCl$_2$溶液数滴,观察溶液的颜色变化并加以解释。

② 取两支试管各滴入 10 滴 0.1 mol·L^{-1}FeCl$_3$溶液,向其中一试管中滴加 10 滴饱和(NH$_4$)$_2$C$_2$O$_4$溶液,另一试管中滴加 10 滴蒸馏水,再向两试管中各加入 10 滴 0.1 mol·L^{-1}KI 溶液和 1 mL CCl$_4$,充分振荡后,观察两试管中 CCl$_4$层的颜色,解释其现象。

(5)取 0.1 mol·L^{-1}FeCl$_3$溶液 2 滴,加入 1 滴 0.1 mol·L^{-1}KSCN 溶液,向其中滴入饱和 NH$_4$F 溶液至刚刚褪色,再加入饱和(NH$_4$)$_2$C$_2$O$_4$溶液数滴,观察颜色的变化并加以解释。同时比较 Fe(SCN)$_3$、FeF$_6^{3-}$、[Fe(C$_2$O$_4$)$_3$]$^{3-}$ 的稳定性。

五、思考题

1.通过实验现象,讨论溶液的酸度、沉淀反应、氧化还原反应对配位平衡的影响及配位反应的特点。

2.指出简单离子与配离子的异同点。

实验 11　铜、汞、银和锌

实验前预习内容

复习铜、汞、银和锌的基本性质。

一、实验目的

(1)通过实验掌握 Cu、Hg、Ag、Zn 的氢氧化物的酸性、碱性及形成配合物的能力和有关离子的鉴定方法。

(2)掌握 Cu(Ⅰ)和 Cu(Ⅱ)、Hg(Ⅰ)和 Hg(Ⅱ)相互转化的条件。

（3）巩固沉淀的分离和洗涤等基本操作。

（4）学会 Hg 的安全使用及含汞废液的处理方法。

二、主要试剂和仪器

试剂：HCl（2 mol·L^{-1}、6 mol·L^{-1}、浓）、H$_2$SO$_4$（2 mol·L^{-1}、3 mol·L^{-1}）、HNO$_3$（2 mol·L^{-1}）、KI（0.1 mol·L^{-1}）、NH$_3$·H$_2$O（2 mol·L^{-1}、浓）、NaOH（2 mol·L^{-1}、6 mol·L^{-1}）、Na$_2$S$_2$O$_3$（0.1 mol·L^{-1}）、葡萄糖（10%）、AgNO$_3$（0.1 mol·L^{-1}）、Hg（NO$_3$）$_2$（0.2 mol·L^{-1}）、ZnSO$_4$（0.2 mol·L^{-1}）、SnCl$_2$（0.2 mol·L^{-1}）、CuSO$_4$（0.2 mol·L^{-1}）、CuCl$_2$（0.5 mol·L^{-1}）。

仪器：试管、离心管、离心机。

三、实验步骤

1. Cu、Hg、Ag、Zn 的氧化物和氢氧化物的生成和性质

（1）Cu（OH）$_2$和 CuO 的生成和性质。

① 取 0.2 mol·L^{-1}CuSO$_4$溶液 1 mL，滴入 2 mol·L^{-1}NaOH 溶液至有大量沉淀生成，观察沉淀的颜色和状态。将沉淀和溶液摇匀后分为 3 份，其中第一份滴入 3 mol·L^{-1}H$_2$SO$_4$，第二份中滴入过量的 2 mol·L^{-1}NaOH（不含 CO$_3^{2-}$）溶液，将第三份加热至固体变黑，再滴入 2 mol·L^{-1}HCl 溶液，观察各有何现象？写出以上反应的反应方程式。

② 氧化亚铜的生成和性质。取 10 滴 0.2 mol·L^{-1}CuSO$_4$溶液，滴入过量的 6 mol·L^{-1}NaOH 溶液，至开始生成的沉淀全部溶解，再滴入 10%葡萄糖溶液 20 滴，混匀后微热，观察有何现象？写出反应方程式。

将上述沉淀离心分离，洗涤后取少量加入 3 mol·L^{-1}H$_2$SO$_4$溶液 2 mL 加热，观察有何现象？另取少量沉淀注入浓氨水 3 mL，振荡后静置 10 min，观察其变化。

（2）氧化银的生成和性质。

① 取 0.1 mol·L^{-1}AgNO$_3$溶液 2 mL，慢慢滴入新配制的 2 mol·L^{-1}NaOH 溶液，振荡，观察 Ag$_2$O 的颜色、状态。离心分离，弃去清液，将沉淀洗涤后分为 2 份，分别与 2 mol·L^{-1}HNO$_3$和 2 mol·L^{-1}NH$_3$·H$_2$O 反应，观察反应现象。

② 银镜反应。在一洁净的试管中加入 0.1 mol·L^{-1}AgNO$_3$溶液 2 mL，再滴入 2 mol·L^{-1}NH$_3$·H$_2$O 至开始生成的沉淀恰好溶解为止。再多滴 2 滴，然后滴入数滴 10%葡萄糖溶液，摇匀后放在 90 ℃热水浴中静置。观察试管内壁有何变化？写出反应方程式。

（3）氧化汞的生成和性质。

在 10 滴 0.2 mol·L^{-1}Hg（NO$_3$）$_2$溶液中滴加 2 mol·L^{-1}NaOH 溶液数滴，观察生成沉淀的颜色和状态。将沉淀分为 2 份，一份注入 2 mol·L^{-1}HNO$_3$，另一份继续滴入 2 mol·L^{-1}NaOH 溶液，观察沉淀是否溶解？写出有关反应方程式。

（4）锌的氢氧化物的生成和性质。

在 10 滴 0.2 mol·L^{-1}ZnSO$_4$溶液中滴加 2 mol·L^{-1}NaOH 溶液至有大量沉淀生成（不要过量）。将沉淀分为 2 份：一份加 2 mol·L^{-1}H$_2$SO$_4$，另一份继续滴入 2 mol·L^{-1}

NaOH 溶液,观察有何现象? 并加以解释。

2. 铜、汞、银、锌的配合物

(1)[Cu(NH₃)₄]SO₄ 的生成和性质。

取 0.2 mol·L⁻¹CuSO₄溶液 3 mL,滴加 2 mol·L⁻¹NH₃·H₂O,观察发生的现象。继续滴加 2 mol·L⁻¹NH₃·H₂O 至沉淀完全溶解为止,观察溶液的颜色。将所得溶液分为 2 份:一份逐滴滴入 2 mol·L⁻¹H₂SO₄,另一份加热至沸。观察各有何变化? 写出反应方程式并加以解释。

(2)[Ag(NH₃)₂]NO₃ 的生成和性质。

详见实验 10 中实验步骤 2(3)。

(3)汞的配合物的生成和应用。

取 1 滴 0.2 mol·L⁻¹Hg(NO₃)₂(注意有毒)溶液于试管中,再滴加 0.1 mol·L⁻¹KI 溶液,观察沉淀的颜色。然后继续滴加 0.1 mol·L⁻¹KI 溶液至沉淀消失为止。写出反应方程式。

在所得溶液中滴入 3 滴 2 mol·L⁻¹NaOH 溶液,再滴入 2 mol·L⁻¹NH₃·H₂O,观察有何现象? 并写出反应方程式。

(4)锌配合物的生成。

向 0.2 mol·L⁻¹ZnSO₄溶液中滴加 2 mol·L⁻¹NH₃·H₂O,观察沉淀的生成。继续滴入 2 mol·L⁻¹NH₃·H₂O,直至沉淀完全溶解为止。将溶液分为 2 份:一份加热至沸,另一份逐滴滴入 2 mol·L⁻¹HCl 溶液,并不断振荡。观察是否有沉淀生成? 写出反应方程式。

用 0.2 mol·L⁻¹Hg(NO₃)₂溶液代替 0.2 mol·L⁻¹ZnSO₄溶液重复上述操作,比较 Zn²⁺、Hg²⁺ 与氨水反应有何不同。

3. 铜(Ⅰ)与铜(Ⅱ)化合物的相互转化

(1)碘化亚铜的生成。

在一试管中滴入 2 滴 0.2 mol·L⁻¹CuSO₄溶液后,滴加 6 滴 0.1 mol·L⁻¹KI 溶液,观察有何变化? 再滴入少量 0.1 mol·L⁻¹Na₂S₂O₃溶液以除去反应中生成的 I₂(加入 Na₂S₂O₃溶液不能过量,否则将使 CuI 溶解),观察 CuI 的颜色和状态,写出反应方程式。

(2)氯化亚铜的生成和性质。

取 0.5 mol·L⁻¹CuCl₂溶液 10 mL,加 3 mL 浓盐酸和少量铜屑,加热至溶液成深棕色为止。取出几滴,注入 10 mL 蒸馏水中,如有白色沉淀生成,则迅速把全部溶液倒入 200 mL 蒸馏水中,观察沉淀的生成。待大部分沉淀析出后,倾出上层清液,并用 20 mL 蒸馏水洗涤沉淀。取出少量沉淀分成 2 份:一份中滴加浓氨水,另一份中滴加浓盐酸。观察沉淀是否溶解? 写出反应方程式。

4. 汞(Ⅰ)与汞(Ⅱ)化合物的相互转化

(1)Hg²⁺ 转化为 Hg₂²⁺。

在 5 滴 0.2 mol·L⁻¹Hg(NO₃)₂溶液中滴加 2 滴 6 mol·L⁻¹HCl、1 滴 0.2 mol·L⁻¹SnCl₂,观察沉淀的生成。然后再向试管中加入数滴 SnCl₂,观察沉淀的颜色变化,写出反应方程式。

（2）Hg_2^{2+} 的歧化分解。

取 10 滴 0.2 mol·L^{-1} $Hg(NO_3)_2$ 溶液于试管中，滴入 1 滴汞，振荡片刻后用滴管把清液移入另一试管（注意余下的汞回收），向清液中滴入 2 mol·L^{-1} NH_3·H_2O，观察有何现象？写出反应方程式。

四、思考题

1. 使用汞及其化合物时，应注意哪些问题？为什么要把汞储存在水面以下？
2. 试从平衡移动原理讨论，可以用哪些方法破坏锌氨配离子？
3. 做银镜反应实验时，若在热水浴中移动试管，试管壁上会附着黑色物质，这是什么？做好这个实验的注意事项有哪些？

实验 12　铬、锰和铁

实验前预习内容

复习铬、锰、铁的基本性质。

一、实验目的

1. 掌握 Cr、Mn 和 Fe 重要价态化合物的性质。
2. 掌握 Cr、Mn 和 Fe 化合物的氧化还原性，并熟悉不同介质对氧化还原反应的影响。
3. 掌握 Cr、Fe 配合物的生成和性质。

二、主要试剂和仪器

试剂：$NaBiO_3$(s)、$FeSO_4$·$7H_2O$（s）、MnO_2(s)、$FeCl_3$·$6H_2O$（s）、HCl（2 mol·L^{-1}）、H_2SO_4（1 mol·L^{-1}、2 mol·L^{-1}）、HNO_3（2 mol·L^{-1}、6 mol·L^{-1}）、NaOH（2 mol·L^{-1}、6 mol·L^{-1}）、$CrCl_3$（0.1 mol·L^{-1}）、K_2CrO_4（0.1 mol·L^{-1}）、$K_2Cr_2O_7$（0.1 mol·L^{-1}）、$MnSO_4$（0.02 mol·L^{-1}、0.1 mol·L^{-1}）、$KMnO_4$（0.01 mol·L^{-1}）、$FeSO_4$（0.1 mol·L^{-1}）、$FeCl_3$（0.1 mol·L^{-1}）、$Pb(NO_3)_2$（0.1 mol·L^{-1}）、$BaCl_2$（0.1 mol·L^{-1}）、Na_2SO_3（2 mol·L^{-1}）、KI（0.2 mol·L^{-1}）、$K_4[Fe(CN)_6]$（0.1 mol·L^{-1}）、NH_4SCN（0.1 mol·L^{-1}）、NaF（饱和）、乙醚、乙醇（体积分数为 50%）、溴水、淀粉（1%）、H_2O_2（3%）、铜片（或铜屑）。

仪器：离心机。

三、实验步骤

1. 铬的化合物

（1）Cr（Ⅲ）化合物的性质。

① 氢氧化铬的生成和两性性质。

取 10 滴 0.1 mol·L^{-1} $CrCl_3$ 溶液于试管中，逐滴加入 2 mol·L^{-1} NaOH 至溶液中

有大量的沉淀生成,离心分离。将沉淀分成 2 份:一份滴加 2 mol·L⁻¹ HCl 溶液,另一份滴加 2 mol·L⁻¹ NaOH 溶液,观察现象,写出反应方程式。

② Cr（Ⅲ）的还原性——Cr^{3+} 的鉴定。

取 5 滴 0.1 mol·L⁻¹ CrCl₃ 溶液于试管中,滴加 2 mol·L⁻¹ NaOH 至析出的沉淀又完全溶解后,滴加 10 滴 3％ H₂O₂ 溶液,加热,观察溶液颜色的变化,写出反应方程式。将试管在流水下冷却后,加入 10 滴乙醚,再滴加 6 mol·L⁻¹ HNO₃ 酸化,振荡试管,观察乙醚层有何变化,写出反应方程式。

本实验方法即为 Cr^{3+} 的鉴定方法。

(2)Cr（Ⅵ）化合物的性质。

① CrO_4^{2-}、$Cr_2O_7^{2-}$ 在水溶液中的平衡。

在 3 支试管中分别加入少量 0.1 mol·L⁻¹ K₂CrO₄ 溶液。在第一支试管中滴入少量 2 mol·L⁻¹ NaOH 溶液,第二支试管中加入少量 2 mol·L⁻¹ H₂SO₄ 溶液,第三支试管用做参照。比较颜色各有何变化,并写出反应方程式。

② 难溶铬酸盐的生成

在 2 支试管中,各取 10 滴 0.1 mol·L⁻¹ K₂CrO₄ 溶液,分别滴入 0.1 mol·L⁻¹ BaCl₂ 和 0.1 mol·L⁻¹ Pb(NO₃)₂ 溶液 1 mL,观察有何现象,写出反应方程式。

用 0.1 mol·L⁻¹ K₂Cr₂O₇ 溶液代替 K₂CrO₄ 溶液,重复上面的实验,与之比较,解释现象,并写出反应方程式。

③ Cr（Ⅵ）的氧化性。

取 0.1 mol·L⁻¹ K₂Cr₂O₇ 溶液 1 mL 于试管中,加入少量 2 mol·L⁻¹ Na₂SO₃ 溶液,微热,观察现象,写出反应方程式。

取 0.1 mol·L⁻¹ K₂Cr₂O₇ 溶液 1 mL 于试管中,加入 5 滴 1 mol·L⁻¹ H₂SO₄ 溶液和 1 小片光亮铜片,再加入 10 滴体积分数为 50％的乙醇溶液,加热至稍沸,观察现象。冷却后再观察溶液颜色有何变化? 写出反应方程式。

2. 锰的化合物

(1)Mn（Ⅱ）化合物的性质。

① 氢氧化锰的生成和性质。

在 3 支试管中加入 0.1 mol·L⁻¹ MnSO₄ 溶液和 2 mol·L⁻¹ NaOH 溶液各 5 滴,观察现象。第一支试管振荡后放置,第二、三支试管中分别加入 2 mol·L⁻¹ HCl 和 2 mol·L⁻¹ NaOH 溶液,观察现象,写出反应方程式。

② Mn（Ⅱ）的还原性——Mn^{2+} 的鉴定。

取 10 滴 2 mol·L⁻¹ HNO₃ 溶液于试管中,滴入 2 滴 0.02 mol·L⁻¹ MnSO₄ 溶液,再加入少量 NaBiO₃ 固体,振荡试管,观察现象,写出反应方程式。

利用此法可以鉴定 Mn^{2+} 的存在。

(2)Mn（Ⅳ）化合物——MnO₂ 的生成及氧化性。

① 取 10 滴 0.01 mol·L⁻¹ KMnO₄ 溶液于试管中,滴加 0.1 mol·L⁻¹ MnSO₄ 溶液至不再生成沉淀。观察沉淀颜色,写出反应方程式。

将以上生成物离心分离,弃去溶液,洗涤沉淀,在沉淀中加入 5 滴 2 mol·L⁻¹

Na_2SO_3 溶液,观察沉淀是否消失? 解释并写出反应方程式。

② 取少量 MnO_2 固体,加入适量浓 HCl,加热(在通风橱中进行)。观察现象,写出相应的反应方程式。

(3)Mn(Ⅶ)化合物——$KMnO_4$ 的氧化性。

在 3 支试管中各加入 10 滴 0.01 mol·L^{-1} $KMnO_4$ 溶液,再分别加入 1 mol·L^{-1} H_2SO_4 溶液、蒸馏水、6 mol·L^{-1} NaOH 溶液各 10 滴,再分别滴加 2 mol·L^{-1} Na_2SO_3 溶液,观察现象,写出反应方程式。

3. 铁的化合物

(1)Fe(Ⅱ)化合物的性质。

① 二价铁氢氧化物的制备与性质。在一支试管内注入 1 mL 蒸馏水,再加入 2 滴 2 mol·L^{-1} H_2SO_4 酸化,煮沸再冷却后,加少量 $FeSO_4$·$7H_2O$ 晶体,并使其溶解。另取一支试管,注入 2 mol·L^{-1} NaOH 溶液 1 mL 煮沸,以赶尽其中的空气。冷却后,用一长滴管吸取 NaOH 溶液 0.5 mL,插入盛有 $FeSO_4$ 溶液的试管底部,慢慢放出 NaOH 溶液(整个操作都要避免将空气带入溶液中),观察产物的颜色和状态。振荡后放置一段时间,观察有何变化,试加以解释。

按上述方法,再制备 Fe(OH)₂2 份:一份加入 2 mol·L^{-1} HCl,另一份加入 2 mol·L^{-1} NaOH 溶液,观察现象。

② Fe^{2+} 的还原性。

取一支试管,注入 3 mL 溴水,再加几滴 2 mol·L^{-1} H_2SO_4 溶液,然后加入 0.1 mol·L^{-1} $FeSO_4$ 溶液几滴,观察现象,写出反应方程式。

另取一支试管,加入少量 $FeSO_4$·$7H_2O$ 晶体,加 1 mL 蒸馏水使其溶解,再滴入 1 滴 0.01 mol·L^{-1} $KMnO_4$ 溶液,观察现象,写出反应方程式。

(2)Fe(Ⅲ)化合物的性质。

Fe^{3+} 的氧化性。在一支试管中加入 0.1 mol·L^{-1} $FeCl_3$ 溶液 2 mL,再加入 0.2 mol·L^{-1} KI 溶液 1 mL,再滴入 2 滴 1%淀粉溶液。观察现象,写出反应方程式。

(3)铁的配合物及铁离子的鉴定。

① 在干燥试管中加数粒 $FeSO_4$·$7H_2O$ 晶体,用少量水溶解,然后滴加 2 滴 0.1 mol·L^{-1} $K_4[Fe(CN)_6]$ 溶液,观察现象,写出反应方程式。

② 取 10 滴 0.1 mol·L^{-1} $FeCl_3$ 溶液于试管中,加入 2 滴 0.1 mol·L^{-1} $K_4[Fe(CN)_6]$ 溶液,观察现象,写出反应方程式。

③ 取 10 滴 0.1 mol·L^{-1} $FeCl_3$ 溶液于试管中,加入 2 滴 0.1 mol·L^{-1} NH_4SCN 溶液,观察现象。再滴加饱和 NaF 溶液,观察溶液颜色有何变化? 解释并写出反应方程式。

以上实验可以用做铁离子的鉴定。

四、思考题

1.$KMnO_4$ 在不同介质的溶液中,其还原产物有何不同?

2.CrO_4^{2-}、$Cr_2O_7^{2-}$ 的平衡体系中,如何使平衡进行移动?

实验 13　卤素、氧、硫单质及化合物的性质

实验前预习内容

复习卤素、氧、硫单质及化合物的性质。

一、实验目的

通过实验掌握卤素、氧、硫单质及化合物的主要性质。

二、主要试剂、仪器和材料

试剂：氯水、溴水、碘水、CCl_4、Zn 粉、NaCl（s）、MnO_2（s）、碘（s）、$(NH_4)_2S_2O_8$（s）、浓氨水、H_2SO_4（3 mol·L^{-1}、浓）、浓 HNO_3、HCl（1 mol·L^{-1}、3 mol·L^{-1}、6 mol·L^{-1}、浓）、KBr（s、0.1 mol·L^{-1}）、KI（s、0.1 mol·L^{-1}）、王水、靛蓝溶液、$KClO_3$（饱和）、$(NH_4)_2S$（饱和）、H_2S（饱和）、无水乙醇、NaClO（0.1 mol·L^{-1}）、KIO_3（0.1 mol·L^{-1}）、Na_2SO_3（0.1 mol·L^{-1}）、$KMnO_4$（0.1 mol·L^{-1}）、$ZnSO_4$（0.1 mol·L^{-1}）、$CdSO_4$（0.1 mol·L^{-1}）、$AgNO_3$（0.1 mol·L^{-1}）、$Hg(NO_3)_2$（0.1 mol·L^{-1}）、Na_2S（0.1 mol·L^{-1}）、$Na_2S_2O_3$（0.1 mol·L^{-1}）、$MnSO_4$（0.1 mol·L^{-1}）、H_2O_2（3%）、$BaCl_2$（0.5 mol·L^{-1}）、NaOH（1 mol·L^{-1}）、$NiSO_4$（0.2 mol·L^{-1}）。

仪器：离心机、试管、离心管、烧杯、玻璃棒、石棉网。

材料：淀粉 KI 试纸、醋酸铅试纸。

三、实验步骤

1. 卤素单质及化合物的性质

(1)卤素单质的性质。

① 在干燥的石棉网上放一小匙锌粉和半小匙碘混合均匀，在混合物上滴入 1～2 滴水，观察现象，并加以解释。

② 在一试管中加入 2 滴 0.1 mol·L^{-1} KBr 和 10 滴 CCl_4 溶液后，滴加氯水，边滴边振荡，观察 CCl_4 层中的颜色变化。

③ 将②中 0.1 mol·L^{-1} KBr 溶液换成 0.1 mol·L^{-1} KI 溶液，重复上述操作。观察现象。

④ 将③中的氯水用溴水代替，结果会怎样？根据以上实验结果，总结卤素的置换顺序，写出相应的反应方程式。

(2)卤离子的还原性。

① 将一小匙 NaCl 固体放于试管中，加入 15 滴浓 H_2SO_4，振荡，观察有何现象？用玻璃棒蘸少量浓氨水移近管口，观察现象，写出反应方程式并加以解释。

② 在试管中加入一小匙 KBr 固体，再滴入 15 滴浓 H_2SO_4，振荡，观察发生的现象，在试管口悬一湿淀粉 KI 试纸，观察现象，写出反应方程式并加以解释。

③ 将②中 KBr 固体换成 KI 固体,淀粉试纸换成醋酸铅试纸,重复上述操作。

根据实验结果,总结 Cl^-、Br^-、I^- 的还原性的相对强弱。

(3)卤素含氧化合物的氧化性。

① 向 4 支试管中分别加入 5 滴浓 HCl、5 滴 0.2 mol·L^{-1}NiSO$_4$、5 滴 0.1 mol·L^{-1}KI(加 2 滴 3 mol·L^{-1}H$_2$SO$_4$酸化)和 5 滴靛蓝溶液(加 2 滴 3 mol·L^{-1}H$_2$SO$_4$酸化),再向每支试管中滴加 5 滴 0.1 mol·L^{-1}NaClO$_3$ 溶液,解释发生的现象。

② 取 2 支试管,各加入 2 滴 0.1 mol·L^{-1}KI 溶液,其中一试管加入 2 滴 3 mol·L^{-1}H$_2$SO$_4$酸化,再向 2 支试管中各滴入饱和 KClO$_3$ 溶液,并不断振荡,观察两支试管中发生的现象,并说明 KClO$_3$ 在中性和酸性介质中的氧化性有何不同?

③ 取 4 滴 0.1 mol·L^{-1}KIO$_3$ 溶液于试管中,用 3 mol·L^{-1}H$_2$SO$_4$酸化后,滴加 0.1 mol·L^{-1}Na$_2$SO$_3$ 溶液,观察溶液的颜色变化。

根据实验结果,比较 HIO$_3$ 和 HClO$_3$ 氧化性的强弱。

2.过氧化氢的性质

(1)H$_2$O$_2$ 的酸性。

取 5 滴 1 mol·L^{-1}NaOH 溶液和 10 滴无水乙醇(以降低生成物溶解度)于一试管中,再滴入 10 滴 3％H$_2$O$_2$,振荡试管,观察产物的颜色与状态,写出反应方程式并加以解释。

(2)H$_2$O$_2$ 的氧化性。

在试管中加入 5 滴 0.1 mol·L^{-1}KI 溶液,并用 1 滴 3 mol·L^{-1}H$_2$SO$_4$酸化,再滴入 5 滴 3％H$_2$O$_2$,观察溶液的颜色变化,写出反应方程式并加以解释。

(3)H$_2$O$_2$ 的还原性。

取 5 滴 0.1 mol·L^{-1}AgNO$_3$ 溶液于试管中,滴加 5 滴 1 mol·L^{-1}NaOH 溶液,然后逐滴加入 3％H$_2$O$_2$,观察并记录实验现象。

(4)H$_2$O$_2$ 的催化分解。

在试管中注入 1 mL 3％H$_2$O$_2$,再加入少量 MnO$_2$ 固体,观察现象,并用带火星的木条检验所放出的气体,写出反应方程式并加以解释。

3.硫的化合物的性质

(1)硫化氢的还原性。

在试管中加入 2 滴 0.1 mol·L^{-1}KMnO$_4$溶液,用 2 滴 3 mol·L^{-1}H$_2$SO$_4$酸化,然后滴加饱和 H$_2$S 水溶液数滴,观察并记录所发生的现象,写出离子反应式。

(2)难溶硫化物的生成与溶解。

取 4 支离心管,分别加入 10 滴浓度均为 0.1 mol·L^{-1} 的 ZnSO$_4$、CdSO$_4$、AgNO$_3$、Hg(NO$_3$)$_2$溶液,再各加入 10 滴饱和(NH$_4$)$_2$S 水溶液,观察其现象,离心后弃去清液,对沉淀作如下处理。

①向 ZnS 沉淀中加入 1 mL 1 mol·L^{-1} HCl,观察并记录沉淀是否溶解。

②向 CdS 沉淀中加入 1 mL 1 mol·L^{-1} HCl,观察沉淀是否溶解?离心分离后,加入 1 mL 6 mol·L^{-1} HCl,观察并记录溶解情况。

③向 Ag$_2$S 沉淀中加入 1 mL 6 mol·L^{-1} HCl,观察沉淀是否溶解?离心分离,将沉

淀洗涤后,再滴入 1 mL 浓 HNO_3,并在水浴上加热,观察是否有变化?

④ 向 HgS 沉淀中加入 1 mL 浓 HNO_3 并加热,观察沉淀是否溶解? 离心分离弃去清液后,向沉淀中滴入王水,观察有无变化?

根据以上实验结果,比较 4 种金属硫化物与酸作用及其溶解条件,写出有关的反应方程式。

(3)SO_3^{2-} 的氧化还原性。

① 向盛有 5 滴 0.1 $mol \cdot L^{-1}$ $KMnO_4$ 溶液和 2 滴 3 $mol \cdot L^{-1}$ H_2SO_4 的试管中,滴入 0.1 $mol \cdot L^{-1}$ Na_2SO_3 溶液,观察并记录发生的现象,写出有关反应方程式。

② 将 5 滴 0.1 $mol \cdot L^{-1}$ Na_2S 溶液和 5 滴 0.1 $mol \cdot L^{-1}$ Na_2SO_3 溶液混合后,逐滴滴入 3 $mol \cdot L^{-1}$ H_2SO_4,观察并记录发生的现象。

(4)$S_2O_3^{2-}$ 的化学性质。

① 向盛有 5 滴碘水的试管中,滴加 0.1 $mol \cdot L^{-1}$ $Na_2S_2O_3$ 溶液,观察其现象。若向溶液中滴加 0.5 $mol \cdot L^{-1}$ $BaCl_2$ 溶液,有无沉淀生成?

② 取 5 滴 0.1 $mol \cdot L^{-1}$ $AgNO_3$ 溶液于试管中,加入过量 0.1 $mol \cdot L^{-1}$ $Na_2S_2O_3$ 溶液,观察有何现象?

③ 取 5 滴 0.1 $mol \cdot L^{-1}$ $AgNO_3$ 溶液于试管中,加入 3 滴 0.1 $mol \cdot L^{-1}$ $Na_2S_2O_3$ 溶液,放置后观察现象,并写出相应的反应方程式。

(5)$S_2O_8^{2-}$ 的氧化性。

取少量 $(NH_4)_2S_2O_8$ 固体于一试管中,滴入 10 滴 3 $mol \cdot L^{-1}$ H_2SO_4,2 滴 0.1 $mol \cdot L^{-1}$ $AgNO_3$ 溶液(催化剂),水浴加热后,滴加 1 滴 0.1 $mol \cdot L^{-1}$ $MnSO_4$ 溶液,并继续加热,观察现象并写出相应的反应方程式。

附:H_2S 气体的获得及鉴定。

在盛有 5 滴 0.1 $mol \cdot L^{-1}$ Na_2S 溶液的试管中,滴加 6 $mol \cdot L^{-1}$ HCl,用湿的 pH 试纸及醋酸铅试纸检验逸出的气体。

四、思考题

1. 结合中学做过的有关卤素性质的实验,总结卤素及卤离子的性质。

2. 若不用王水,能否将 HgS 沉淀溶解? 设计一下用 $FeCl_3(s)$、6 $mol \cdot L^{-1}$ HCl,在加热条件下,溶解 HgS 沉淀的实验。

实验 14　氮、磷、碳单质及化合物的性质

实验前预习内容

复习氮、磷、碳单质及化合物的性质。

一、实验目的

1. 通过实验掌握 NH_4^+、NO_3^-、NO_2^-、HNO_3、PO_4^{3-} 和 CO_3^{2-} 的化学性质。

2. 掌握 NH_4^+、NO_3^-、NO_2^-、PO_4^{3-} 和 CO_3^{2-} 的鉴定方法。

二、主要试剂、仪器和材料

试剂：α－萘胺、对氨基苯磺酸、奈氏试剂、靛蓝溶液、硫粉、活性炭、铜屑、锌片、$NaNO_2$（s）、NH_4Cl（s）、$FeSO_4 \cdot 7H_2O$（s）、NH_4NO_3（s）、$(NH_4)_2SO_4$（s）、NH_4HCO_3（s）、$(NH_4)_2MoO_4$（饱和）、$Ba(OH)_2$（饱和）、CCl_4、H_2SO_4（3 mol·L^{-1}、浓）、HNO_3（1 mol·L^{-1}、浓）、HCl（1 mol·L^{-1}）、HAc（6 mol·L^{-1}）、$NH_3 \cdot H_2O$（1 mol·L^{-1}）、$BaCl_2$（0.5 mol·L^{-1}）、$CaCl_2$（0.1 mol·L^{-1}）、$KMnO_4$（0.1 mol·L^{-1}）、KI（0.1 mol·L^{-1}）、$NaNO_3$（0.5 mol·L^{-1}）、Na_3PO_4（0.1 mol·L^{-1}）、Na_2HPO_4（0.1 mol·L^{-1}）、NaH_2PO_4（0.1 mol·L^{-1}）、Na_2CO_3（0.1 mol·L^{-1}）、$NaHCO_3$（0.1 mol·L^{-1}）、$AgNO_3$（0.1 mol·L^{-1}）。

仪器：试管、离心管、酒精灯、铁架台、点滴板。

材料：pH 试纸。

三、实验步骤

1. 铵态氮肥的性质

(1)观察表 5.14 中各物质的颜色、状态，试验它们在水中的溶解性，并用 pH 试纸测定其 pH 值。

表 5.14　NH_4Cl 等四种物质比较表

记录项目	NH_4Cl	NH_4NO_3	$(NH_4)_2SO_4$	NH_4HCO_3
颜色、状态				
溶解性				
pH 值				

(2)NH_4Cl 的热分解。

在 1 支垂直固定在铁架台上的短粗且干燥的试管中放入 0.5 g NH_4Cl 固体，加热，用湿润的 pH 试纸横放在管口，检验逸出的气体，观察试纸的颜色变化。继续加热，试纸颜色又有何变化？同时观察试管壁上部有何现象发生？试证明它仍是氯化铵，并加以解释。

2. 硝酸的氧化性

(1)向硫粉（黄豆粒大）中，加入 1 mL 浓 HNO_3，水浴加热，观察有何气体产生？10 min 后停止加热，待冷却后，向其中滴加 0.5 mol·L^{-1} $BaCl_2$ 溶液，观察有何现象发生？

(2)向少量铜屑中注入 1 mL 浓 HNO_3，观察发生的现象。

(3)向少量铜屑中注入 1 mL 1 mol·L^{-1} HNO_3，微热，与(2)比较，观察有何不同？

(4)向锌片中加入 1 mL 1 mol·L^{-1} HNO_3，放置片刻后，取出少量溶液，检验有无 NH_4^+ 生成。

3. 亚硝酸的氧化还原性

(1)取 2 滴 0.1 mol·L^{-1} $KMnO_4$ 溶液于一试管中，加入 2 滴 3 mol·L^{-1} H_2SO_4 后，

加入少量 $NaNO_2$ 固体,观察反应现象。

(2)在一试管中加入少量 $NaNO_2$ 固体,1 mL 蒸馏水、2 滴 3 mol·L^{-1} H_2SO_4 和 10 滴 CCl_4,然后滴加 2 滴 0.1 mol·L^{-1} KI 溶液,振荡,观察 CCl_4 层的颜色变化。

4.磷酸盐的性质与 PO_4^{3-} 的鉴定

(1)取 3 支试管,分别加入 10 滴 0.1 mol·L^{-1} Na_3PO_4、Na_2HPO_4、NaH_2PO_4 溶液,再各滴入 10 滴 0.1 mol·L^{-1} $AgNO_3$ 溶液,观察发生的现象。

(2)取 3 支试管,分别加入 5 滴 0.1 mol·L^{-1} Na_3PO_4、Na_2HPO_4、NaH_2PO_4 溶液,再各滴入 0.1 mol·L^{-1} $CaCl_2$ 溶液,观察发生的现象。然后向各试管中加 5 滴 1 mol·L^{-1} HCl,观察沉淀的溶解情况,再分别加 2 滴 1 mol·L^{-1} HCl,沉淀是否溶解?若再向各试管中滴入 1 mol·L^{-1} NH_3·H_2O,观察各试管中沉淀开始析出的先后顺序。

(3)PO_4^{3-} 的鉴定反应。

取 5 滴 PO_4^{3-} 试液于一试管中,加 8 滴浓 HNO_3 和 10 滴 $(NH_4)_2MoO_4$ 溶液,微热,用玻璃棒摩擦管壁,观察沉淀的生成及颜色(现象不明显时可加少量 NH_4NO_3 固体以增加反应的灵敏性)。

5.碳及碳酸根离子的性质

(1)活性炭的吸附作用。向盛有 1 mL 靛蓝溶液的试管中,加入少量活性炭,加热数分钟,观察溶液的颜色变化。

(2)CO_3^{2-} 的水解作用。将 1 滴 0.1 mol·L^{-1} $NaHCO_3$ 溶液和 1 滴 0.1 mol·L^{-1} Na_2CO_3 溶液,分别滴在 pH 试纸上,检验它们的酸碱性,解释它们的 pH 值为何不同。

(3)CO_3^{2-} 的鉴定。在盛有 5 滴 0.1 mol·L^{-1} Na_2CO_3 溶液的离心管中,加入 5 滴 1 mol·L^{-1} HCl,迅速将另一底部外壁上悬有 1 滴新配制的饱和 $Ba(OH)_2$ 溶液的离心管插入其中,如 $Ba(OH)_2$ 溶液变浊,则表示气体为 CO_2,写出反应方程式。

6.NH_4^+、NO_3^-、NO_2^- 的鉴定

(1)NH_4^+ 的鉴定。可采用奈氏法:取少量 NH_4Cl 固体溶于 1 mL 蒸馏水中,取 1 滴该溶液于点滴板上,滴 2 滴奈斯勒试剂(碱性四碘合汞溶液),即生成红棕色沉淀,写出反应方程式。

(2)NO_2^- 的鉴定。取少量 $NaNO_2$ 固体溶于 1 mL 蒸馏水中。将 1 滴该溶液滴入一试管中,并加 9 滴蒸馏水,再滴入 5 滴 6 mol·L^{-1} HAc 酸化,然后加入 2 滴对氨基苯磺酸和 1 滴 α—萘胺,溶液即显红色,写出反应方程式。

(3)NO_3^- 的鉴定。向有 5 滴 0.5 mol·L^{-1} $NaNO_3$ 溶液的试管中加入少量 $FeSO_4$·$7H_2O$ 晶体,振荡使其溶解,混匀,然后斜持试管,沿管壁慢慢注入 1~2 mL 浓 H_2SO_4,由于浓 H_2SO_4 密度大,沉到试管底部,形成两层。这时,两层交界处有一棕色环,表示有 NO_3^- 存在,写出反应方程式。

NO_2^- 有同样的反应,当有 NO_2^- 存在时,可先加入 H_2SO_4 和尿素,使 NO_2^- 分解,然后再用本方法检验 NO_3^-。

四、思考题

1.总结硝酸与金属反应的一般规律。

2.为什么一般情况下不用硝酸作为酸性反应介质？稀硝酸与金属反应和稀硫酸或稀盐酸与金属反应有何不同？

3.欲用酸溶解 Ag_3PO_4 沉淀,在 HCl、HNO_3、H_2SO_4 中选用哪一种最适宜？为什么？

实验 15　无机化学设计实验

设计实验的目的在于培养学生应用基础理论、基本知识和基本实验技能,进行独立分析问题与解决问题的能力,同时对学生进行初步的科研训练。

要求学生通过查阅有关资料自行设计实验方案,经指导教师审阅同意后,独立完成实验和实验报告。

设计实验题目

1.硫酸铜的提纯。

2.硫代硫酸钠的制备。

3.用废电池的锌皮制备硫酸锌。

4.过氧化钙的制备。

5.氯化铵的制备。

6.明矾的制备。

7.用废铜制备硫酸铜。

8.以废铝为原料制备氢氧化铝。

第 6 章

分析化学实验

实验 1　酸碱滴定

实验前预习内容

1. 预习 2.6 节关于滴定管的有关内容:滴定管的分类、酸式滴定管活塞涂油方法、滴定管润洗方法、赶气泡方法、滴定管读数方法及滴定操作方法。

2. 预习分析化学教材中关于酸碱滴定及指示剂的有关内容。

3. 思考并回答:

(1)配制 NaOH 溶液时,应选用何种天平称取样品? 为什么?

(2)HCl 和 NaOH 溶液能直接配制准确浓度吗? 为什么?

(3)用碱滴定酸时如何用酚酞指示剂判断终点?

注:预习报告写法参见附录 1 中Ⅳ. 定量分析实验。

一、实验目的

1. 初步掌握滴定管、移液管的使用方法。

2. 练习滴定分析的基本操作。

3. 通过甲基橙和酚酞指示剂的使用,初步熟悉判断滴定终点的方法。

二、实验原理

一定浓度的 HCl 溶液和 NaOH 溶液相互滴定,到达终点时,所消耗的两种溶液体积之比应是一定的,因此,通过滴定分析的练习,可以检验滴定操作技术及判断滴定终点的能力。

$0.1\ mol \cdot L^{-1} NaOH$ 溶液和 $0.1\ mol \cdot L^{-1} HCl$ 溶液进行的比较滴定是强酸强碱的滴定,化学计量点 pH=7.00,滴定突跃范围比较大(4.30～9.70)。因此,凡是变色范围全部或部分落在突跃之内的指示剂,如甲基橙、甲基红、酚酞等指示剂,都可以用来指示终点。

本实验用 HCl 溶液滴定 NaOH 溶液时,选用甲基橙指示剂的变色范围是 pH＝3.1 (红色)～4.4(黄色),pH＝4.0 附近为橙色,终点颜色的变化为由黄色转变为橙色。用 NaOH 溶液滴定 HCl 溶液时,选用酚酞指示剂的变色范围是 pH＝8.0(无色)～10.0(红色),终点颜色的变化为由无色转变为微红色,易于观察。我们通常选择颜色变化由浅到深,且颜色变化明显的指示剂。

三、主要试剂和仪器

试剂:NaOH(s)、盐酸(6 mol·L⁻¹)、酚酞(0.2％乙醇溶液)、甲基橙(0.2％水溶液)。
仪器:天平、酸式滴定管、碱式滴定管、锥形瓶、量筒、试剂瓶、烧杯、洗瓶。

四、实验步骤

1. 配制 0.1 mol·L⁻¹ HCl 溶液

配制时应在通风橱中操作。用小量筒取 6 mol·L⁻¹ 盐酸溶液 9 mL,倒入试剂瓶中,加蒸馏水稀释至 500 mL,充分摇匀。

2. 配制 0.1 mol·L⁻¹ NaOH 溶液

用烧杯在粗天平上称取 2 g 固体 NaOH,加入新鲜的或煮沸除去 CO_2 的蒸馏水,溶解完全后,转入带橡皮塞的试剂瓶中,加水稀释至 500 mL,充分摇匀。

3. 滴定操作练习和滴定终点判断练习

分别将 0.1 mol·L⁻¹ HCl 和 0.1 mol·L⁻¹ NaOH 装入酸式滴定管和碱式滴定管中至"0"刻度线上,驱除活塞及乳胶管下端的气泡,调节液面至"0"刻度线附近。

由碱式滴定管放出约 20 mL NaOH 溶液于一洁净的锥形瓶中,加 1～2 滴甲基橙指示剂,观察其黄色。然后从酸式滴定管中将酸溶液渐渐滴入锥形瓶中,边滴边摇动锥形瓶,使溶液充分反应。刚开始滴定时速度可稍快些,待滴定近终点(能看出滴定剂加入瞬间,锥形瓶中溶液出现橙红色,渐褪至黄色)时,可用少量蒸馏水冲洗在瓶壁上的酸液,再继续逐滴或半滴滴定至溶液恰好由黄色转变为橙色为止,此时为滴定终点。如果溶液由黄色变为红色,说明终点过了,练习时可以用 NaOH 溶液回滴,溶液变为橙色为终点。如果溶液由红色又变为黄色,说明终点又过了,还需要再用 HCl 溶液回滴,以达到能准确控制终点的目的。

再由酸式滴定管放出约 20 mL HCl 溶液,加 1～2 滴酚酞指示剂,用 NaOH 溶液滴定到溶液由无色变为微红色,并且 30 s 不褪色,练习终点的判断和滴定操作(但用 HCl 溶液回滴时,溶液由微红色变为无色不易观察)。

4. 酸碱比较滴定

(1)以甲基橙为指示剂,用 HCl 溶液滴定 NaOH 溶液。由碱式滴定管放出 20～25 mL(读至 0.01 mL)NaOH 溶液于 250 mL 锥形瓶中,放出速度为 10 mL/min,加甲基橙指示剂 1～2 滴,用 HCl 溶液滴定至溶液恰好由黄色转变为橙色,即为终点。平行滴定三次(每次放出 NaOH 的体积要不同),要求测定的相对偏差在 0.2％以内。

(2)以酚酞为指示剂,用 NaOH 溶液滴定 HCl 溶液。用移液管移取 HCl 溶液 25.00 mL 于 250 mL 锥形瓶中,加酚酞指示剂 1～2 滴,用 NaOH 溶液滴定至呈微红色,并保持 30 s 内不褪色,即为终点。平行测定 3 份,要求 3 次之间所消耗 NaOH 溶液的体积的最大差值不超过 ± 0.04 mL。

五、记录和结果

实验结果记录在表 6.1 及表 6.2 中。

表 6.1　HCl 溶液滴定 NaOH 溶液(指示剂:甲基橙)

次　数 项　目	Ⅰ	Ⅱ	Ⅲ
V_{NaOH}/mL			
V_{HCl}/mL			
V_{HCl}/V_{NaOH}			
平均值 V_{HCl}/V_{NaOH}			
相对偏差/%			
相对平均偏差/%			

表 6.2　NaOH 溶液滴定 HCl 溶液(指示剂:酚酞)

次　数 项　目	Ⅰ	Ⅱ	Ⅲ
V_{HCl}/mL			
V_{NaOH}/mL			
V_{HCl}/V_{NaOH}			
平均值 V_{NaOH}/mL			
n 次间 V_{NaOH} 最大绝对差值			

六、思考题

1.配制 NaOH 溶液时,应选用何种天平称取试剂? 为什么?

2.在滴定分析实验中,滴定管、移液管为何需要用滴定剂和要移取的溶液润洗? 滴定中使用的锥形瓶是否也要用滴定剂润洗? 为什么?

3.为什么用 HCl 滴定 NaOH 时采用甲基橙做指示剂,而用 NaOH 滴定 HCl 时使用酚酞做指示剂?

实验 2　食醋总酸度的测定

实验前预习内容

1. 预习 2.6 节关于容量瓶使用的内容。

2. 复习碱式滴定管的使用方法及注意事项。

3. 复习递减称量法。

4. 复习移液管的使用方法。

5. 思考并回答：

(1)可以标定 NaOH 溶液的常见基准物质有哪些？基准物质的选择原则是什么？

(2)称取 NaOH 和邻苯二甲酸氢钾（$KHC_8H_4O_4$）各用什么天平？为什么？

(3)溶解 $KHC_8H_4O_4$ 时加入的 50 mL 水，是用量筒量取还是用移液管移取？为什么？

一、实验目的

1. 了解基准物质邻苯二甲酸氢钾（$KHC_8H_4O_4$）的性质及其应用。

2. 掌握 NaOH 标准溶液的配制、标定及保存要点。

3. 掌握强碱滴定弱酸的滴定过程、突跃范围及指示剂的选择原理。

二、实验原理

标定 NaOH 标准溶液的基准物质有草酸、邻苯二甲酸氢钾等，常用邻苯二甲酸氢钾，其基本单元为 $KHC_8H_4O_4$，摩尔质量 $M(KHC_8H_4O_4) = 204.22$ g·mol^{-1}。

食醋的主要成分是醋酸，此外还有少量其他有机酸，如乳酸。因醋酸的 $K_a = 1.8 \times 10^{-5}$，乳酸的 $K_a = 1.4 \times 10^{-4}$，都能满足 $cK_a \geqslant 10^{-8}$ 的滴定条件，故均可被标准溶液直接滴定，所以实际测得的结果是食醋的总酸度。因醋酸含量多，故常用醋酸含量表示。此滴定属于强碱滴定弱酸，突跃范围在碱性范围内，可选用酚酞等碱性范围内变色的指示剂。整个操作过程中注意消除 CO_2 的影响。

三、主要试剂和仪器

试剂：NaOH（s）、酚酞（2 g·L^{-1} 乙醇溶液）、邻苯二甲酸氢钾（在 100～125 ℃下干燥 1 h 后，置于干燥器中备用）。

仪器：电子天平、碱式滴定管、容量瓶、移液管、锥形瓶、量筒、试剂瓶、烧杯。

四、实验步骤

1. 0.1 mol·L⁻¹ NaOH 溶液的配制与标定

(1)0.1 mol·L^{-1} NaOH 溶液的配制。用烧杯在粗天平上称取 2 g NaOH 固体，加入新鲜的或煮沸除去 CO_2 的蒸馏水，溶解完全后，转入带橡皮塞的试剂瓶中，加水稀释至

500 mL,充分摇匀。

(2)0.1 mol·L^{-1} NaOH 溶液的标定。用差减法准确称取 0.4～0.6 g KHC$_8$H$_4$O$_4$ 3 份,分别放入 250 mL 锥形瓶中,加入 40～50 mL 蒸馏水,待试剂完全溶解后,加入 2～3 滴酚酞指示剂,用待标定的 NaOH 溶液滴定至溶液呈微红色,并保持 30 s 内不褪色,即为终点。计算 NaOH 溶液的浓度和各次标定结果的相对偏差,要求相对偏差在 0.2% 以内。

2.食醋试液的制备

食醋中醋酸含量大约在 30～50 mg·mL^{-1},浓度较大,需要稀释。如果食醋的颜色较深,必须加活性炭脱色,否则影响终点观察。

准确移取食醋 25.00 mL 置于 250 mL 容量瓶中,用蒸馏水稀释至刻度、摇匀备用。

3.滴定计算

用移液管移取稀释好的食醋 25.00 mL 放入 250 mL 锥形瓶中,加 2～3 滴酚酞指示剂,用 NaOH 标准溶液滴定至溶液呈微红色,并保持 30 s 内不褪色,即为终点。平行测定 3 次,计算食醋中醋酸的含量(用 mg·mL^{-1}表示)。

五、思考题

1.已标定的 NaOH 标准溶液在保存时吸收了空气中的 CO$_2$,以它测定 HCl 溶液的浓度,若用酚酞为指示剂,对测定结果产生何种影响?若用甲基橙或甲基红为指示剂,结果如何?

2.测定食醋总酸度时,为什么选用酚酞为指示剂?能否选用甲基橙或甲基红为指示剂?

3.酚酞指示剂由无色变为微红时,溶液的 pH 值为多少?变红的溶液在空气中放置后又会变为无色的原因是什么?

实验 3 工业纯碱总碱度的测定

实验前预习内容

1.复习酸式滴定管的使用方法及滴定要点。

2.复习容量瓶的使用。

3.思考并回答:

(1)标定盐酸溶液时为什么选用无水 Na$_2$CO$_3$ 作为基准物质?还有哪些物质可以作为基准物质。

(2)称量无水 Na$_2$CO$_3$ 时需注意什么?

(3)列出工业纯碱总碱度的计算公式。

一、实验目的

1.掌握 HCl 标准溶液的配制、标定过程。

2.掌握强酸滴定二元弱碱的滴定过程、突跃范围及指示剂的选择原理。

二、实验原理

工业纯碱的主要成分为 Na_2CO_3，商品名为苏打，其中可能还含有少量 NaCl、Na_2SO_4、NaOH 及 $NaHCO_3$ 等成分。常以 HCl 标准溶液为滴定剂测定总碱度，从而衡量产品的质量。滴定反应为

$$Na_2CO_3 + 2HCl \Longrightarrow 2NaCl + H_2CO_3$$
$$H_2CO_3 \Longrightarrow CO_2 \uparrow + H_2O$$

反应产物 H_2CO_3 易形成过饱和溶液并分解为 CO_2 逸出。化学计量点溶液 pH 值为 3.8～3.9，可选用甲基橙为指示剂，用 HCl 标准溶液滴定，溶液由黄色转变为橙色，即为终点。试样中的 $NaHCO_3$ 同时被中和。

由于试样易吸收水分和 CO_2，应在 270～300 ℃将试样烘干 2 h，以除去吸附的水分并使 $NaHCO_3$ 全部转化为 Na_2CO_3，工业纯碱的总碱度通常以 Na_2CO_3 或 Na_2O 的质量分数来表示。由于试样均匀性较差，应称取较多试样，使其更具有代表性。测定的允许误差可适当放宽一点。

三、主要试剂和仪器

试剂：HCl（6 mol·L^{-1}）、无水 Na_2CO_3（于 180 ℃下干燥 2～3 h 后，置于干燥器中备用）、甲基橙（1 g·L^{-1}）。

仪器：电子天平、酸式滴定管、容量瓶、锥形瓶、称量瓶、移液管、量筒、试剂瓶、烧杯。

四、实验步骤

1. 0.1 mol·L^{-1} HCl 溶液的配制与标定

(1) 0.1 mol·L^{-1} HCl 溶液的配制。配制时应在通风橱中操作。用量筒量取 6 mol·L^{-1} HCl 9 mL，倒入试剂瓶中，加蒸馏水稀释至 500 mL，充分摇匀。

(2) 0.1 mol·L^{-1} HCl 溶液的标定。用称量瓶准确称取 0.15～0.20 g 无水 Na_2CO_3 3 份，分别放入 250 mL 锥形瓶中。称量瓶称样时一定要带盖，以免吸湿。然后加入 20～30 mL 蒸馏水使之溶解后，再加入 1～2 滴甲基橙指示剂，用待标定的 HCl 溶液滴定至溶液由黄色恰变为橙色，即为终点。平行测定 3 份，计算 HCl 溶液的浓度，要求相对偏差在 0.2%以内。

2. 总碱度的测定

准确称取试样约 1.5 g 于一干燥的小烧杯中，加少量水使其溶解，必要时可稍加热促进溶解。冷却后，将溶液定量转入 250 mL 容量瓶中，加水稀释至刻度，充分摇匀。平行移取试液 25.00 mL 3 份分别放入 250 mL 锥形瓶中，加入 20 mL 蒸馏水及 1～2 滴甲基橙指示剂，用 HCl 标准溶液滴定至溶液由黄色恰变为橙色，即为终点。计算试样中 Na_2CO_3 或 Na_2O 的质量分数，即为总碱度。测定的各次偏差应在 ±0.5%以内。

五、思考题

1.无水 Na_2CO_3 保存不当，吸收了 1%的水分，用此基准物质标定 HCl 溶液浓度时，

对测定结果产生何种影响？

2.在用 HCl 溶液滴定时，怎样使用甲基橙及酚酞两种指示剂来判别试样是由 $NaOH-Na_2CO_3$ 或 $Na_2CO_3-NaHCO_3$ 组成的？

实验 4　硫酸铵肥料中含氮量的测定（甲醛法）

实验前预习内容

思考并回答：

(1)甲醛溶液中的游离酸所消耗的 NaOH 的量是否需要记录和计算？

(2)为什么中和甲醛中的游离酸要使用酚酞指示剂，而中和（NH_4）$_2SO_4$ 试样中的游离酸却使用甲基红指示剂？

一、实验目的

1.了解弱酸强化的基本原理。

2.掌握甲醛法测定铵态氮的原理及操作方法。

3.熟练掌握酸碱指示剂的选择原理。

二、实验原理

硫酸铵是常用的氮肥之一。氮在自然界的存在形式比较复杂，测定物质中氮含量时，可以用总氮、铵态氮、硝酸态氮、酰胺态氮等表示方法。由于铵盐中 NH_4^+ 的酸性太弱（$K_a=5.6\times10^{-10}$），不能用 NaOH 标准溶液直接滴定，故要采用蒸馏法（又称凯氏定氮法）或甲醛法进行测定。

甲醛与 NH_4^+ 作用生成质子化的六亚甲基四胺和 H^+，反应式为

$$4NH_4^+ + 6HCHO =\!=\!= (CH_2)_6N_4H^+ + 3H^+ + 6H_2O$$

生成的 $(CH_2)_6N_4H^+$ 的 $K_a=7.1\times10^{-6}$，也可以被 NaOH 标准溶液准确滴定，因而该反应称为弱酸的强化，这里 4 mol NH_4^+ 在反应中生成了 4 mol 可被准确滴定的酸，故氮与 NaOH 的化学计量数之比为 1∶1。

若试样中含有游离酸，加甲醛之前应事先以甲基红为指示剂，用 NaOH 标准溶液预先中和至甲基红变为黄色（pH≈6），再加入甲醛，以酚酞为指示剂用 NaOH 标准溶液滴定强化后的产物。

三、主要试剂和仪器

试剂：NaOH（s）、（NH_4）$_2SO_4$（s）、酚酞（2 g·L^{-1}乙醇溶液）、甲基红（2 g·L^{-1} 60%乙醇溶液）、邻苯二甲酸氢钾（s）、甲醛（浓）。

仪器：电子天平、碱式滴定管、容量瓶、锥形瓶、称量瓶、移液管、试剂瓶、烧杯。

四、实验步骤

1. 0.1 mol·L^{-1} NaOH 溶液的配制与标定见实验 2。

2. 甲醛溶液的处理。甲醛中常含有微量酸, 应事先中和。其方法如下: 取原瓶装甲醛上层清液于烧杯中, 加水稀释 1 倍, 加入 2～3 滴酚酞指示剂, 用标准碱溶液滴定甲醛溶液至呈微红色。

3. (NH$_4$)$_2$SO$_4$ 试样中氮含量的测定。准确称取 (NH$_4$)$_2$SO$_4$ 试样 2～3 g 于小烧杯中, 加入少量蒸馏水溶解, 然后把溶液定量转移至 250 mL 容量瓶中, 用蒸馏水稀释至刻度, 摇匀。移取 3 份 25.00 mL 试液分别置于 250 mL 锥形瓶中, 加入 1 滴甲基红指示剂, 用 0.1 mol·L^{-1} NaOH 溶液中和至呈黄色。加入 10 mL 已处理好的 (1+1) 甲醛溶液, 再加 1～2 滴酚酞指示剂, 充分摇匀, 放置 1 min 后, 用 0.1 mol·L^{-1} NaOH 标准溶液滴定至溶液呈微橙红色, 并保持 30 s 内不褪色即为终点。

五、思考题

NH$_4^+$ 为 NH$_3$ 的共轭酸, 为什么不能直接用 NaOH 溶液滴定?

实验 5　EDTA 的标定及水硬度的测定

实验前预习内容

1. EDTA 的性质和金属离子指示剂的作用原理。
2. 思考并回答:
(1) 根据实验步骤计算所需称取 EDTA 和 CaCO$_3$ 的质量。
(2) 列出标定 EDTA 浓度和水总硬度的计算公式。

一、实验目的

1. 了解 EDTA 标准溶液的配制和标定原理。
2. 学习配位滴定法的原理及其应用。
3. 掌握配位滴定法中的直接滴定法。

二、实验原理

EDTA 常因吸附约 0.3% 的水分和其中含有少量杂质而不能直接用做标准溶液。通常先把 EDTA 配制成所需的大概浓度, 然后用基准物质标定。

用于标定 EDTA 的基准物质有: 含量不低于 99.95% 的某些金属, 如 Cu、Zn、Ni、Pb 等, 以及它们的金属氧化物, 或某些盐类, 如 ZnSO$_4$·7H$_2$O、MgSO$_4$·7H$_2$O、CaCO$_3$ 等。

在选用纯金属作为基准物质时, 应注意金属表面氧化膜的存在会带来标定时的误差, 所以应将氧化膜用细砂纸擦去, 或用稀酸把氧化膜溶掉, 具体做法是先用蒸馏水, 再用乙醚或丙酮冲洗, 于 105 ℃烘箱中烘干, 冷却后再称重。

水硬度主要用 EDTA 滴定法测定。在 pH≈10 的氨性缓冲溶液中, 用铬黑 T 做指示剂进行滴定, 溶液由酒红色变为蓝紫色, 即为终点。滴定时, Fe^{3+}、Al^{3+} 等干扰离子用三乙醇胺掩蔽, 少量 Cu^{2+}、Zn^{2+}、Pb^{2+} 等则可用 KCN、Na$_2$S 等掩蔽。

水硬度大小是以 Ca、Mg 总量折算成 CaO 的量来衡量的,各国采用的硬度单位有所不同,本书采用我国目前常用的表示方法:以度计,即 1 L 水中含有 10 mg CaO 称为 1°。有时也以 mg · L^{-1} 表示。

硬水和软水尚无明确的界限,硬度小于 5.6° 的水,一般可称为软水。生活饮用水要求硬度小于 25°,工业用水则要求为软水,否则易在容器、管道表面形成水垢,造成危害。

三、主要试剂和仪器

试剂:

(1) 乙二胺四醋酸二钠盐(Na$_2$H$_2$Y·2H$_2$O,相对分子质量为 372.2)。

(2) NH$_3$—NH$_4$Cl 缓冲溶液。称取 20 g NH$_4$Cl,溶于水后,加 100 mL 原装氨水,用蒸馏水稀释至 1 L,pH≈10。

(3) 铬黑 T(5 g · L^{-1})。称 0.50 g 铬黑 T,溶于含有 25 mL 三乙醇胺,75 mL 无水乙醇的溶液中,低温保存,有效期约为 100 天。

(4) CaCO$_3$(s) 钙指示剂。

(5) HCl(1+1)、三乙醇胺溶液(1+2)、NaOH(10%)。

仪器:电子天平、酸式滴定管、容量瓶、锥形瓶、称量瓶、移液管、量筒、聚乙烯塑料瓶、烧杯。

四、实验步骤

1. 0.01 mol · L^{-1} EDTA 溶液的配制和标定

(1) 0.01 mol · L^{-1} EDTA 溶液的配制。计算配制 500 mL 0.01 mol · L^{-1} EDTA 二钠盐所需的 EDTA 的质量。用天平称取上述质量的 EDTA 于烧杯中,加水,温热溶解,稀释至 500 mL。冷却后移入聚乙烯塑料瓶中。

(2) 0.01 mol · L^{-1} EDTA 溶液的标定。计算配制 250 mL 0.01 mol · L^{-1} Ca^{2+} 标准溶液所需的 CaCO$_3$ 的质量。用差减法准确称取计算所得质量的基准物 CaCO$_3$,置于一小烧杯中,称量值与计算值偏离最好不超过 10%。先加少量水润湿,盖好表面皿,从烧杯嘴沿玻璃棒滴加 5 mL(1+1)HCl 溶液,使之完全溶解,加蒸馏水 50 mL,微沸几分钟以除去 CO$_2$。冷却后,定量转入 250 mL 容量瓶中,加水稀释至刻度,充分摇匀,计算 Ca^{2+} 的准确浓度。

用移液管移取 25.00 mL Ca^{2+} 标准溶液于 250 mL 锥形瓶中,加 25 mL 水、10 mL 10%NaOH 溶液和适量的钙指示剂(约 0.1 g),摇匀后,用 EDTA 溶液滴定,滴至溶液由酒红色恰变为蓝色,即为终点。平行测定 3 份,然后计算 EDTA 溶液的准确浓度。

2. 水硬度的测定

(1) 水总硬度的测定。用移液管移取水样 25.00 mL 置于 250 mL 容量瓶中,用蒸馏水稀释至刻度,摇匀。用移液管移取稀释后水样 25.00 mL 于 250 mL 锥形瓶中,加入三乙醇胺溶液 3 mL,摇匀后再加入 NH$_3$—NH$_4$Cl 缓冲溶液 5 mL 及 3 滴铬黑 T 指示剂,摇匀,立即用 EDTA 标准溶液滴定至溶液由酒红色变成蓝色,即为终点。根据 EDTA 溶液的用量计算水样的硬度。计算结果时,把 Ca、Mg 总量折算成 CaO(以 10 mg · L^{-1} 计)。

平行测定 3 份。

(2)Ca²⁺、Mg²⁺含量的测定。用移液管移取上述稀释后的水样 25.00 mL 于 250 mL 锥形瓶中，加入 10% NaOH 溶液 5 mL，再加入约 0.1 g 钙指示剂，立即用 EDTA 标准溶液滴定，同时不断摇动锥形瓶，当溶液由酒红色变为蓝色时即为终点。根据消耗 EDTA 的体积计算水样中 Ca²⁺、Mg²⁺的含量（以 10 mg·L⁻¹计）。平行测定 3 份。

五、思考题

1.滴定为什么要在缓冲溶液中进行？如果没有缓冲溶液存在，将会导致什么现象发生？

2.在测定水硬度时，先于 3 个锥形瓶中加水样，再加 NH₃－NH₄Cl 缓冲溶液……然后再一份一份地滴定，这样好不好？为什么？

3.本实验为什么采用铬黑 T 指示剂？能用二甲酚橙做指示剂吗？为什么？

实验 6　铋、铅含量的连续测定

实验前预习内容

思考并回答：

(1)同一溶液中不同离子可以连续滴定的条件是什么？

(2)本实验指示剂的选择原则是什么？

一、实验目的

1.了解通过调节酸度提高 EDTA 选择性的原理。

2.掌握用 EDTA 进行连续滴定的方法。

二、实验原理

混合离子的滴定常用控制酸度法、掩蔽法进行，可根据有关副反应系数论证对它们分别滴定的可能性。

Bi³⁺、Pb²⁺均能与 EDTA 形成稳定的 1∶1 络合物，其 $\lg K_{稳}$ 分别为 27.94 和 18.04。由于两者的 $\lg K_{稳}$ 相差很大，故可利用酸效应，控制不同的酸度，进行分别滴定。在 pH≈1 时滴定 Bi³⁺，在 pH≈5～6 时滴定 Pb²⁺。

在 Bi³⁺－Pb²⁺混合溶液中，首先调节溶液的 pH≈1，以二甲酚橙为指示剂，Bi³⁺与指示剂形成紫红色配合物（Pb²⁺在此条件下不会与二甲酚橙形成有色配合物），用 EDTA 标液滴定 Bi³⁺，当溶液由紫红色恰变为黄色，即为滴定 Bi³⁺的终点。

在滴定 Bi³⁺后的溶液中，加入六亚甲基四胺溶液，调节溶液 pH≈5～6，此时 Pb²⁺与二甲酚橙形成紫红色配合物，溶液再次呈现紫红色，然后用 EDTA 标液继续滴定，当溶液由紫红色恰变为黄色时，即为滴定 Pb²⁺的终点。

三、主要试剂和仪器

试剂：EDTA($0.01\ mol \cdot L^{-1}$)、HNO_3($1+1$)、HCl($1+1$)、六亚甲基四胺(20%)、二甲酚橙(0.2%)、甲基红(1%乙醇溶液)、锌片(99.99%)。

仪器：电子天平、酸式滴定管、容量瓶、锥形瓶、移液管、量筒、聚乙烯瓶、烧杯。

四、实验步骤

1. $0.01\ mol \cdot L^{-1}$ EDTA 溶液的配制和标定

(1)$0.01\ mol \cdot L^{-1}$ EDTA 溶液的配制见实验5。

(2)$0.01\ mol \cdot L^{-1}$ EDTA 溶液的标定。计算配制 250 mL $0.01\ mol \cdot L^{-1}$ Zn^{2+} 标准溶液所需的锌片的质量。准确称取该质量的基准锌置于一小烧杯中，称量值与计算值偏差最好不超过 5%。加入 6 mL ($1+1$)HCl 溶液，立即盖上表面皿，待锌完全溶解，以少量水冲洗表皿和烧杯内壁，定量转移 Zn^{2+} 溶液于 250 mL 容量瓶中，加水稀释至刻度，充分摇匀，计算 Zn^{2+} 标准溶液的准确浓度。

用移液管移取 25.00 mL $0.01\ mol \cdot L^{-1}$ Zn^{2+} 标准溶液于 250 mL 锥形瓶中，加 2 滴二甲酚橙、8 mL 六亚甲基四胺，用 EDTA 标准溶液滴定溶液由紫红色恰变为黄色，即为滴定终点。平行测定 3 份，然后计算 EDTA 标准溶液的准确浓度。

2. Bi^{3+}－Pb^{2+} 混合液的测定

用移液管移取 25.00 mL Bi^{3+}－Pb^{2+} 溶液 3 份于 250 mL 锥形瓶中，加 1～2 滴二甲酚橙指示剂，用 EDTA 标液滴定，当溶液由紫红色恰变为黄色，即为滴定 Bi^{3+} 的终点。根据消耗的 EDTA 体积，计算混合液中 Bi^{3+} 的含量(以 $g \cdot L^{-1}$ 表示)。

在滴定 Bi^{3+} 后的溶液中，滴加六亚甲基四胺溶液，至呈现稳定的紫红色后，再过量加入 5 mL，此时溶液的 pH 值约为 5～6。用 EDTA 标准溶液滴定，当溶液由紫红色变为黄色，即为终点。根据滴定结果，计算混合液中 Pb^{2+} 的含量(以 $g \cdot L^{-1}$ 表示)。

五、思考题

1.本实验为什么不用 $CaCO_3$ 基准物质标定 EDTA 溶液，而改用金属锌做基准物质？

2.为什么不用 NaOH、NaAc、$NH_3 \cdot H_2O$，而用六亚甲基四胺调节 pH 值到 5～6？

实验 7　胃舒平药片中铝和镁的测定

实验前预习内容

思考并回答：

(1)在铝和镁的测定中，分别调节了溶液的 pH 值，原因是什么？

(2)被测溶液的 pH 值都是如何调节和确定的？

一、实验目的

1.学习药剂测定的前处理方法。

2.学习用返滴定法测定铝的方法。

3.掌握沉淀分离的操作方法。

二、实验原理

胃病患者常服用的胃舒平药片的主要成分为氢氧化铝、三硅酸镁及少量中药颠茄流浸膏,在制成片剂时还加了大量糊精等赋形剂。药片中 Al 和 Mg 的含量可用 EDTA 配位滴定法测定。为此先溶解样品,分离除去水不溶物质,然后分取试液加入过量的EDTA标准溶液,调节 pH 值至 4 左右,煮沸使 EDTA 与 Al 配位完全,再以二甲酚橙为指示剂,用 Zn 标准溶液返滴过量的 EDTA,测出 Al 含量。另取试液,调节 pH 值,将 Al 沉淀分离后,在 pH＝10 的条件下以铬黑 T 做指示剂,用 EDTA 标准溶液滴定滤液中的 Mg。

三、主要试剂和仪器

试剂:NH_4Cl (s)、EDTA(0.02 mol$\cdot$L^{-1})、HCl （1＋1）、六亚甲基四胺（20％）、二甲酚橙（0.2％）、三乙醇胺溶液（1＋2）、甲基红（1％乙醇溶液）、NH_3-NH_4Cl 缓冲溶液、$NH_3\cdot H_2O$（1＋1）、铬黑 T、锌片（99.99％）。

仪器:电子天平、酸式滴定管、研钵、容量瓶、锥形瓶、移液管、量筒、聚乙烯塑料瓶、烧杯。

四、实验步骤

1.0.02 mol$\cdot$L^{-1}EDTA 溶液的配制和标定见实验5。

2.样品处理。称取胃舒平药片 10 片,研细后,从中称出药粉 2 g 左右,加入 20 mL（1＋1）HCl 溶液、100 mL 蒸馏水,煮沸。冷却后过滤,并以水洗涤沉淀,收集滤液及洗涤液于 250 mL 容量瓶中,稀释至刻度,摇匀。

3.铝的测定。准确吸取上述试液 5 mL 于锥形瓶中,加水至 25 mL 左右。滴加（1＋1）$NH_3\cdot H_2O$ 溶液至刚出现混浊,再加（1＋1）HCl 溶液至沉淀恰好溶解。准确加入 EDTA标准溶液 25.00 mL,再加入 20％六亚甲基四胺 10 mL,煮沸 10 min 并冷却后,加入二甲酚橙指示剂 2～3 滴,以 Zn^{2+} 标准溶液滴定至溶液由黄色变为红色,即为终点。根据 EDTA 加入量与 Zn^{2+} 标准溶液滴定体积,计算每片药片中 Al（OH）$_3$ 的质量分数。

4.镁的测定。吸取试液 25.00 mL 于一烧杯中,滴加（1＋1）$NH_3\cdot H_2O$ 溶液至刚出现沉淀,再加（1＋1）HCl 溶液至沉淀恰好溶解。加入固体 NH_4Cl 2 g,滴加 20％六亚甲基四胺至沉淀出现并过量 15 mL。加热至 80 ℃,维持 10～15 min。冷却后过滤,以少量蒸馏水洗涤沉淀数次。收集滤液与洗涤液于 250 mL 锥形瓶中,加入（1＋2）三乙醇胺溶液 10 mL,NH_3-NH_4Cl 缓冲溶液 10 mL 及甲基红指示剂 1 滴,铬黑 T 指示剂少许,用 EDTA 标准溶液滴定至试液由暗红色变为蓝绿色,即为终点。计算每片药片中 Mg 的质量分数（以 MgO 表示）。

五、思考题

1.本实验为什么要称取试样溶解后再分取部分试液进行滴定?

2.在控制一定的条件下能否用 EDTA 标准溶液直接滴定铝？

3.在分离 Al^{3+} 后的滤液中测定 Mg^{2+}，为什么还要加入三乙醇胺溶液？

实验 8 配位置换滴定法测定铜合金中铜含量

实验前预习内容

思考并回答：

1.本实验中，加入抗坏血酸和硫脲的作用是什么？

2.为什么第一次用 Zn^{2+} 标准溶液滴定时，要求准确滴定至溶液颜色突变时却又不计体积？

一、实验目的

1.掌握配位置换滴定法测定铜的方法原理。

2.熟悉用配位置换法测定铜的实验操作。

二、实验原理

在 pH $= 5\sim6$ 的介质中，铜（Ⅱ）可与 EDTA 形成稳定的蓝色配合物 lg $K_稳=18.8$，但干扰元素较多。为提高滴定的选择性，采用配位置换滴定法分析。

先将 Cu^{2+} 在 pH $= 5\sim6$ 的介质中与过量的 EDTA 反应，未反应的 EDTA 用 Zn^{2+} 标准溶液滴定完全。再用 H_2SO_4 调 pH $= 1\sim2$，加一定量的抗坏血酸和硫脲破坏 $Cu^{2+}-$EDTA配合物，再调 pH $= 5\sim6$，用 Zn^{2+} 标准溶液滴定释放出来的 EDTA 到紫红色为终点。

三、主要试剂和仪器

试剂：抗坏血酸(s)、EDTA(0.02 mol $\cdot$ L^{-1})、HCl $(1+1)$、HNO_3($1+3$)、H_2SO_4 $(1+2)$、$NH_3 \cdot H_2O$($1+2$)、NH_3-NH_4Cl 缓冲溶液、铬黑 T、硫脲(4%)、六亚甲基四胺(20%)、二甲酚橙(0.2%)、锌片(99.99%)。

仪器：电子天平、酸式滴定管、容量瓶、锥形瓶、移液管、量筒、聚乙烯塑料瓶、烧杯。

四、实验步骤

1.0.02 mol $\cdot$ L^{-1}EDTA 溶液的配制和标定见实验 5。

2.0.02 mol $\cdot$ $L^{-1}Zn^{2+}$ 标准溶液的配制见实验 6。

3.含铜试液预分析。取铜分析试液（含 Cu^{2+} 10 mg 左右）于 250 mL 锥形瓶中，加 0.02 mol $\cdot$ L^{-1}EDTA 溶液 20 mL，蒸馏水 70 mL，20%六亚甲基四胺溶液 3.0 mL，二甲酚橙溶液 3 滴，用 0.02 mol $\cdot$ $L^{-1}Zn^{2+}$ 标准溶液滴定至溶液由黄色突变为紫红色，用 $(1+2)H_2SO_4$ 调 pH $= 1\sim2$，加 0.2 g 抗坏血酸，摇匀，使其溶解，加 4%硫脲溶液10 mL，放置 $5\sim10$ min。再加六亚甲基四胺溶液 20 mL，用 Zn^{2+} 标准溶液滴定至溶液由黄色突

变为紫红色,即为终点,根据滴定体积计算分析试液中 Cu^{2+} 的浓度。

4.铜合金中铜的测定。准确称取铜合金 $0.24 \sim 0.26$ g 于一小烧杯中,加 $(1+3)HNO_3$ 10 mL,加热溶解并蒸至小体积$(1 \sim 2$ mL$)$,用少量水冲洗杯壁,定量转移到 50 mL 容量瓶中,用水稀至刻度,摇匀。取此样品溶液 10.00 mL,加 0.02 mol$\cdot L^{-1}$ EDTA溶液 45 mL,蒸馏水 25 mL,20%六亚甲基四胺溶液 5.0 mL,二甲酚橙溶液 2 滴,用0.02 mol$\cdot L^{-1}Zn^{2+}$标准溶液滴定至溶液由黄色突变为紫红色。用$(1+2)H_2SO_4($ 30 滴左右$)$调 pH $= 1 \sim 2$,加 0.5 g 抗坏血酸,加 4%硫脲溶液 10 mL,放置 10 min。再加六亚甲基四胺溶液 25 mL,用 Zn^{2+} 标准溶液滴定至溶液由黄色突变为紫红色,即为终点,并由此计算铜合金中铜的质量分数。

五、思考题

1.为什么在加抗坏血酸和硫脲之前要加$(1+2)H_2SO_4$调 pH $= 1 \sim 2$?

2.若要测定铜合金中的锡,也可以用配位置换滴定法吗? 如可以,用何种掩蔽剂?

3.能否用 Pb^{2+} 标准溶液代替 Zn^{2+} 标准溶液?

实验 9　过氧化氢含量的测定

实验前预习内容

1.预习 $KMnO_4$ 的性质,了解 $KMnO_4$ 在不同酸度下氧化还原的产物及颜色。

2.思考并回答:

(1)为什么 $KMnO_4$ 溶液要配制后放置数天再使用? 放置后的 $KMnO_4$ 可否直接使用? 应进行什么处理?

(2)本实验根据什么判断终点? 指示剂是什么?

(3)列出标定 $KMnO_4$ 浓度和 H_2O_2 浓度的计算公式。

一、实验目的

1.掌握 $KMnO_4$ 溶液的配制及标定过程。对自动催化反应有所了解。

2.学习用 $KMnO_4$ 法测定 H_2O_2 的原理及方法。

3.对 $KMnO_4$ 自身指示剂的特点有所体会。

二、实验原理

H_2O_2 分子中有一个过氧键,在酸性溶液中它是一个强氧化剂,但遇到 $KMnO_4$ 表现为还原剂。测定 H_2O_2 的含量时,在稀硫酸溶液中用 $KMnO_4$ 标准溶液滴定,其反应式为

$$6H^+ + 5H_2O_2 + 2MnO_4^- = 2Mn^{2+} + 5O_2\uparrow + 8H_2O$$

开始时反应速率缓慢,待 Mn^{2+} 生成后,由于 Mn^{2+} 的催化作用,加快了反应速率,故能顺利地滴定到呈现稳定的微红色,即为终点,因而称为自动催化反应。稍过量的滴定剂 $(2 \times 10^{-6}$ mol$\cdot L^{-1})$本身的紫红色即显示终点。

若 H_2O_2 试样系工业产品,则用上述方法测定误差较大。另外产品中常加入少量乙酰苯胺等有机物质做稳定剂,此类有机物也消耗 $KMnO_4$。遇此情况应采用碘量法测定。

H_2O_2 在工业、生物、医药等方面应用很广泛。利用 H_2O_2 的氧化性漂白毛、丝织物;医药上常用它消毒和杀菌;纯 H_2O_2 用做火箭燃料的氧化剂;工业上利用 H_2O_2 的还原性除去氯气。植物体内的过氧化氢酶也能催化 H_2O_2 的分解反应,故在生物上利用此性质测量 H_2O_2 分解所放出的氧,从而进一步测量过氧化氢酶的活性。由于 H_2O_2 有着广泛的应用,常需要测定它的含量。

三、主要试剂和仪器

试剂:$KMnO_4(s)$、$Na_2C_2O_4$(于 105 ℃下干燥 2 h 后,置于干燥器中备用)、H_2SO_4(1+5)、$MnSO_4(1\ mol \cdot L^{-1})$。

仪器:电子天平、棕色酸式滴定管、容量瓶、锥形瓶、称量瓶、移液管、棕色试剂瓶。

四、实验步骤

1. $0.02\ mol \cdot L^{-1} KMnO_4$ 标准溶液的配制。称取 $KMnO_4$ 固体约 1.6 g 溶于 500 mL 新煮沸并冷却的蒸馏水中,储存于棕色试剂瓶中,在室温条件静置 7 天后过滤备用。

2. $0.02\ mol \cdot L^{-1} KMnO_4$ 标准溶液的标定。准确称取 $0.15 \sim 0.20$ g $Na_2C_2O_4$ 基准物质 3 份,分别置于 250 mL 锥形瓶中,加入 60 mL 蒸馏水使之溶解,加入 15 mL H_2SO_4,在水浴上加热到 $75 \sim 85$ ℃。趁热用 $KMnO_4$ 溶液滴定。开始滴定时反应速率慢,待溶液中产生了 Mn^{2+} 后,滴定速度可加快,直到溶液呈微红色,并持续 30 s 内不褪色,即为终点。

3. H_2O_2 含量的测定。用吸量管吸取 1.00 mL 原装 H_2O_2 置于 250 mL 容量瓶中,加水稀释至刻度,充分摇匀。用移液管移取 25.00 mL 溶液置于 250 mL 锥形瓶中,加 30 mL 水、15 mL H_2SO_4,用 $KMnO_4$ 溶液滴定至溶液呈微红色,并持续 30 s 内不褪色,即为终点。平行测定 3 次,计算 H_2O_2 含量(以 $g \cdot 100\ mL^{-1}$ 表示)。

因 H_2O_2 与 $KMnO_4$ 溶液开始反应速率很慢,可加入 $2 \sim 3$ 滴 $1\ mol \cdot L^{-1}\ MnSO_4$(相当于 $10 \sim 13$ mg Mn^{2+})为催化剂,以加快反应速率。

五、思考题

1. 在 $KMnO_4$ 溶液的配制过程中要用微孔玻璃漏斗过滤,试问能否用定量滤纸过滤?为什么?

2. 用 $KMnO_4$ 法测定 H_2O_2 时,能否用 HAc、HNO_3、HCl 控制酸度?为什么?

3. 配制 $KMnO_4$ 溶液时,过滤后的滤器上粘附的物质是什么?应如何清洗干净?

实验 10　水样中化学耗氧量(COD)的测定

实验前预习内容

1. 预习 $KMnO_4$ 的性质,了解 COD 的含义。

2.思考并回答：

(1)什么是 COD？并简述本实验原理。

(2)什么是空白值？求空白值的目的是什么？

一、实验目的

1.初步了解环境分析的重要性及水样的采集和保存方法。

2.对水样中化学耗氧量(COD)与水体污染的关系有所了解。

3.掌握高锰酸钾法测定水样中 COD 的原理及方法。

二、实验原理

化学耗氧量(COD)是量度水体受还原物质(主要是有机物)污染程度的综合性指标。它是指水体中易被强氧化剂氧化的还原性物质所消耗的氧化剂的量,并换算成氧的含量表示(以 $mg \cdot L^{-1}$ 计)。测定时,在水样中加入 H_2SO_4 及一定量的 $KMnO_4$ 溶液,置沸水浴中加热,使其中的还原性物质氧化,剩余的 $KMnO_4$ 用过量的 $Na_2C_2O_4$ 还原,再以 $KMnO_4$ 标准溶液返滴 $Na_2C_2O_4$ 的过量部分。由于 Cl^- 对此法有干扰,因而本法仅适合于地表水、地下水、饮用水和生活污水中 COD 的测定,含 Cl^- 较多的工业废水则应采用 $K_2Cr_2O_7$ 法测定。本方法测得的化学耗氧量又称为高锰酸钾指数。

高锰酸钾法测定水样中 COD 的反应式为

$$4MnO_4^-(过量) + 5C(还原物质) + 12H^+ \Longrightarrow 4\ Mn^{2+} + 5CO_2 \uparrow + 6H_2O$$
$$2MnO_4^-(剩余) + 5C_2O_4^{2+}(过量) + 16H^+ \Longrightarrow 2Mn^{2+} + 10CO_2 \uparrow + 8H_2O$$
$$2MnO_4^- + 5C_2O_4^{2+}(剩余) + 16H^+ \Longrightarrow 2Mn^{2+} + 10CO_2 \uparrow + 8H_2O$$

三、主要试剂和仪器

试剂：$KMnO_4$（0.02 $mol \cdot L^{-1}$）、$Na_2C_2O_4$（s、0.005 $mol \cdot L^{-1}$）、H_2SO_4（1+3）。

仪器：电子天平、棕色酸式滴定管、容量瓶、锥形瓶、称量瓶、移液管、棕色试剂瓶。

四、实验步骤

1.0.02 $mol \cdot L^{-1} KMnO_4$ 溶液的配制及标定见实验9。

2.0.002 $mol \cdot L^{-1} KMnO_4$ 溶液的配制。吸取 0.02 $mol \cdot L^{-1} KMnO_4$ 标准溶液 25.00 mL 置于 250 mL 容量瓶中,以新煮沸且冷却的蒸馏水稀释至刻度。

3.水样的测定。视水质污染程度取水样 10～100 mL,置于 250 mL 锥形瓶中,加 10 mL(1+3) H_2SO_4,再准确加入 10.00 mL 0.002 $mol \cdot L^{-1} KMnO_4$ 溶液,立即加热至沸,若此时红色褪去,说明水样中有机物含量较多,应多补加适量 $KMnO_4$ 溶液至试样溶液呈稳定的红色。从冒第一个大泡开始计时,用小火准确煮沸 10 min,取下锥形瓶,趁热加入 10.00 mL 0.005 $mol \cdot L^{-1} Na_2C_2O_4$ 标准溶液,摇匀,此时溶液应当由红色变为无色。用 0.002 $mol \cdot L^{-1} KMnO_4$ 标准溶液滴定至呈稳定的淡红色,即为终点。平行测定 3 份取平均值。

另取 10～100 mL 蒸馏水代替水样,同时操作,求得空白值,计算耗氧量时将空白值减去。

$$COD = \frac{\left[\frac{5}{4}c_{MnO_4^-}(V_1+V_2)_{MnO_4^-} - \frac{5}{4}C_{MnO_4^-}(V_3+V_4)_{MnO_4^-}\right] \times 32.00\ g \cdot mol^{-1} \times 1\,000}{V_{水样}}$$

$$(O_2 \quad mg \cdot L^{-1})$$

式中　V_1——测定水样时第一次加入 $KMnO_4$ 溶液的体积；

　　　V_2——测定水样时第二次加入 $KMnO_4$ 溶液的体积；

　　　V_3——测空白值时第一次加入 $KMnO_4$ 溶液的体积；

　　　V_4——测空白值时第二次加入 $KMnO_4$ 溶液的体积。

五、思考题

1. 水样的采集及保存应当注意哪些事项？
2. 水样加入 $KMnO_4$ 溶液煮沸后，若紫红色消失说明什么？应采取什么措施？
3. 测定水样中 COD 的意义何在？有哪些方法测定 COD？

实验 11　化学需氧量(COD_{Cr})的测定
（重铬酸钾法）

实验前预习内容

预习重铬酸钾的性质和氧化还原滴定的有关内容。

一、实验目的

1. 了解化学需氧量(COD_{Cr})的含义。
2. 掌握微波闭式 COD_{Cr} 消解仪的使用方法。
3. 掌握重铬酸钾法测定水样中有机污染物的基本原理。
4. 熟练掌握氧化还原滴定的操作技术。

二、实验原理

在强酸性溶液中，准确加入过量的 $K_2Cr_2O_7$ 标准溶液，密封催化微波消解，将水样中还原性物质（主要是有机物）氧化，过量的 $K_2Cr_2O_7$ 以试亚铁灵做指示剂，用硫酸亚铁铵标准溶液反滴定，根据所消耗的 $K_2Cr_2O_7$ 标准溶液的量计算水样中化学需氧量。反应式如下

$$Cr_2O_7^{2-} + 14H^+ + 6e \Longrightarrow 2Cr^{3+} + 7H_2O \ （水样的氧化）$$
$$Cr_2O_7^{2-} + 14H^+ + 6Fe^{2+} \Longrightarrow 2Cr^{3+} + 6Fe^{3+} + 7H_2O \ （滴定）$$
$$Fe^{2+} + 试亚铁灵（指示剂）\longrightarrow 红褐色（终点）$$

三、主要试剂和仪器

试剂：

(1)浓硫酸—硫酸银溶液(5 g/500 mL):于 500 mL 浓硫酸中加入 5 g 硫酸银,放置 1～2 d,不时摇动使其溶解。

(2)10％硫酸—硫酸汞溶液(10g/100 mL)。

(3)试亚铁灵指示剂:称取 1.485 g 邻菲罗啉(邻二氮菲)($C_{12}H_8N_2 \cdot H_2O$)和0.695 g 硫酸亚铁($FeSO_4 \cdot 7H_2O$)溶于水中稀释至 100 mL,储存于棕色瓶内。

仪器:

(1)WMX—IIIA 型微波闭式 COD_{Cr} 消解仪。

(2)聚四氟乙烯消解罐。

(3)半微量滴定管。

(4)1 mL 和 5 mL 吸管、250 mL 锥形瓶、容量瓶、小烧杯、量筒等。

四、实验步骤

1. 0.025 mol·L^{-1}重铬酸钾标准溶液的配制。称取预先在 120 ℃下烘干 2 h 的基准或优级纯重铬酸钾 1.225 8 g 溶于水中,移入 1 000 mL 容量瓶内,稀释至标线,摇匀。

2. 0.01 mol·L^{-1}硫酸亚铁铵标准溶液的配制及标定。称取 3.952 g 硫酸亚铁铵溶于水中,边搅拌边缓慢加入 20 mL 浓硫酸,冷却后移入 1 000 mL 容量瓶中,稀释至标线,摇匀。

准确吸取 10.00 mL 重铬酸钾标准溶液于 500 mL 锥形瓶中,加水稀释至 110 mL 左右,缓慢加入 30 mL 浓硫酸,混匀。冷却后,加入 3 滴试亚铁灵指示剂(约 0.15 mL),用硫酸亚铁铵溶液滴定,溶液的颜色由黄色经蓝绿色至红褐色即为终点(标定应在作样品分析的当天进行)。

3. 准确吸取 5.00 mL 水样置于消解罐中,加入 1.00 mL H_2SO_4—$HgSO_4$溶液(消除 Cl^- 的干扰),然后加入 5.00 mL 重铬酸钾标准溶液,再慢慢加入 5.00 mL H_2SO_4—Ag_2SO_4溶液,摇匀后,旋紧消解罐的密封盖,将其均匀放入微波闭式 COD_{Cr} 消解仪玻璃盘周边上,关好消解仪的门,设定消解时间。

$$COD_{Cr}消解时间(分)= 消解罐数(个)＋5$$

4. 消解完后,打开仪器门让其冷却或取出(注意:戴手套,手要抓住罐的上部),竖放入冷水盆中速冷,冷至 45 ℃以下,小心旋开罐帽,将试样移入锥形瓶中,用 20 mL 蒸馏水分 3 次冲洗帽内和罐内部,冲洗液并入锥形瓶中,控制总体积为 30～40 mL。

5. 加入 2～3 滴试亚铁灵指示剂,用硫酸亚铁铵标准溶液滴定,溶液的颜色由黄色经蓝绿色至红褐色即为终点,记录硫酸亚铁铵标准溶液的用量。

6. 测定水样的同时,取 5.00 mL 重蒸馏水,按同样操作步骤做空白试验,记录滴定空白时硫酸亚铁铵标准溶液的用量。

7. 计算。

硫酸亚铁铵标准溶液的浓度为

$$c=0.025×10.00/V$$

式中 c——硫酸亚铁铵标准溶液的浓度,mol·L^{-1};

V——硫酸亚铁铵标准溶液的用量,mL。

$$COD_{Cr}(O_2, mg/L) = (V_0 - V_1) \times c \times 8 \times 1\,000/V$$

式中 c——硫酸亚铁铵标准溶液的标定浓度，mol/L；

　　V_0——滴定空白时硫酸亚铁铵标准溶液的用量，mL；

　　V_1——滴定水样时硫酸亚铁铵标准溶液的用量，mL；

　　V——水样的体积，mL；

　　8——(1/2)氧的摩尔质量，g/mol。

五、注意事项

1. 对于化学需氧量大于 50 mg/L 的水样，应改用 0.050 mol/L 重铬酸钾标准溶液。

2. 水样加热回流后，溶液中重铬酸钾的剩余量应为加入量的 $\frac{1}{5} \sim \frac{4}{5}$ 为宜。

3. 用邻苯二甲酸氢钾标准溶液检查试剂的质量和操作技术时，由于每克邻苯二甲酸氢钾的理论 COD_{Cr} 值为 1.176 g，所以溶解 0.425 1 g 邻苯二甲酸氢钾（$HOOCC_6H_4$—COOK）于重蒸馏水中，转入 1 000 mL 容量瓶中，稀释至标线，使之成为 500 mg/L 的 COD_{Cr} 标准溶液。用时新配。

4. COD_{Cr} 的测定结果应保留三位有效数字。

5. 每次实验时，应对硫酸亚铁铵滴定液进行标定，室温较高时尤其应注意其浓度的变化。

6. 对于化学需氧量高的废水样，判断是否要稀释，方法是取 5 mL 原废水样置于 15 mm×150 mm 硬质玻璃试管中，加入 5 mL 重铬酸钾标准溶液，再慢慢加入 5 mL H_2SO_4—Ag_2SO_4 溶液摇匀，观察是否呈绿色，如溶液显绿色，要进行水样稀释，直至溶液不变绿色为止。稀释时，所取废水样量不得少于 5 mL。

六、思考题

1. 本实验中为什么说加入 H_2SO_4—$HgSO_4$ 溶液可消除 Cl^- 的干扰？

2. 为什么要做空白试验？

实验 12　葡萄糖含量的测定（碘量法）

实验前预习内容

1. 预习分析化学教材中关于碘量法的内容，理解实验原理。

2. 思考并回答：

(1) 配制 $Na_2S_2O_3$ 时，为什么要用新煮沸并冷却的蒸馏水？为什么要放置几天？

(2) 如何配制 I_2 溶液？为什么在配制 I_2 溶液时加入 KI？

(3) 标定 $Na_2S_2O_3$ 时为什么不用 $K_2Cr_2O_7$ 直接滴定 $Na_2S_2O_3$？

(4) 列出 $Na_2S_2O_3$、I_2 溶液的浓度计算公式。

(5) 碘量法测定葡萄糖含量的原理是什么？

(6)为什么在氧化葡萄糖时滴加 $NaOH$ 的速度要慢,且加完后要放置一段时间,而酸化后则要立即用 $Na_2S_2O_3$ 标准溶液滴定?

一、实验目的

1. 学会 $Na_2S_2O_3$、I_2 标准溶液的配制和标定方法。
2. 通过葡萄糖含量的测定,掌握间接碘量法的原理及其操作。

二、实验原理

I_2 与 $NaOH$ 作用能生成 $NaIO$,而葡萄糖($C_6H_{12}O_6$)能定量地被 $NaIO$ 氧化。在碱性条件下未与 $C_6H_{12}O_6$ 作用的 $NaIO$ 可转变成 I_2 析出,因此,只要用 $Na_2S_2O_3$ 标准溶液滴定析出的 I_2,便可计算出 $C_6H_{12}O_6$ 的含量。以上各步可用反应方程式表示如下。

(1) I_2 与 $NaOH$ 作用

$$I_2 + 2NaOH = NaIO + NaI + H_2O$$

(2) $C_6H_{12}O_6$ 与 $NaIO$ 定量作用

$$C_6H_{12}O_6 + NaIO = C_6H_{12}O_7 + NaI$$

(3)总反应

$$I_2 + 2NaOH + C_6H_{12}O_6 = C_6H_{12}O_7 + 2NaI + H_2O$$

(4) $C_6H_{12}O_6$ 作用完后,剩下的 $NaIO$ 在碱性条件下发生歧化反应

$$3NaIO = NaIO_3 + 2NaI$$

(5)歧化产物在酸性条件下进一步作用生成 I_2

$$NaIO_3 + 5NaI + 6HCl = 3I_2 + 6NaCl + 3H_2O$$

(6)析出的 I_2 可用 $Na_2S_2O_3$ 标准溶液滴定

$$I_2 + 2Na_2S_2O_3 = Na_2S_4O_6 + 2NaI$$

在这一系列的反应中,1 mol $C_6H_{12}O_6$ 与 1 mol $NaIO$ 作用,而 1 mol I_2 产生 1 mol $NaIO$。因此,1 mol $C_6H_{12}O_6$ 与 1 mol I_2 相当。

三、主要试剂和仪器

试剂:$Na_2S_2O_3 \cdot 5H_2O$(s)、$K_2Cr_2O_7$(s)、I_2(0.05 mol $\cdot$ L^{-1})、$NaOH$(2 mol $\cdot$ L^{-1})、HCl(1+1)、淀粉(5 g $\cdot$ L^{-1})。

仪器:电子天平、棕色酸式滴定管、锥形瓶(或碘量瓶)、烧杯、移液管、棕色试剂瓶。

四、实验步骤

1. 0.1 mol $\cdot$ L^{-1} $Na_2S_2O_3$ 溶液的配制及标定

(1)0.1 mol $\cdot$ L^{-1} $Na_2S_2O_3$ 溶液的配制。称取 12.5 g $Na_2S_2O_3 \cdot 5H_2O$ 固体于烧杯中,加入 150～200 mL 新煮沸并冷却的蒸馏水,溶解后,加入约 0.1 g Na_2CO_3,用新煮沸并冷却的蒸馏水稀释至 500 mL,储存于棕色试剂瓶中,在暗处放置 3～5 d 后标定。

(2)0.1 mol $\cdot$ L^{-1} $Na_2S_2O_3$ 溶液的标定。准确称取 $K_2Cr_2O_7$ 基准物质 3 份,每份 0.13～0.15 g,分别置于 3 个 250 mL 锥形瓶(最好是碘量瓶)中,加蒸馏水 25 mL。溶解

后,加 5 mL(1＋1)HCl 溶液和 15 mL 10％KI 溶液,摇匀,放在暗处 5 min,待反应完全后,加入 100 mL 蒸馏水,用待标定的 $Na_2S_2O_3$ 溶液滴定至淡黄色,然后加入 2 mL 5 g·L^{-1}淀粉指示剂,继续滴定溶液至呈亮绿色,即为终点。计算 $Na_2S_2O_3$ 溶液的准确浓度。

2. 0.05 mol·L^{-1} I_2 溶液的配制及标定

(1)0.05 mol·L^{-1} I_2 溶液的配制。称取 3.3 g I_2 和 5 g KI,置于烧杯中,加少量蒸馏水,至完全溶解后,将溶液转入棕色试剂瓶中。加蒸馏水稀释至 250 mL,充分摇匀,放暗处保存。

(2)0.05 mol·L^{-1} I_2 溶液的标定。用 $Na_2S_2O_3$ 标准溶液标定 I_2 溶液。用移液管准确移取 25.00 mL I_2 溶液于碘量瓶中,加 50 mL 蒸馏水,用 $Na_2S_2O_3$ 标准溶液滴定至溶液呈浅黄色时,加 3 mL 5 g·L^{-1}淀粉指示剂,继续用 $Na_2S_2O_3$ 标准溶液滴定至蓝色恰好消失,即为终点。

3. 葡萄糖含量的测定

用移液管移取 25.00 mL 待测溶液置于碘量瓶中,准确加入 25.00 mL 0.05 mol·L^{-1} I_2 溶液,一边摇动,一边慢慢滴加 2 mol·L^{-1} NaOH 溶液,直至溶液呈淡黄色(加碱速度不能过快,否则过量 NaIO 来不及氧化 $C_6H_{12}O_6$,而歧化为不与 $C_6H_{12}O_6$ 反应的 $NaIO_3$ 和 NaI,使测定结果偏低)。将碘量瓶加塞,于暗处放置 10~15 min 后加 2 mL(1＋1)HCl 溶液,再用 0.1 mol·L^{-1} $Na_2S_2O_3$ 标准溶液滴定至溶液呈淡黄色,加入 2 mL 5 g·L^{-1}淀粉指示剂,继续滴定至蓝色消失即为终点。平行测定 3 次,计算葡萄糖含量(以 g·L^{-1}表示)。

五、思考题

1. 碘量法主要的误差来源有哪些? 如何避免?
2. 碘量法测定葡萄糖含量的原理是什么?

实验 13　维生素 C 含量的测定

实验前预习内容

1. 预习分析化学教材中碘量法的部分内容。
2. 思考并回答:
(1)配制 $Na_2S_2O_3$ 时,为什么要用新煮沸并冷却的蒸馏水? 为什么要放置几天?
(2)如何配制 I_2 溶液? 为什么在配制 I_2 溶液时加入 KI?
(3)列出 $Na_2S_2O_3$、I_2 溶液、维生素 C 的浓度计算公式。

一、实验目的

1. 掌握碘量法测定维生素 C 含量的原理和步骤。
2. 学会 I_2 标准溶液的配制和标定方法。

二、实验原理

维生素 C 又称抗坏血酸,分子式为 $C_6H_8O_6$,由于分子中的烯二醇具有还原性,能被 I_2 氧化成二酮基

此反应不必加碱即可进行完全。由于维生素 C 的还原能力强而易被空气氧化,特别是在碱性溶液中更容易被氧化,所以,在测定中应加入一定量的稀 HAc,使溶液保持足够的酸度,以减少副反应的发生。

配制 I_2 标准溶液时,如果碘试剂很纯,可用升华法直接配制成标准溶液。但商品碘含有杂质,需用间接法配制。

三、主要试剂和仪器

试剂:I_2(s)、$Na_2S_2O_3 \cdot 5H_2O$(s)、$K_2Cr_2O_7$(s)、KI(10%)、Na_2CO_3(s)、淀粉(5 g · L^{-1})、HAc(2 mol · L^{-1})、HCl(1 +1)、NaOH(6 mol · L^{-1})。

仪器:电子天平、棕色酸式滴定管、锥形瓶(或碘量瓶)、烧杯、移液管、棕色试剂瓶。

四、实验步骤

1. 0.1 mol · L^{-1} $Na_2S_2O_3$ 溶液的配制及标定见实验12。

2. 0.05 mol · L^{-1} I_2 溶液的配制及标定见实验12。

3. 维生素 C 含量的测定。

准确称取维生素 C 药片 0.2 g(或经过处理的果蔬样品),置于 250 mL 锥形瓶中,加入新煮沸并冷却的蒸馏水 100 mL 和 2 mol · L^{-1} HAc 溶液 10 mL,完全溶解后,再加 2 mL 5 g · L^{-1} 淀粉指示剂,立即用 I_2 标准溶液滴定至出现稳定的蓝色。平行测定 3 次,计算维生素 C 的含量(以质量分数表示)。

五、思考题

1. 测定维生素 C 的含量时,溶液中为什么要加入稀 HAc?

2. 溶解维生素 C 样品为什么要用新煮沸并冷却的蒸馏水?

实验 14 间接碘量法测定铜合金中铜含量

实验前预习内容

1. 预习间接碘量法,理解实验原理。

2. 思考并回答:

(1)碘量法测定铜时,为什么常要加入 NH_4HF_2?为什么临近终点时加入 NH_4SCN?

（2）用纯铜标定 $Na_2S_2O_3$ 溶液时，如用 HCl 和 H_2O_2 分解铜，则最后 H_2O_2 未分解尽，问对标定 $Na_2S_2O_3$ 溶液的浓度有什么影响？

一、实验目的

1. 学会关于易被酸分解的合金试样的溶解方法。
2. 掌握用碘量法测定铜合金中铜含量的方法。

二、实验原理

铜合金种类较多，主要有黄铜和各种青铜。铜合金中铜的测定，一般采用碘量法。

在弱酸溶液中，Cu^{2+} 与过量的 KI 作用，生成 CuI 沉淀，同时析出 I_2，反应方程式如下

$$2Cu^{2+} + 4I^- \Longrightarrow 2CuI + I_2$$

或

$$2Cu^{2+} + 5I^- \Longrightarrow 2CuI + I_3^-$$

析出的 I_2 以淀粉为指示剂，用 $Na_2S_2O_3$ 溶液滴定

$$I_2 + 2S_2O_3^{2-} \Longrightarrow 2I^- + S_4O_6^{2-}$$

Cu^{2+} 与 I^- 之间的反应是可逆的，任何引起 Cu^{2+} 浓度减小（如形成络合物等）或引起 CuI 溶解度增加的因素均使反应不完全。加入过量 KI，可使 Cu^{2+} 的还原趋于完全，但是，CuI 沉淀强烈吸附 I_3^-，又会使结果偏低。通常的办法是近终点时加入硫氰酸盐，将 CuI 转化为溶解度更小的 CuSCN 沉淀，把吸附的碘释放出来，使反应更为完全。

NH_4SCN 应在接近终点时加入，否则 SCN^- 会还原大量存在的 I_2，致使测定结果偏低。溶液的 pH 值控制在 3～4 之间。酸度过低，Cu^{2+} 易水解，使反应不完全，结果偏低，而且反应速率慢，终点拖长；酸度过高，则 I^- 被空气中的氧氧化为 I_2，使结果偏高。

Fe^{3+} 能氧化 I^-，对测定有干扰，但可加入 NH_4HF_2 掩蔽。NH_4HF_2 是一种很好的缓冲溶液，因此能使溶液的 pH 值控制在 3～4 之间。

三、主要试剂和仪器

试剂：$Na_2S_2O_3 \cdot 5H_2O(s)$、$Na_2CO_3(s)$、$KI(200\ g \cdot L^{-1})$、淀粉$(5\ g \cdot L^{-1})$、$NH_4SCN(100\ g \cdot L^{-1})$、$HCl(1+1)$、$HAc(1+1)$、$NH_3 \cdot H_2O(1+1)$、$H_2O_2(30\%)$、$H_2SO_4(1\ mol \cdot L^{-1})$、$NH_4HF_2(200\ g \cdot L^{-1})$、纯铜$(w > 99.9\%)$、铜合金试样。

仪器：电子天平、棕色酸式滴定管、容量瓶、锥形瓶、烧杯、移液管、棕色试剂瓶。

四、实验步骤

1. $0.1\ mol \cdot L^{-1} Na_2S_2O_3$ 溶液的配制及标定

（1）$0.1\ mol \cdot L^{-1} Na_2S_2O_3$ 溶液的配制见实验 12。

（2）$0.1\ mol \cdot L^{-1} Na_2S_2O_3$ 溶液的标定。准确称取 0.2 g 左右纯铜，置于烧杯中，加入约 10 mL （1 ＋1）HCl，在摇动中逐滴加入 2～3 mL 30％ H_2O_2，至金属铜完全分解（H_2O_2 不应过量太多）。加热，将多余的 H_2O_2 分解赶尽，然后定量转入 250 mL 容量瓶中，加水稀释至刻度，摇匀。

准确移取 25.00 mL 纯铜溶液于 250 mL 锥形瓶中，滴加（1 ＋1）$NH_3 \cdot H_2O$ 至沉淀

刚刚生成，然后加入 8 mL（1＋1）HAc、10 mL NH$_4$HF$_2$溶液、10 mL KI 溶液，用 0.1 mol·L^{-1}Na$_2$S$_2$O$_3$溶液滴定至呈淡黄色，再加入 3 mL 5 g·L^{-1}淀粉溶液，继续滴定至浅蓝色。再加入 10 mL NH$_4$SCN 溶液，继续滴定至溶液的蓝色消失，即为终点。记下所消耗的 Na$_2$S$_2$O$_3$溶液的体积，计算 Na$_2$S$_2$O$_3$溶液的浓度。

2. 铜合金中铜含量的测定

准确称取黄铜试样（质量分数为 80%～90%）0.10～0.15 g，置于 250 mL 锥形瓶中，加入 10 mL（1＋1）HCl 溶液，滴加约 2 mL 30%H$_2$O$_2$，加热使试样溶解完全后，再加热使 H$_2$O$_2$分解赶尽，然后煮沸 1～2 min。冷却后，加 60 mL 蒸馏水，滴加（1＋1）NH$_3$·H$_2$O 直到溶液中刚刚有稳定的沉淀出现，然后加入 8 mL（1＋1）HAc、10 mL NH$_4$HF$_2$溶液、10 mL KI 溶液，用 0.1 mol·L^{-1}Na$_2$S$_2$O$_3$溶液滴定至呈淡黄色，再加入 3 mL 5 g·L^{-1}淀粉溶液，继续滴定至浅蓝色。再加入 10 mL NH$_4$SCN 溶液，继续滴定至溶液的蓝色消失，即为终点。根据滴定时所消耗的 Na$_2$S$_2$O$_3$溶液的体积。平行测定 2 次，计算铜的质量分数。

五、思考题

铜合金试样能否用 HNO$_3$分解？本实验采用 HCl 和 H$_2$O$_2$分解试样，试写出反应方程式。

实验 15　氯化物中氯含量的测定

实验前预习内容

1. 预习分析化学教材中沉淀滴定法，了解该方法的特点。

2. 思考并回答：

(1) 什么是沉淀滴定法？它的特点有哪些？

(2) 简述什么是莫尔法。

一、实验目的

1. 学习 AgNO$_3$标准溶液的配制和标定。

2. 掌握用莫尔法进行沉淀滴定的原理、方法和实验操作。

二、实验原理

某些可溶性氯化物中氯含量的测定常采用莫尔法。此法是在中性或弱碱性溶液中，以 K$_2$CrO$_4$为指示剂，用 AgNO$_3$标准溶液进行滴定。由于 AgCl 沉淀的溶解度比 Ag$_2$CrO$_4$小，因此，溶液中首先析出 AgCl 沉淀。当 AgCl 定量沉淀后，过量 1 滴 AgNO$_3$溶液即与 K$_2$CrO$_4$作用生成砖红色 Ag$_2$CrO$_4$沉淀，指示达到终点。主要反应方程式如下

$$Ag^+ + Cl^- \!=\!\!= AgCl\downarrow（白色）$$
$$2Ag^+ + CrO_4^{2-} \!=\!\!= Ag_2CrO_4\downarrow（砖红色）$$

滴定必须在中性或弱碱性溶液中进行,最适宜的 pH 值范围为 6.5～10.5。如果有铵盐存在,溶液的 pH 值需控制在 6.5～7.2 之间。另外,指示剂的用量对滴定有影响,一般以 5×10^{-3} mol·L^{-1} 为宜。

三、主要试剂和仪器

试剂:NaCl(将 NaCl 固体在 500～600 ℃高温炉中灼烧 30 min 后,置于干燥器中冷却备用)、$AgNO_3$(s)、K_2CrO_4(5%)。

仪器:电子天平、棕色酸式滴定管、容量瓶、锥形瓶、称量瓶、烧杯、移液管、吸量管、棕色试剂瓶。

四、实验步骤

1. 0.1 mol·L^{-1} $AgNO_3$ 标准溶液的配制和标定

(1)0.1 mol·L^{-1} $AgNO_3$ 标准溶液的配制。称取 8.5 g $AgNO_3$ 固体溶解于 500 mL 不含 Cl^- 的蒸馏水中,将溶液转入棕色试剂瓶中,置于暗处保存,以防光照分解。

(2)0.1 mol·L^{-1} $AgNO_3$ 标准溶液的标定。准确称取 0.5～0.6 g NaCl 于小烧杯中,用蒸馏水溶解后,转入 100 mL 容量瓶中,稀释至刻度,摇匀。

用移液管移取 25.00 mL NaCl 溶液注入 250 mL 锥形瓶中,加入 25 mL 蒸馏水,用吸量管加入 1 mL K_2CrO_4 溶液,在不断摇动下,用 $AgNO_3$ 溶液滴定至呈砖红色,即为终点。平行标定 3 份。根据所消耗 $AgNO_3$ 的体积和 NaCl 的质量,计算 $AgNO_3$ 的浓度。

2.试样分析

准确称取 2 g NaCl 试样置于烧杯中,加水溶解后,转入 250 mL 锥形瓶中,加 25 mL 蒸馏水,用吸量管加入 1 mL K_2CrO_4 溶液,在不断摇动下,用 $AgNO_3$ 溶液滴定至呈砖红色,即为终点。平行测定 3 份,计算试样中氯的含量。

实验完毕后,将装有 $AgNO_3$ 溶液的滴定管先用蒸馏水冲洗 2～3 次后,再用自来水洗净,以免 AgCl 残留于管内。

五、思考题

1.用莫尔法测氯时,为什么溶液的 pH 值必须控制在 6.5～10.5 之间?

2.以 K_2CrO_4 做指示剂时,指示剂浓度过大或过小对测定有何影响?

实验 16　二水合氯化钡中钡含量的测定

实验前预习内容

1.预习 2.5.3 小节和 2.5.4 小节关于固液分离、沉淀的洗涤、干燥和灼烧部分内容。

2.思考并回答:

(1)沉淀 $BaSO_4$ 时为什么要在稀溶液中进行? 不断搅拌的目的是什么?

(2)$BaSO_4$ 沉淀属于什么晶形沉淀? 生成最佳 $BaSO_4$ 晶形的条件是什么?

（3）为什么要把 $BaSO_4$ 沉淀洗至滤液中不含有 Cl^-？

（4）什么叫灼烧至恒重？

一、实验目的

1. 熟悉并掌握重量分析的一般基本操作，包括沉淀、过滤、洗涤、灼烧及恒重等。

2. 了解晶形沉淀的性质及其沉淀的条件。

3. 了解本实验误差的来源及消除方法。

二、实验原理

$BaSO_4$ 的溶解度很小，25 ℃时溶解度为 0.25 mg/100 m LH_2O，在有过量沉淀剂存在时，其溶解的量可忽略不计。$BaSO_4$ 的性质非常稳定，干燥后的组分与化学式完全符合。氯化钡中的 Ba^{2+} 可以用 H_2SO_4 定量沉淀为 $BaSO_4$，经过滤、洗涤、灼烧后称量 $BaSO_4$，从而求得 Ba 的含量。这是一种准确度较高的经典方法。

三、主要试剂、仪器和材料

试剂：$BaCl_2 \cdot 2H_2O(s)$、H_2SO_4（0.1 mol·L^{-1}、1 mol·L^{-1}）、HCl（2 mol·L^{-1}）、HNO_3（2 mol·L^{-1}）、$AgNO_3$（0.1 mol·L^{-1}）。

仪器：电子天平、高温炉、电炉、水浴锅、干燥器、坩埚、坩埚钳、漏斗、烧杯、表面皿。

材料：定量滤纸、沉淀帚。

四、实验步骤

1. 称样及沉淀的制备。准确称取两份 0.4～0.6 g $BaCl_2 \cdot 2H_2O$ 试样，分别置于 250 mL 烧杯中，加入约 100 mL 蒸馏水，3 mL 2 mol·L^{-1} HCl 溶液，搅拌溶解加热至近沸。

另取 4 mL 1 mol·L^{-1} H_2SO_4 两份于两个小烧杯中，加水 30 mL，加热至近沸，趁热将两份 H_2SO_4 溶液分别用小滴管逐滴地加入到两份热的钡盐溶液中，并用玻璃棒不断搅拌，直至两份 H_2SO_4 溶液加完为止。待 $BaSO_4$ 沉淀下沉后，于上层清液中加入 1～2 滴 0.1 mol·L^{-1} H_2SO_4 溶液，仔细观察沉淀是否完全。沉淀完全后，盖上表面皿（切勿将玻璃棒拿出杯外），将沉淀放在水浴或砂浴上，保温 40 min，陈化。也可放置过夜陈化。

2. 沉淀的过滤和洗涤。用慢速或中速滤纸倾泻法过滤上述溶液。用稀 H_2SO_4（1 mL 1 mol·L^{-1} H_2SO_4 加水 100 mL 配成）洗涤沉淀 3～4 次，每次约 10 mL。然后，将沉淀定量转移到滤纸上，用沉淀帚由上到下擦拭烧杯内壁，再用折叠滤纸时撕下的小片滤纸擦拭杯壁，并将此小片滤纸放于漏斗中，用稀 H_2SO_4 洗涤 4～6 次，直至洗涤液中不含 Cl^- 为止（检查方法：用试管收集 2 mL 滤液，加 1 滴 2 mol·L^{-1} HNO_3 酸化，加入 2 滴 $AgNO_3$，若无白色浑浊产生，表示 Cl^- 已洗净）。

3. 沉淀的灼烧和恒重。将折叠好的沉淀滤纸包置于瓷坩埚中（坩埚预先要做好标记），经烘干、炭化、灰化后，在（800±20）℃中灼烧至恒重。第一次灼烧 1 h，第二次后每次只灼烧 20 min。

4.记录实验数据,计算 Ba 的含量(用质量分数表示),并计算出测定结果的相对误差。

五、思考题

1.为什么要在稀热 HCl 溶液中且不断搅拌下逐滴加入沉淀剂来沉淀 $BaSO_4$？HCl 加入太多有何影响？

2.为什么要在热溶液中沉淀 $BaSO_4$,但却在冷却后过滤？晶形沉淀为何要陈化？

3.检查 Cl^- 是否洗涤干净时为什么要用 HNO_3 酸化？

实验 17　灰分的测定

实验前预习内容

1.阅读和理解 2.5.4 小节的有关内容。

2.思考并回答:本实验中灰分的测定方法在分析化学中属于哪类分析法。

一、实验目的

1.掌握测定灰分的方法和操作技术。

2.学会高温炉等仪器的使用方法。

二、实验原理

食品在 500～600 ℃灼烧灰化时,发生了一系列变化:水分及挥发物质以气态放出;有机物质中的碳、氢、氮等元素与有机物质本身的氧及空气中的氧生成二氧化碳、氮的氧化物及水分而散失;有机酸的金属盐转变碳酸盐或金属氧化物;有些组分转变成为氧化物、磷酸盐、硫酸盐或卤化物;有的金属或直接挥发散失,或生成容易挥发的金属化合物。

灼烧后的残留物质称为灰分,通过灼烧手段分解食品的方法称为干法灰化,常见的灼烧装置称为灰化炉(如高温炉)。食品组分不同,灼烧条件不同,残留物亦各不同。例如,存在于牛乳中的含氯的无机化合物,由于一部分氯的挥发散失,这部分无机物减少了。而牛乳中的有机组分如碳,则可能在一系列变化中形成了无机物——碳酸盐。严格说来,应把灼烧后的残留物称为粗灰分,也称为总灰分。乳与乳制品的灰化温度一般不能大于 550 ℃。

灰分的测定包括:总灰分、水溶性灰分、水不溶性灰分、酸不溶性灰分。

三、主要仪器

电子天平、干燥器、电炉、高温炉、坩埚、坩埚钳。

四、实验步骤

1.坩埚的准备。用水清洗后,置于 600 ℃高温炉中灼烧 30 min,冷却到 200 ℃以下时,放入干燥器内冷却 30 min,精密称量,待用。

2.样品的称取。在坩埚内直接称取 3～5 g 粉状或半液体状样品(液体样品需 5～10 g),精确至 0.1 mg。

3.样品的炭化。将坩埚置于电炉上(坩埚盖半开)初步灼烧(液体样品灼烧前应在水蒸气上蒸干),使之炭化(干酪素在炭化时若发生膨胀,可滴加橄榄油数滴),直至无烟。

4.样品的灼烧。用坩埚钳将坩埚移入高温炉,灼烧 2～4 h,使灰分呈白色为止(干酪素的灼烧时间相对要较长些,大约为 8～12 h),冷却到 200 ℃以下,将坩埚放入干燥器内 30 min,称量。再重复灼烧、称量,直到两次称量的质量差小于 0.5 mg。

五、记录和结果

样品的总灰分以质量分数表示为

$$W = \frac{m_1 - m_2}{m} \times 100\%$$

式中　W——样品的总灰分的质量分数;

　　　m_1——坩埚和灰分的总质量;

　　　m_2——空坩埚的质量;

　　　m——称取样品的质量。

六、思考题

1.为什么在电炉上加热时坩埚盖要半开,而不能全开或盖严?

2.坩埚取出后为什么要稍冷才能放入干燥器中?

3.乳与乳制品的灰化温度一般不能大于多少? 为什么?

实验 18　邻二氮菲分光光度法测定微量铁

实验前预习内容

1.阅读和理解分析化学教材中紫外－可见分光光度法有关内容。

2.思考并回答:

(1)本实验中铁的测定依据什么原理? 如何定量?

(2)邻二氮菲与铁的显色反应,其主要条件有哪些?

一、实验目的

1.掌握邻二氮菲分光光度法测定铁的原理和方法。

2.熟悉绘制吸收曲线的方法,正确选择测定波长。

3.学会制作标准曲线的方法。

4.通过邻二氮菲分光光度法测定微量铁,掌握 721 型分光光度计的正确使用方法,并了解此仪器的主要构造。

二、实验原理

邻二氮菲与 Fe^{2+} 在 pH＝2.0～9.0 溶液中形成橙红色配合物,其显色反应如下:

Fe^{3+} 与邻二氮菲作用形成的蓝色配合物的稳定性差,因此在实际应用中常加入还原剂使 Fe^{3+} 还原为 Fe^{2+},让 Fe^{2+} 与显色剂邻二氮菲作用。一般常用盐酸羟胺做还原剂。测定时,酸度过高,反应进行较慢;酸度太低,则 Fe^{3+} 离子易水解。本实验采用 pH＝5.0～6.0 的 HAc—NaAc 缓冲溶液,可使显色反应进行完全。

Bi^{3+}、Cd^{2+}、Hg^{2+}、Zn^{2+}、Ag^+ 等离子与邻二氮菲作用会生成沉淀,干扰测定。实验证实,相当于铁质量 40 倍的 Sn^{2+}、Al^{3+}、Ca^{2+}、Mg^{2+}、Zn^{2+}、SiO_3^{2-},20 倍的 Cr^{3+}、Mn^{2+}、VO_3^-、PO_4^{3-},5 倍的 Co^{2+}、Ni^{2+}、Cu^{2+} 等离子不干扰测定。本法测定铁的选择性虽然较高,但选择试样时仍应注意上述离子的影响。

三、主要试剂和仪器

试剂:$NH_4Fe(SO_4)_2 \cdot 12H_2O$ (s)、HAc—NaAc 缓冲溶液、邻二氮菲(0.1％)、盐酸羟胺(10％)、HCl (1＋1)。

仪器:721 型分光光度计、电子天平、容量瓶、移液管、吸量管。

四、实验步骤

1. 铁标准溶液的配制

(1)100 $\mu g \cdot mL^{-1}$ 铁标准溶液的配制。准确称取 0.863 4 g 分析纯 $NH_4Fe(SO_4)_2 \cdot 12H_2O$ 于烧杯中,加入 20 mL (1＋1)HCl 溶液和少量水,溶解后转移至 1 L 容量瓶中,稀释至刻度,摇匀。

(2)10 $\mu g \cdot mL^{-1}$ 铁标准溶液的配制。用移液管移取上述铁标准溶液置于 100 mL 容量瓶中,加入 2 mL (1＋1)HCl 溶液,然后加水稀释至刻度,摇匀。

2. 邻二氮菲—Fe 吸收曲线的绘制

用吸量管吸取铁标准溶液(10 $\mu g \cdot mL^{-1}$)0.0 mL、2.0 mL、4.0 mL 分别放入 3 个 50 mL 容量瓶中,加入 1 mL 10％盐酸羟胺溶液、2.0 mL 0.1％邻二氮菲和 5 mL HAc—NaAc 缓冲溶液,加水稀释至刻度,充分摇匀,放置 5 min。用 3 cm 比色皿,以试剂溶液为参比液(即在 0.0 mL 铁标准溶液中加入相同试剂),在 721 型分光光度计上 440～560 nm 波长范围内分别测定其吸光度(A)值。当临近最大吸收波长附近时应间隔 5～10 nm 波长测 A 值,其他各处可间隔 10～20 nm 波长测定。然后以波长为横坐标,所测 A 值为纵坐标,绘制吸收曲线,并找出最大吸收峰的波长,以 λ_{max} 表示。

3. 标准曲线的绘制

用吸量管分别移取铁标准溶液(10 $\mu g \cdot mL^{-1}$)0.0 mL、1.0 mL、2.0 mL、4.0 mL、

6.0 mL、8.0 mL、10.0 mL 依次放入 7 只 50 mL 容量瓶中,分别加入 1 mL 10%盐酸羟胺溶液,稍摇动,再加入 2.0 mL 0.1%邻二氮菲和 5 mL HAc－NaAc 缓冲溶液,加水稀释至刻度,充分摇匀,放置 5 min。用 3 cm 比色皿,以不加铁标准溶液的空白试剂为参比液,选择 λ_{max} 为测定波长,依次测 A 值。以铁的质量浓度为横坐标,所测 A 值为纵坐标,绘制标准曲线。

4.试样分析

取 3 个 50 mL 容量瓶,分别加入 5.0 mL(或 10.0 mL,铁含量以在标准曲线范围内为宜)未知试样溶液,按实验步骤 3 的方法显色后,在 λ_{max} 处,用 3 cm 比色皿,以不加铁标准溶液的空白试剂为参比液,平行测定 A 值。求其平均值,在标准曲线上查出铁的质量,计算水样中铁的质量浓度。

五、思考题

1.本实验量取各种试剂时应分别采用何种量器较为合适? 为什么?

2.吸收曲线与标准曲线有何区别? 在实际应用中有何意义?

实验 19　综合实验——
三草酸合铁(Ⅲ)酸钾的制备、组成分析和性质测定

实验前预习内容

1.查找关于铁化合物的相关资料,了解三草酸合铁(Ⅲ)酸钾的各种制备方法和重要性质。

2.思考并回答:

(1)三草酸合铁(Ⅲ)酸钾的主要性质和用途有哪些?

(2)三草酸合铁(Ⅲ)酸钾的制备过程中的黄色晶体是什么? 产品是什么颜色晶体? 倾析法如何操作?

(3)最后在溶液中加入乙醇的目的是什么?

(4)本实验中三草酸合铁(Ⅲ)酸钾的结晶水含量如何计算?

(5)列出计算草酸根和铁含量的公式。

一、实验目的

1.学习三草酸合铁(Ⅲ)酸钾的制备方法。

2.加深对三价铁和二价铁化合物性质的了解。

3.熟悉确定化合物组成和化学式的基本原理和方法。

4.通过对化合物的制备和分析,训练和提高实验综合能力。

二、实验原理

三草酸合铁(Ⅲ)酸钾($K_3[Fe(C_2O_4)_3]\cdot 3H_2O$)是一种浅绿色的单斜晶体,易溶于

水,难溶于有机溶剂,是一些有机反应很好的催化剂,也是制备负载型活性铁催化剂的主要原料,因而具有工业生产价值。

目前,制备三草酸合铁(Ⅲ)酸钾的工艺路线有多种。本实验采用的工艺是:首先利用自制的硫酸亚铁铵与草酸反应制备出草酸亚铁晶体,并用倾析法洗去杂质。然后在过量草酸根存在的情况下,用过氧化氢氧化草酸亚铁即可制得三草酸合铁(Ⅲ)酸钾配合物。加入乙醇后,从溶液中析出 $K_3[Fe(C_2O_4)_3]\cdot 3H_2O$ 晶体。反应方程式为

$$(NH_4)_2Fe(SO_4)_2\cdot 6H_2O + H_2C_2O_4 {=\!=\!=} FeC_2O_4\cdot 2H_2O\downarrow + (NH_4)_2SO_4 +$$
$$H_2SO_4 + 4H_2O$$

$$2FeC_2O_4\cdot 2H_2O + H_2O_2 + 3K_2C_2O_4 + H_2C_2O_4 {=\!=\!=} 2K_3[Fe(C_2O_4)_3]\cdot 3H_2O$$

三草酸合铁(Ⅲ)酸钾极易感光,室温下光照变黄色,进行下列光化学反应

$$2[Fe(C_2O_4)_3]^{3-} \xrightarrow{h\nu} 2FeC_2O_4 + 3C_2O_4^{2-} + 2CO_2$$

它在日光照射或强光下分解生成的草酸亚铁,遇六氰合铁(Ⅲ)酸钾生成滕氏蓝,反应方程式为

$$3FeC_2O_4 + 2K_3[Fe(CN)_6] {=\!=\!=} Fe_3[Fe(CN)_6]_2 + 3K_2C_2O_4$$

因此,在实验室中可做成感光纸,进行感光实验。

该配合物的组成可用重量分析法和滴定分析法确定。

(1)用重量分析法测定结晶水含量。将一定质量的 $K_3[Fe(C_2O_4)_3]\cdot 3H_2O$ 晶体,在 110 ℃下干燥脱水后称量,便可计算结晶水的含量。

(2)用高锰酸钾法测定草酸根含量。草酸根在酸性介质中可被高锰酸钾定量氧化,反应方程式为

$$5C_2O_4^{2-} + 2MnO_4^- + 16H^+ {=\!=\!=} 2Mn^{2+} + 10CO_2 + H_2O$$

用已知准确浓度的 $KMnO_4$ 标准溶液滴定 $C_2O_4^{2-}$。由消耗的高锰酸钾的量,便可计算出 $C_2O_4^{2-}$ 的含量。

(3)铁含量的测定。先用过量的还原剂锌粉将 Fe^{3+} 还原成 Fe^{2+},然后将剩余锌粉过滤掉,用 $KMnO_4$ 标准溶液滴定 Fe^{2+},反应方程式为

$$Zn + 2Fe^{3+} {=\!=\!=} 2Fe^{2+} + Zn^{2+}$$

$$5Fe^{2+} + MnO_4^- + 8H^+ {=\!=\!=} 5Fe^{3+} + Mn^{2+} + 4H_2O$$

由消耗 $KMnO_4$ 溶液的体积计算出含铁量。

(4)钾含量的测定。根据配合物中铁、草酸根含量的测定可知每克无水盐中所含铁和草酸根的物质的量 n_1 和 n_2,从而可计算出每克无水盐中所含钾的物质的量 n_3。

当每克盐各组分的 n 已知时,再求出 n_1、n_2 和 n_3 的比值,则此化合物的化学式就可确定。

三、主要试剂和仪器

试剂:自制 $(NH_4)_2Fe(SO_4)_2\cdot 6H_2O$(s)、$H_2SO_4$(3 mol·$L^{-1}$)、$H_2C_2O_4$(1 mol·$L^{-1}$)、$K_2C_2O_4$(饱和)、$H_2O_2$(3%)、乙醇(95%)、$KMnO_4$(s)、锌粉、$Na_2C_2O_4$(s)、铁氰化钾(s)、3.5%六氰合铁(Ⅲ)酸钾。

仪器:天平、烧杯、量筒、漏斗、布氏漏斗、吸滤瓶、烘箱、酸式滴定管、移液管、容量瓶、锥形瓶、表面皿、研钵。

四、实验步骤

1. 三草酸合铁(Ⅲ)酸钾的制备

在 250 mL 烧杯中依次加入 5.0 g 自制$(NH_4)_2Fe(SO_4)_2 \cdot 6H_2O$ 固体、15 mL 蒸馏水和 1 mL 3 mol·L^{-1} H_2SO_4,加热溶解后,再加入 25 mL 1 mol·L^{-1} $H_2C_2O_4$,加热至沸,搅拌片刻,静置。待黄色晶体沉降后用倾析法弃去上层清液。在沉淀上加入 20 mL 蒸馏水,搅拌并温热,静置后倾出上层清液。再洗涤一次以除去可溶性杂质。

在上述沉淀中加入 10 mL 饱和 $K_2C_2O_4$ 溶液,水浴加热 40 ℃,用滴管缓慢滴加 20 mL 3% H_2O_2,不断搅拌并维持温度在 40 ℃左右,使 Fe^{2+} 充分被氧化为 Fe^{3+},加完后,将溶液加热至沸,以除去过量的 H_2O_2(煮沸时间不宜过长,H_2O_2 分解基本完全即停止加热)。再加入 8 mL 1 mol·L^{-1} $H_2C_2O_4$,此时应快速搅拌(或用磁力搅拌器),并保持接近沸腾的温度。趁热将溶液过滤到一个 100 mL 烧杯中,加入 10 mL 95% 乙醇。若滤液中已出现晶体,可温热使生成的晶体溶解。冷却,结晶,抽滤至干。称量,计算产率,晶体置于干燥器内避光保存。

2. 三草酸合铁(Ⅲ)酸钾的组成分析

(1)结晶水含量的测定。将两个称量瓶放入烘箱中,在 110 ℃下干燥 1 h,然后放于干燥器中冷却至室温,称量。重复上述操作,直至恒重(两次称量相差不超过 0.3 mg)。

准确称取 0.5~0.6 g 产物两份,分别放入两个已恒重的称量瓶中(注意应编号),再置于烘箱中,在 110 ℃下烘干 1 h,在干燥器中冷至室温,称量。重复干燥、冷却、称量等操作,直至恒重。

根据称量结果,计算结晶水含量(每克无水盐所对应结晶水的 n)。

(2)草酸根含量的测定。

① 0.02 mol·L^{-1} $KMnO_4$ 标准溶液的配制及标定参考实验 9。

② $C_2O_4^{2-}$ 含量的测定。将合成的 $K_3[Fe(C_2O_4)_3] \cdot 3H_2O$ 粉末在 110 ℃下干燥 1.5~2.0 h,然后放在干燥器中冷却,备用。准确称取 0.18~0.22 g 干燥过的 $K_3[Fe(C_2O_4)_3]$ 样品 3 份,分别放入 3 个锥形瓶中,各加入约 30 mL 蒸馏水和 10 mL 3 mol·L^{-1} H_2SO_4。将溶液加热至 75~85 ℃(不高于 85 ℃),用 0.02 mol·L^{-1} $KMnO_4$ 标准溶液趁热滴定,开始反应速度很慢,故第一滴滴入后,待紫红色褪去,再滴第 2 滴。溶液中产生 Mn^{2+} 后,Mn^{2+} 的催化作用反应速度加快,但滴定仍需逐滴加入,直到溶液呈微红色且 30 s 内不褪色,即为终点。记录 $KMnO_4$ 标准溶液的消耗体积,计算每克无水化合物所含 $C_2O_4^{2-}$ 的 n_1 值。滴定完的溶液保留待用。

(3)铁含量的测定。将上述保留溶液中加入过量的还原剂锌粉,直到黄色消失。加热溶液近沸,使 Fe^{3+} 还原成 Fe^{2+},趁热过滤除去多余的锌粉,滤液用另一干净的锥形瓶盛放。洗涤锌粉,使 Fe^{2+} 定量转移到滤液中,再用 $KMnO_4$ 溶液滴至微红色且 30 s 内不褪色。记录 $KMnO_4$ 标准溶液的体积,计算出铁的 n_2 值。

由测得的 n_1 和 n_2 值,计算所含钾的 n_3 值,进而可求得化合物的化学式。

3. 三草酸合铁(Ⅲ)酸钾的性质

（1）少量产品放在表面皿上，在日光下观察晶体颜色变化，并与放在暗处的晶体比较。

（2）制感光纸：按三草酸合铁(Ⅲ)酸钾 0.3 g、铁氰化钾 0.4 g 加水 5 mL 的比例配成溶液，涂在纸上即成感光纸。附上图案，在日光直照下（或红外灯光下）数秒钟，曝光部分呈深蓝色，被遮盖的部分就显影映出图案来。

（3）配感光液：取 0.3～0.5 g 三草酸合铁(Ⅲ)酸钾，加 5 mL 蒸馏水配成溶液，用滤纸条做成感光纸。同上操作。曝光后去掉图案，用约 3.5％的六氰合铁(Ⅲ)酸钾溶液湿润洗或漂洗即显影映出图案来。

五、思考题

1. 在制备的最后一步能否用蒸干的办法来提高产率？为什么？
2. 三草酸合铁(Ⅲ)酸钾见光易分解，应如何保存？

实验 20　分析化学设计实验

设计实验题目

1. Na_2HPO_4－NaH_2PO_4 混合液的测定。

2. $NaOH$－Na_3PO_4 混合液的测定。

3. $NaOH$－Na_2CO_3 混合液的测定。

4. NH_3－NH_4Cl 混合液的测定。

5. HCl－NH_4Cl 混合液的测定。

6. HCl－H_3BO_3 混合液的测定。

7. $Na_2B_4O_7$－H_3BO_3 混合液的测定。

8. HCl－H_3PO_4 混合液的测定。

9. HCl－H_2SO_4 混合液的测定。

10. NH_3－H_3BO_3 混合液的测定。

学生根据所选择的题目，设计测定方案并独立完成实验。

第 **7** 章

有机化学实验

实验1 有机化学实验的基本操作和常用仪器的认领

实验前预习内容

第1章,2.1、2.2节。

一、实验目的

1.有机化学实验常用仪器的认领及洗涤;

2.各种仪器的用途及使用时注意事项;

3.掌握有机化学实验安全常识。

二、实验内容

1.有机化学实验课的基本任务

使学生掌握有机化学实验的基本操作、基本技能;使学生初步掌握一些有机化合物的合成以及鉴定方法;配合教学,验证和巩固课堂讲授的理论和知识,培养学生有较强的自学能力和创新精神;培养学生正确观察、缜密思考、诚实记录的科学态度和良好的工作习惯。

2.有机化学实验室的安全

(1)易燃物:乙醚、乙醇、丙酮、苯、甲苯等大部分有机溶剂,乙烷、乙烯等气体,红磷、萘等固体。

(2)易爆物:氢＋氧、乙炔＋空气、乙醚蒸气＋空气、过氧化物、多硝基化合物、重氮盐、氢气钢瓶、氧气钢瓶、乙炔钢瓶等。

(3)有毒物质:氰化钠、硝基苯、卤代烃、某些有机磷化合物、氯气、溴、氯化氢、氨、一氧化碳、氯化汞、刺激性药品、致癌物质。

(4)有腐蚀性物质:氯磺酸、浓硫酸、浓硝酸、浓盐酸、烧碱、碱石灰等。

(5)灼伤处理有以下几种方法。

浓酸:大量水洗,再用 3%～5% 碳酸氢钠溶液洗,最后水洗,干后涂烫伤油膏。

浓碱:大量水洗,再用 2% 醋酸溶液洗,最后水洗,干后涂烫伤膏。

溴:大量水洗,再用酒精轻擦至无溴,涂甘油或鱼肝油软膏。

(6)割伤。

(7)安全用电。

三、实验预习、记录和报告

1.实验预习:课前应将本次实验目的、实验原理、实验试剂及产品的性质、实验装置图、实验步骤记在实验报告上。

2.实验记录:课堂上将实验现象、实验数据直接记到实验报告上。

3.实验报告处理:课后处理好实验数据,对实验结果进行讨论,完成思考题。

4.实验报告书写:规范实验报告书写。报告需要书写的内容有:(1)实验目的,(2)实验原理,(3)实验仪器设备及实验材料的物性,(4)画出反应装置图,(5)实验步骤,(6)数据分析及结果讨论,(7)思考题。

四、实验仪器及设备

1.仪器的认领和使用玻璃仪器时的注意事项

有机化学常用实验仪器见表 7.1。

表 7.1   有机化学实验常用实验仪器

序号	仪器名称	规格	数量	序号	仪器名称	规格	数量
1	球形冷凝管	14#	1	17	三角瓶	14#/100 mL	1
2	直形冷凝管	14#	1	18	三角瓶	14#/50 mL	1
3	真空接引管	14#	1	19	吸滤瓶	250 mL	1
4	干燥管	14#	1	20	洗瓶	500 mL	1
5	弯管	14#	1	21	烧杯	1 000 mL	1
6	空心塞	14#	1	22	烧杯	250 mL	1
7	变口	19 下—14 上	1	23	烧杯	100 mL	1
8	螺帽接头	14#	1	24	量筒	100 mL	1
9	蒸馏头	14#	1	25	量筒	25 mL	1
10	滴液漏斗	14#	1	26	温度计	200 ℃	1
11	玻璃漏斗	14#	1	28	表面皿	10cm	1
12	分液漏斗	60 mL	2	28	十字夹		2
13	布氏漏斗	6cm	1	29	万能夹		2
14	三颈烧瓶	250 mL	1	30	药勺		1
15	圆底烧瓶	14#/250 mL	1	31	镊子		1
16	圆底烧瓶	14#/100 mL	1				

2. 仪器的选择

(1)烧瓶的选择。根据液体的体积而定,一般液体的体积应占烧瓶容积的 $\frac{1}{3} \sim \frac{2}{3}$。进行水蒸气蒸馏和减压蒸馏时,液体的体积不应超过烧瓶容积的 1/3。

(2)冷凝管的选择。一般回流用球形冷凝管,蒸馏用直形冷凝管,当蒸馏温度超过 140 ℃时应改用空气冷凝管。

(3)温度计的选择。一般选用的温度计要高于被测温度 10～20 ℃。

(4)常用反应装置的装配与拆卸。安装仪器时,应选好主要仪器位置,要先下后上,先左后右。拆卸的顺序与组装相反,先上后下,先右后左。拆冷凝管时注意不要将水洒到电加热套上。

五、思考题

1. 为什么回流时选择球形冷凝管,蒸馏时选择直形冷凝管?
2. 叙述仪器安装与拆卸的顺序。
3. 叙述浓硫酸溅到手上的处理方法。

实验 2　蒸馏及沸点的测定

实验前预习内容

1. 预习 2.7.7 小节中蒸馏的相关知识。
2. 思考并回答:
(1)什么叫沸点?
(2)液体的沸点和大气压有什么关系?
(3)文献记载的某物质的沸点是否就是当地的沸点温度?

一、实验目的

1. 了解测定沸点的意义。
2. 学习蒸馏和测定沸点的原理和方法。
3. 掌握简单蒸馏装置和基本操作。

二、实验原理

沸点是有机化合物的重要物理常数之一。在液体有机化合物的分离和纯化以及溶剂回收过程中具有重要意义。

液体的分子由于分子运动而有从表面逸出的倾向,这种倾向随着温度的升高而增大,进而在液面上部形成蒸汽。当分子由液体逸出的速度与分子由蒸汽中回到液体的速度相等时,液面上的蒸汽达到饱和,称为饱和蒸汽。它对液面所施加的压力称为饱和蒸汽压。

实验证明,液体的蒸汽压只与温度有关,即液体在一定温度下具有一定的蒸汽压,如图7.1所示。

当液体的蒸汽压增大到与外界施于液面的总压力(通常是大气压力)相等时,就有大量气泡从液体内部逸出,即液体沸腾。这时的温度称为液体的沸点。

纯粹的液体有机化合物在一定的压力下具有一定的沸点(沸程为 0.5~1.5 ℃)。利用这一点,我们可以测定纯液体有机物的沸点。该法又称常量法。

但是具有固定沸点的液体不一定都是纯粹的化合物,因为某些有机化合物常和其他组分形成二元或三元共沸混合物,它们也有一定的沸点。

蒸馏是将液体有机物加热到沸腾状态,使液体变成蒸汽,再将蒸汽冷凝为液体的过程。通过蒸馏可除去不挥发性杂质,可分离沸点差大于 30 ℃ 的液体混合物,还可以测定纯液体有机物的沸点及定性检验液体有机物的纯度。

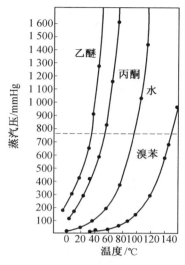

图 7.1　温度与蒸汽压的关系图

三、主要仪器与试剂

仪器:圆底烧瓶(100 mL)、温度计、直形冷凝管、蒸馏头、真空接引管、锥形瓶、量筒(100 mL)等。

试剂:自来水、沸石。

四、实验装置

本实验装置主要由汽化、冷凝和接收三部分组成,如图 7.2 所示。

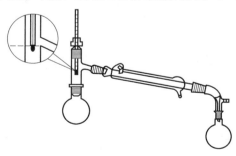

图 7.2　蒸馏装置图

五、实验步骤

1.加料:将待蒸自来水 40 mL 小心倒入蒸馏瓶中,加入几粒沸石(思考为什么),塞好带温度计的螺帽接头,注意温度计的位置。再检查一次装置是否稳妥与严密。

2.加热:先打开冷凝水龙头,缓缓通入冷水[1],然后开始加热。注意冷水自下而上,蒸汽自上而下,两者逆流冷却效果好。当液体沸腾,蒸汽到达水银球部位时,温度计读数急剧上升,调节热源,让水银球上液滴和蒸汽温度达到平衡,使蒸馏速度以每秒 $1\sim2$ 滴为宜。此时温度计读数就是馏出液的沸点。

蒸馏时若热源温度太高,则使蒸汽成为过热蒸汽,造成温度计所显示的沸点偏高;若热源温度太低,则馏出物蒸汽不能充分浸润温度计水银球,造成温度计读到的沸点偏低或不规则。

3.收集馏液[2]:准备两个接收瓶,一个接收前馏分(或称馏头),另一个(需称重)接收所需馏分,并记下该馏分的沸程,即该馏分的第一滴和最后一滴时温度计的读数。

在所需馏分蒸出后,温度计读数会突然下降,此时应停止蒸馏。即使杂质很少,也不要蒸干,以免蒸馏瓶破裂及发生其他意外事故。

4.拆除蒸馏装置:蒸馏完毕,应先撤出热源,仪器冷却后停止通水,最后拆除蒸馏装置(与安装顺序相反)。

六、数据处理、结果讨论

称量产品的产量、计算产率。

分析、讨论实验结果。

七、思考题

1.蒸馏时加入沸石的作用是什么? 如果蒸馏前忘记加沸石,能否立即将沸石加至将近沸腾的液体中? 当重新蒸馏时,用过的沸石能否继续使用?

2.如果液体具有恒定的沸点,那么能否认为它是单纯物质?

3.为什么蒸馏系统不能密闭?

注释:

[1]冷却水流速以能保证蒸汽充分冷凝为宜,通常只需保持缓缓水流即可。

[2]常压蒸馏有机溶剂均应用小口接收器,如锥形瓶。减压蒸馏应选择耐压容器,如圆底烧瓶等。

实验 3　　无水乙醇的制备

实验前预习内容

1.预习第 2 章及相关知识。

2.思考并回答:

(1)蒸馏时,温度计水银球上有无液滴意味着什么?

(2)蒸馏的速度怎样控制?

(3)什么叫回流?

一、实验目的

1.使学生了解无水溶剂的制备及其意义。

2.掌握制备无水乙醇的一般方法和原理。

3.学习回流操作。

4.复习蒸馏操作。

二、实验原理

乙醇可以和水形成共沸物,一般的工业乙醇含量为 95.5％,尚含有 4.5％的水。若和生石灰作用,会生成不挥发的氢氧化钙,从而除去水分。用此法可以得到纯度为 99.5％的乙醇,可满足一般的实验使用。若要得到绝对乙醇,可用金属镁或金属钠作为脱水剂。

$$CH_3CH_2OH \cdot H_2O + CaO \longrightarrow CH_3CH_2OH + Ca(OH)_2$$

三、主要仪器和试剂

仪器:圆底烧瓶(250 mL)、温度计、直形冷凝管、蒸馏头、真空接引管、锥形瓶、量筒(100 mL)等。

试剂:95％乙醇、氧化钙、无水氯化钙、沸石等。

四、实验装置

实验所需装置主要由回流和蒸馏两部分组成,如图 7.3(a)和 7.3(b)所示。

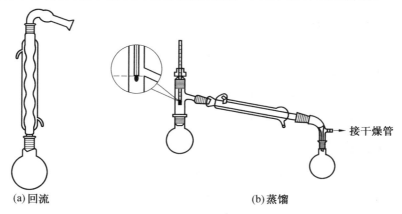

(a)回流　　　　　　　　　　　(b)蒸馏

图 7.3　无水乙醇制备实验装置图

五、实验步骤

1.在 250 mL 圆底烧瓶中[1],加入 100 mL 95％的乙醇和 20 g 生石灰[2],用塞子塞好,放置数天[3]。实验时,拔去瓶塞,装上球形冷凝管,冷凝管上接一无水氯化钙干燥管,如图 7.3(a)所示。接通冷凝水[4],加热回流 2 h。

2.回流结束后,关闭电源,待装置稍冷,将回流装置改成蒸馏装置,如图 7.3(b)所示。蒸去前馏分后,用干燥的三角瓶或圆底烧瓶做接收器,接引管的支管接一无水氯化钙干燥管,使之与大气相通,加热蒸馏至几乎无液滴流出为止。

3.称量无水乙醇的重量或测量其体积,计算回收率。

六、数据处理、结果讨论

七、思考题

1. 制备无水试剂时应注意什么？为什么在回流和蒸馏时冷凝管顶端和接引管支管上要加氯化钙干燥管？

2. 蒸馏时为什么蒸馏瓶所盛液体的量不应超过其体积的 2/3，也不应少于 1/3？

3. 为什么蒸馏时不能将液体蒸干？本实验为什么可以将液体蒸干？

注释：

[1] 由于无水乙醇吸水性较强，所以实验中所用仪器及各步操作均应注意防水。

[2] 与一般干燥剂不同，因为氧化钙与水生成的氢氧化钙加热时不分解，所以蒸馏前不必过滤。

[3] 如不较长时间放置，则需增加回流时间。

[4] 冷凝水的流速以能保证蒸汽充分冷凝为宜，通常只需保持缓缓水流即可。

实验 4　苯甲酸的制备

实验前预习内容

1. 预习回流、重结晶、减压过滤等相关知识。

2. 思考并回答：

(1) 在氧化反应中，影响苯甲酸产量的主要因素有哪些？

(2) 反应完毕后，如果滤液呈紫色，为什么要加亚硫酸氢钠？

一、实验目的

1. 学习甲苯氧化制备苯甲酸的原理及方法。

2. 巩固回流和减压过滤的实验操作技能。

二、实验原理

反应方程式为

$$C_6H_5-CH_3 + 2KMnO_4 \longrightarrow C_6H_5-COOK + KOH + 2MnO_2 + H_2O$$

$$C_6H_5-COOK + HCl \longrightarrow C_6H_5-COOH + KCl$$

三、主要仪器和试剂

仪器：圆底烧瓶（250 mL）、球形冷凝管、量筒（10 mL、50 mL）、抽滤瓶、布氏漏斗、烧杯（250 mL×2）、搅拌棒、表面皿。

试剂：甲苯 2.7 mL（2.3 g，0.25 mol）、高锰酸钾 8.5 g（0.054 mol）、浓盐酸、亚硫酸氢钠。

四、实验装置

实验所需装置如图 7.4 所示。

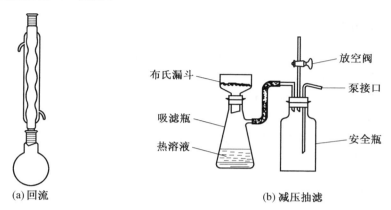

(a) 回流　　　　　　　　(b) 减压抽滤

布氏漏斗
吸滤瓶
热溶液
放空阀
泵接口
安全瓶

图 7.4　回流和减压抽滤装置图

五、实验步骤

1. 在 250 mL 圆底烧瓶中放入 2.7 mL 甲苯和 100 mL 水,瓶口装回流冷凝管,在磁力搅拌下加热至沸。在冷凝管上口分批加入 8.5 g 高锰酸钾,黏附在冷凝管内壁的高锰酸钾用 25 mL 水冲洗入瓶内。继续加热回流并间歇摇动烧瓶,直至甲苯层几乎消失,回流液不再出现油珠(约需 4～5 h)。

2. 将反应混合物趁热减压过滤[1],用少量热水洗涤滤渣二氧化锰。合并滤液和洗涤液,放在冰水浴中冷却,然后用浓盐酸酸化(用刚果红试纸试验),至苯甲酸全部析出。将析出的苯甲酸减压过滤,用少量冷水洗涤,挤压去水分,把制得的苯甲酸放在沸水浴上干燥,产量约 1.7 g。若要得到纯净产物,可在水中进行重结晶[2]。

纯苯甲酸为无色针状晶体,熔点为 122.4 ℃。

六、数据处理、结果讨论

七、思考题

精制苯甲酸还有什么别的方法?

注释:

[1] 滤液如果呈紫色,可加入少量亚硫酸氢钠使紫色褪去,重新减压过滤。

[2] 苯甲酸在 100 g 水中的溶解度为:4 ℃,0.18 g;18 ℃,0.27 g;75 ℃,2.2 g。

实验 5　萘的重结晶及过滤

实验前预习内容

1. 预习 2.7.7 小节固体有机化合物的分离和提纯及相关知识。

2. 思考并回答：

(1) 活性炭为什么要在固体物质全溶后加入？

(2) 在重结晶过程中溶剂选择的依据是什么？

(3) 抽滤时，为什么在关闭水泵前先要拔掉接吸滤瓶的胶管？

(4) 热过滤时有哪些注意事项？

一、实验目的

1. 通过实验掌握重结晶的原理和操作。

2. 熟练重结晶的操作步骤。

3. 复习减压抽滤的操作。

二、实验原理

固体有机化合物在任何一种溶剂中的溶解度均随温度的变化而变化，一般情况下，当温度升高时，溶解度增加，温度降低时，溶解度减小。可利用这一性质，使化合物在较高温度下溶解，在低温下结晶析出。由于产品与杂质在溶剂中的溶解度不同，可以通过过滤将杂质除去，从而达到分离和提纯的目的。由此可见，选择适合的溶剂是重结晶操作中的关键。

三、主要仪器和试剂

仪器：圆底烧瓶(100 mL)、球形冷凝管、加热套、量筒(100 mL、30 mL)、布氏漏斗、吸滤瓶、空心塞、玻璃漏斗、三角瓶、表面皿等。

试剂：粗萘、70%乙醇溶液、沸石、活性炭等。

四、实验装置

实验装置主要由回流装置、热过滤和减压抽滤三部分组成，如图 7.4(a) 和图 7.5 所示。

五、实验步骤

1. 饱和溶液的制备：在 100 mL 圆底烧瓶中加入 3 g 粗萘、30 mL 70%的乙醇水溶液和几粒沸石，圆底烧瓶上连接球形冷凝管，如图 7.4(a) 所示。接通冷凝水，加热回流，边加热边摇动以加快萘的溶解。如不能完全溶解，关掉热源，从冷凝管上端补加少量 70%乙醇[1]，每次补加后应摇动烧瓶，然后继续加热，直到完全溶解后，再多加 5 mL 乙醇溶液,关掉热源。

2. 脱色:待装置稍冷后向烧瓶中加少许活性炭[2],稍加摇动,继续加热回流 5 min。

3. 热过滤:脱色结束后,趁热用预热好的短颈玻璃漏斗和折叠滤纸将萘的热溶液滤入干燥的 100 mL 锥形瓶中,如图 7.5(b)所示。烧瓶和滤纸用少量热的 70％乙醇[3]洗涤。

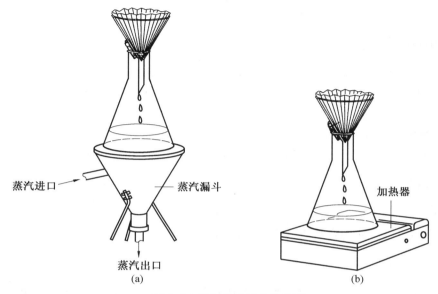

图 7.5　常压热过滤的装置图

4. 冷却:将装有滤液的锥形瓶用塞子塞好,冷却结晶[4]。

5. 减压抽滤:结晶完毕后,用布氏漏斗抽滤。再用玻璃塞挤压晶体,使母液尽量除去。晶体用 70％乙醇洗涤两次[5]。

6. 减压抽滤:将晶体移入表面皿上,盖上滤纸,放入干燥器中干燥或在空气中晾干。

7. 称量干燥后的晶体质量,计算产率。

六、数据处理、结果讨论

七、思考题

1. 简述重结晶过程及各步骤的目的?

2. 在热过滤时,为什么要尽量减少溶剂的挥发?为此应采取什么措施?

3. 在布氏漏斗中用溶剂洗涤固体时应注意什么?

注释:

[1]补加时用漏斗,以免将乙醇倒洒。

[2]活性炭一定不能加到沸腾的液体中,否则将会暴沸。加入的活性炭的量应为产品量的 1％～5％。

[3]加热乙醇要用回流装置。

[4]冷却结晶较快,但要想得到较大较好的晶型,应慢慢结晶。

[5]洗涤时应先拔去连接吸滤瓶的胶管,将产品轻轻移动,倒入乙醇溶液洗涤后再接泵抽滤。

实验 6　熔点的测定

实验前预习内容

1. 预习有关熔点测定的相关知识。

2. 思考并回答:

(1)为什么要用开口塞?

(2)选择浴液时注意事项?

(3)温度计应放在提勒管(又称 b 形管)的什么位置?

一、实验目的

1. 了解熔点测定的原理、用途、浴液的选择。

2. 掌握用毛细管法测定熔点的方法及操作。

二、实验原理

熔点是在一个大气压下固体化合物的固相与液相平衡时的温度,这时固相和液相的蒸汽压相等。一个纯化合物从开始熔化(初熔)至完全熔化(全熔)的温度范围称为熔点距,也称熔点范围或熔程,一般不超过 0.5～1 ℃。固体样品的熔化过程如图 7.6 所示。当固体样品含有杂质时,会使其熔点下降,且熔点距也较宽。由于大多数有机化合物的熔点都在 300 ℃以下,较易测定,故利用测定熔点,可以估计出有机化合物的纯度。怎样理解这种性质呢? 我们可以从分析物质的蒸汽压和温度的关系曲线图入手。在图 7.7 中,曲线 SM 的变化大于 ML。两条曲线相交于 M,在交叉点 M 处,固液两相蒸汽压一致,固液两相平衡共存,这时的温度(T)是该物质的熔点(Melting Point,缩写为 MP)。当最后一点固体熔化后,继续供应热量就使温度线性上升。图 7.8 说明纯晶体物质具有固定和敏锐的熔点,也告诉我们要使熔化过程尽可能接近于两相平衡状态,在测定熔点过程中,当接近熔点时升温的速度不能快,必须密切注意加热情况,以每分钟上升 1 ℃为宜。

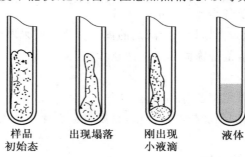

样品　　出现塌落　　刚出现　　液体
初始态　　　　　　小液滴

图 7.6　固体样品的熔化过程

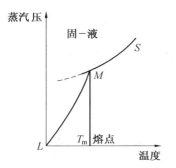

图 7.7　物质蒸汽压和温度的关系

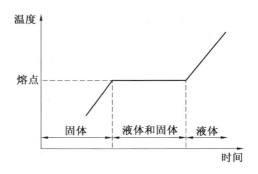

图 7.8　相态随着时间和温度的变化而变化

三、主要仪器和试剂

仪器:提勒管、温度计、表面皿、玻璃管、开口塞、熔点管。

试剂:98％浓硫酸、二苯胺、萘、苯甲酸。

四、实验装置

实验装置如图 7.9 所示。

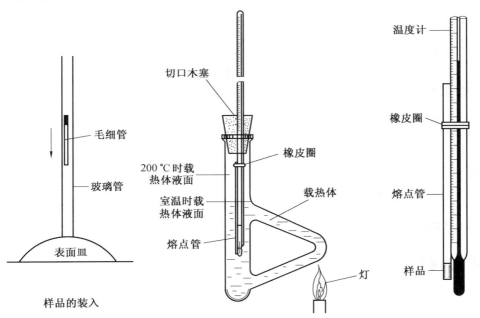

图 7.9　毛细管测定熔点实验装置

五、实验步骤

1.准备熔点管。通常用内径约 1 mm、长约 60～70 mm、一端封闭的毛细管作为熔点管。

2.样品的填装。首先把试样装入熔点管中,具体做法是将干燥的粉末状试样在表面皿上堆成小堆,把熔点管的开口端插入试样中,装取少量粉末。然后把熔点管竖起来,在桌面上轻敲几下(熔点管的下落方向必须与桌面垂直,否则熔点管极易折断),使样品掉入管底。这样重复取样品几次。最后使熔点管从一根长约 40～50 cm 高的玻璃管中掉到表面皿上,多重复几次,使样品粉末紧密堆积在熔点管底部。为使测定结果准确,样品一定要研得极细,填充要均匀且紧密。

3.测定熔点的装置:用提勒管测定熔点。

载热体又称为浴液,可根据所测物质的熔点选择,一般用液体石蜡、硫酸、硅油等。

将熔点管夹在铁架台上,装浓硫酸于熔点管中,装至高出上支管时即可,毛细管中的样品应位于温度计水银球的中部,可用乳胶圈捆好贴实(乳胶圈不要进入溶液中),用有缺口的胶塞[1]做支撑套入温度计,放到提勒管中,并使水银球处在提勒管的两支管口之间。在如图 7.9 所示位置加热。载热体被加热后在管内呈对流循环,使温度变化较均匀。

在测定已知熔点的样品时,可先以较快速度加热,在距离熔点 15～20 ℃时,应以每分钟 1～2 ℃的速度加热,当接近熔点时,加热要更慢,每分钟约上升 0.2～0.3 ℃,直到测出熔程。在测定未知熔点的样品时,应先粗测熔点范围,再用上述方法细测。测定时,应观察和记录样品开始塌落并有液相产生时(初熔)和固体完全消失时(全熔)的温度读数,所得数据即为该物质的熔程。还要观察和记录在加热过程中是否有萎缩、变色、发泡、升华及炭化等现象,以供分析参考。

熔点测定至少要有两次重复数据,每次要用新毛细管重新装入样品。

实验结束后,把温度计放好,让其自然冷却至接近室温时,用废纸擦去硫酸,才可用水冲洗。否则,容易发生水银柱断裂。热浓硫酸待冷却后,方可倒回瓶中。

按熔点升高的顺序,逐个测定下列化合物的熔点。

(1)二苯胺   53.0～54.0 ℃

(2)萘   80.0～81.0 ℃

(3)苯甲酸   122.4～123.0 ℃

每个样品至少有两个平行值[2],记录测得的熔点数据。测定时若硫酸被污染变黑,可加入少许硝酸钠(钾)使其褪色。

六、数据处理、结果讨论

七、思考题

1.用毛细管法测定熔点时,影响测定准确度的因素有哪些?

2.两种样品的熔点都是 150 ℃,以任何比例混合后,测得的熔点仍然是 150 ℃,这说明什么?

注释:

[1]塞子要切口,温度计的刻度应对着塞子的开口处,硫酸不要装得太多,与提勒管的上支管口平行即可。

[2]每个样品第一次测定完后,应冷至熔点下 20～30 ℃后再测第二个样。同一个样

品可同时装两个备用。

实验 7　薄层色谱

实验前预习内容

1.预习 2.7,2.8 节色谱分离技术等知识。

2.思考并回答：

(1)什么是比移值？

(2)选择展开剂的原则？

(3)点样时为什么要少量多次？

一、实验目的

1.通过实验掌握薄层色谱分离鉴定化合物的原理。

2.掌握固定相、展开剂的选择及制板、点样、展开等薄层色谱操作技术。

3.学会用比移值鉴定化合物。

二、实验原理

由于不同化合物或混合物中各组分在固定相中吸附能力的不同,可在展开剂和固定相中反复吸附而将各种化合物或组分分开。

三、主要仪器和试剂

仪器:层析缸、点样毛细管。

试剂:硅胶板、醋酸乙酯、无水苯、间硝基苯胺、苏丹Ⅲ、偶氮苯。

四、实验装置

实验装置如图 7.10 所示。

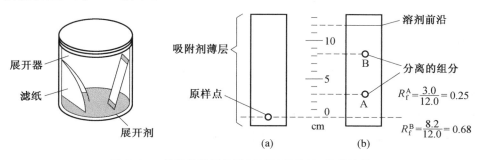

$$R_f^A = \frac{3.0}{12.0} = 0.25$$

$$R_f^B = \frac{8.2}{12.0} = 0.68$$

图 7.10　某组分薄层色谱展开过程及 R_f 值的计算

五、实验步骤

本实验以硅胶 G 为吸附剂制成薄层硬板,用 9∶1 的无水苯与醋酸乙酯做展开剂。通过实验测出间硝基苯胺、苏丹Ⅲ及偶氮苯的 R_f 值,并分析确定未知样品的成分和组成。

1.点样。分别取少量 0.5%～1% 间硝基苯胺、苏丹Ⅲ、偶氮苯的苯溶液以及 1～2 个未知物质于小试管中,作为试样。

在薄层板一端 1 cm 处,用铅笔或毛细管轻轻画一条直线。取管口平整的毛细管蘸取样品液,于画线处轻轻点样[1]。每块板可点两个样[2],先点已知样,再点未知样。

2.展开。以 9∶1 的无水苯与醋酸乙酯为展开剂。将点好样品的薄层板小心放入展开槽中,点样一端在下,浸入展开剂内约 0.5 cm[3]。盖好展开槽,观察展开剂前沿上升到离板的上端约 1 cm 处时取出,尽快用铅笔或毛细管在展开剂前沿处画一记号[4],晾干。计算各样品的 R_f 值,并确定未知物的组成。

六、数据处理、结果讨论

七、思考题

1.如何用 R_f 值来鉴定化合物?

2.展开剂的高度为什么不能超过点样线?

3.在混合物薄层色谱中,如何判定各组分在薄层上的位置?

注释:

[1]点样切勿过重,以免破坏薄层,毛细管液面刚好接触薄层即可。一次点样不够时,可重复点样几次。

[2]样与样之间距离不小于 1 cm。

[3]展开剂一定不要超过点样线。

[4]取出后应立即画上记号,展开剂挥发后前沿将不清晰,导致无法判断前沿位置。

实验 8 醋酸乙酯的制备

实验前预习内容

1.预习 2.7 小节。复习回流及蒸馏操作,溶液的洗涤方法。

2.思考并回答:

(1)为什么要加入饱和碳酸钠水溶液?

(2)实验中引入的碳酸钠是用什么溶剂除去的?

一、实验目的

1.掌握酯化反应的原理和方法。

2.巩固蒸馏及回流操作的原理和方法。

3.掌握萃取、洗涤、干燥液体有机化合物的基本操作。

二、实验原理

主反应

$$CH_3COOH + CH_3CH_2OH \xrightarrow[\text{加热回流}]{H_2SO_4} CH_3\overset{\overset{\displaystyle O}{\|}}{C}OCH_2CH_3 + H_2O$$

副反应

$$2CH_3CH_2OH \xrightarrow[140\sim150\,\text{℃}]{H_2SO_4} CH_3CH_2OCH_2CH_3 + H_2O$$

三、主要仪器和试剂

仪器:直形冷凝管、球形冷凝管、分液漏斗、蒸馏头、温度计、真空接引管、圆底烧瓶、电加热套等。

试剂:冰醋酸、乙醇、浓硫酸、饱和碳酸钠水溶液、饱和氯化钠水溶液、饱和氯化钙水溶液、无水硫酸钠等。

四、实验装置

实验装置主要由回流装置和蒸馏装置两部分组成,如图 7.11 所示。

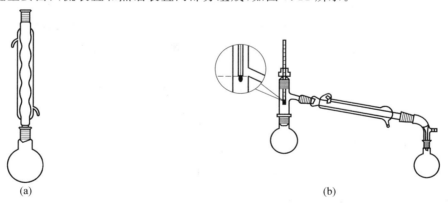

图 7.11 醋酸乙酯制备实验装置图

五、实验步骤

1.粗醋酸乙酯的制备

在 100 mL 圆底烧瓶中加入 7.5 mL(0.13 mol)冰醋酸,12 mL (0.21 mol)乙醇,不断振摇下缓慢加入 4 mL(0.073 mol)浓硫酸[1],混合均匀后加入少量沸石,安装回流冷凝管,加热回流 30 min。回流完毕后冷却,改用蒸馏装置蒸馏,收集沸点低于 80 ℃的馏分,得到粗醋酸乙酯。

2.醋酸乙酯的精制

搅拌下向粗醋酸乙酯中滴加饱和碳酸钠水溶液,有二氧化碳气体产生,直至酯水混合液不显酸性[2]。将混合液小心倒入分液漏斗，分出下部水后，酯层先用 10 mL 饱和氯化钠水溶液洗涤[3]，然后用 20 mL 饱和氯化钙水溶液分 2 次洗涤[4]，分出下层氯化钙水溶液。将醋酸乙酯由分液漏斗上口倒入干燥的具塞锥形瓶中，加入适量无水硫酸钠干燥 1～2 h，间歇振摇锥形瓶。将干燥后的醋酸乙酯滤入干燥的蒸馏烧瓶中，加入沸石，缓慢加热蒸馏，收集 73～78 ℃的馏分。

纯醋酸乙酯为无色液体，沸点为 77.1 ℃。

六、数据处理、结果讨论

七、思考题

1.本实验采取什么措施使可逆反应向生成物方向进行？

2.本实验进行粗产品纯化时能否用氢氧化钠水溶液代替饱和碳酸钠水溶液？

3.本实验为什么用饱和氯化钠水溶液洗涤粗产品？能否用水代替？

注释：

[1] 3%的浓硫酸即可催化酯化反应，本实验浓硫酸用量稍多，由于其脱水作用，可以使该可逆反应平衡右移，提高酯的产率。

[2]加入饱和碳酸钠水溶液可以去除粗醋酸乙酯中的醋酸。用 pH 试纸检验。

[3]饱和氯化钠水溶液洗涤的目的是去除酯中的碳酸钠，若碳酸钠除不尽，将和氯化钙形成碳酸钙沉淀，影响纯化操作。此处亦可用水洗涤，但由于醋酸乙酯在水中有一定的溶解度，使用饱和氯化钠水溶液洗涤可以降低醋酸乙酯在水中的溶解度，减少酯的损失。

[4]饱和氯化钙水溶液洗涤的目的是去除酯中残余的乙醇。

实验 9　乙醚的制备

实验前预习内容

1.预习滴液漏斗的使用及低沸点液体的操作要点。

2.思考并回答：

(1)为什么不能快速滴加乙醇？

(2)为什么温度计的位置要插到液面下？

(3)为什么在用氯化钙洗以前先用饱和氯化钠溶液洗？

一、实验目的

1.掌握实验室制备乙醚的原理和方法。

2.初步掌握低沸点易燃液体的操作要点。

二、实验原理

醚能溶解多数有机化合物，有些有机反应必须在醚中进行(例如 Grignard 反应)，因此,醚是有机合成中常用的溶剂。

反应式

$$CH_3CH_2OH + H_2SO_4 \xrightarrow{100 \sim 130\ ℃} CH_3CH_2OSO_2OH + H_2O$$

$$CH_3CH_2OSO_2OH + CH_3CH_2OH \xrightarrow{135 \sim 145\ ℃} CH_3CH_2OCH_2CH_3 + H_2SO_4$$

总反应

$$2CH_3CH_2OH \underset{H_2SO_4}{\overset{140\ ℃}{\rightleftharpoons}} CH_3CH_2OCH_2CH_3 + H_2O$$

副反应

$$CH_3CH_2OH \xrightarrow{H_2SO_4} \begin{cases} \xrightarrow{170\ ℃} H_2C =\!\!=\!\!= CH_2 + H_2O \\ \xrightarrow{[O]} CH_3CHO + SO_2 \uparrow + H_2O \end{cases}$$

$$CH_3CHO \xrightarrow{H_2SO_4} CH_3COOH + SO_2 \uparrow + H_2O$$

$$SO_2 + H_2O \longrightarrow H_2SO_3$$

三、主要仪器和试剂

仪器:滴液漏斗、三颈烧瓶、温度计、螺帽接头、弯管、直形冷凝管、蒸馏头、真空接引管、圆底烧瓶、分液漏斗、烧杯等。

试剂:95%乙醇、98%浓硫酸、氢氧化钠、氯化钠、氯化钙、沸石等。

四、实验装置

实验所用装置主要由两部分组成,如图 7.12(a)和图 7.12(b)所示。

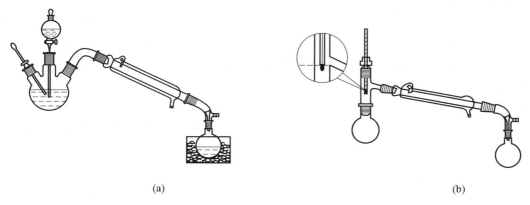

(a)　　　　　　　　　　　　　　　(b)

图 7.12　乙醚制备实验装置

五、实验步骤

1. 粗乙醚的制备

装置如图 7.12(a)所示。在干燥的三颈烧瓶中,放入 12 mL 95%乙醇。将烧瓶浸入冷水浴中,缓缓加入 12 mL 浓硫酸混匀。滴液漏斗内盛有 25 mL 95%乙醇。漏斗脚末端和温度计的水银球必须浸入液面以下,距离瓶底约 0.5~1 cm 处。用做接收器的烧瓶应浸入冰水浴中冷却,接收管的支管接上橡皮管通入下水道或室外。

将反应瓶放在加热套中进行加热,使反应液温度比较迅速地上升到140 ℃,开始由滴液漏斗慢慢滴加乙醇,控制滴入速度与馏出速度大致相同[1](1 滴/s),并维持反应温度在135~145 ℃,约 30~45 min 滴加完毕,再继续加热 10 min,直到温度上升到 160 ℃时,去掉热源[2],停止反应。

2. 乙醚的精制

将馏出液转入分液漏斗,依次用 8 mL 5％的氢氧化钠溶液、8 mL 饱和氯化钠溶液[3]洗涤,最后用 8 mL 饱和氯化钙溶液[4]洗涤 2 次。

分出醚层,用无水氯化钙干燥(注意容器外仍需用冰水冷却)。当瓶内乙醚澄清时,则将其小心地转入蒸馏烧瓶中,加入沸石,按图 7.12(b)的蒸馏装置,在微热的加热套上(约60 ℃)蒸馏,收集 33~38 ℃之间的馏分,产量为 7~9 g(产率约为 35％)。

纯乙醚的沸点为 34.5 ℃,n_D^{20} 为 1.352 6。

六、数据处理、结果讨论

七、思考题

1.本实验中,把混在粗制乙醚中的杂质一一除去采用哪些措施?

2.反应温度过高或过低对反应有什么影响?

注释:

[1]若滴加速度明显超过馏出速度,不仅乙醇未作用就已被蒸出,而且会使反应液的温度骤降,减少醚的生成。

[2]使用或精制乙醚的实验台附近严禁火种,所以当反应完成、拆下作为接收器的蒸馏烧瓶之前必须先关掉电源。绝不能一边用明火加热一边蒸馏。

[3]氢氧化钠溶液洗后,常会使醚层碱性太强,接下来直接用氯化钙溶液洗涤时,将会有氢氧化钙沉淀析出,为减少乙醚在水中的溶解度,以及洗去残留的碱,故在用氯化钙洗以前先用饱和氯化钠溶液洗。

[4]氯化钙和乙醇能形成复合物 $CaCl_2 \cdot 4CH_3CH_2OH$,因此未作用的乙醇也可以被除去。

实验 10 正一溴丁烷的制备

实验前预习内容

1.预习 2.7 节,以及带有吸收有害气体装置的回流等基本操作。

2.思考并回答:

(1)合成反应的加料顺序能否变为先加硫酸、溴化钠,最后加正丁醇?

(2)怎样判断正一溴丁烷是否蒸完?

（3）有机层分别依次用硫酸、水、饱和碳酸氢钠溶液洗涤时，产品分别在哪一层？

一、实验目的

1. 学习以溴化钠、浓硫酸和正丁醇制备正－溴丁烷的原理和方法。
2. 学习带有吸收有害气体装置的回流等基本操作。

二、实验原理

正－溴丁烷是由正丁醇与溴化钠、浓硫酸共热而制得的。其主反应如下

$$NaBr + H_2SO_4 \longrightarrow HBr + NaHSO_4$$

$$CH_3CH_2CH_2CH_2OH + HBr \rightleftharpoons CH_3CH_2CH_2CH_2Br + H_2O$$

可能发生的副反应如下

$$CH_3CH_2CH_2CH_2OH \xrightarrow[\triangle]{\text{浓 } H_2SO_4} CH_3CH_2CH = CH_2 + CH_3CH = CHCH_3 + H_2O$$

$$2CH_3CH_2CH_2CH_2OH \xrightarrow[\triangle]{\text{浓 } H_2SO_4} CH_3CH_2CH_2CH_2OCH_2CH_2CH_2CH_3 + H_2O$$

三、主要仪器和试剂

仪器：圆底烧瓶（100 mL）、球形冷凝管、三角瓶、分液漏斗、蒸馏头、螺帽接头、温度计、直形冷凝管、真空接引管等。

试剂：98％浓硫酸、正丁醇、溴化钠、氢氧化钠、碳酸氢钠、无水氯化钙、沸石等。

四、实验装置

实验装置如图 7.13 所示。

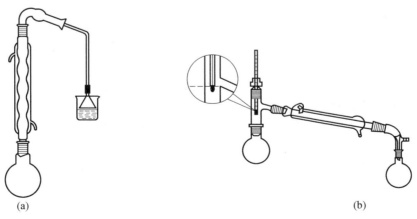

(a)　　　　　　　　　　　　　　　　　(b)

图 7.13　正－溴丁烷制备实验装置图

五、实验步骤

1. 粗正－溴丁烷的制备

在 100 mL 圆底烧瓶中，加入 10 mL 水，慢慢地加入 12 mL（0.22 mol）浓硫酸，混匀

并冷却至室温。加入正丁醇 7.5 mL(0.08 mol),混合后加入 10 g(0.10 mol)研细的溴化钠,充分振摇[1],再加入几粒沸石,装上球形冷凝管,在冷凝管上端接一吸收溴化氢气体的装置,如图 7.13(a)所示,用 5% 的氢氧化钠溶液做吸收剂。

加热回流 0.5 h(在此过程中,要经常摇动)。冷却后,改为蒸馏装置,加热蒸出所有溴丁烷[2]。

2. 正一溴丁烷的精制

将馏出液小心地转入分液漏斗,用 10 mL 水洗涤[3],小心地将粗品(思考是哪一层)转入到另一分液漏斗中,用 5 mL 浓硫酸洗涤[4]。尽量分去硫酸层(思考是哪一层),有机层分别依次用水、饱和碳酸氢钠溶液各 10 mL 洗涤。产物移入干燥的小三角烧瓶中,加入无水氯化钙干燥,间歇摇动,直至液体透明。将干燥后的产物小心地转入到蒸馏瓶中。加热蒸馏,收集 99～103 ℃ 的馏分,产量为 6～7 g(产率约为 55%)。

纯正一溴丁烷为无色透明液体,沸点为 101.6 ℃,n_D^{20} 为 1.440 1。

六、数据处理、结果讨论

七、思考题

1. 反应后的粗产物中含有哪些杂质？它们是如何除去的？
2. 本实验中,浓硫酸起何作用？其用量及浓度对实验有何影响？
3. 为什么用饱和碳酸氢钠水溶液洗酸以前,要先用水洗涤？

注释：

[1]如在加料过程中和反应回流时不摇动,将影响产量。

[2]正一溴丁烷是否蒸完,可从下列三方面来判断：

① 馏出液是否由浑浊变为澄清；

② 蒸馏瓶中上层油层是否已蒸完；

③ 取一支试管收集几滴馏出液,加入少许水摇动,如无油珠出现,则表示有机物已被蒸完。

[3]用水洗涤后馏出液如有红色,则是因为含有溴的缘故。可以加入 10～15 mL 饱和亚硫酸氢钠溶液洗涤除去。

$$2NaBr + 2H_2SO_4(浓) \longrightarrow Br + SO_2 + 2H_2O + 2NaHSO_4$$

$$Br_2 + 3NaHSO_3 \longrightarrow 2NaBr + NaHSO_4 + 2SO_2 + H_2O$$

[4]浓硫酸可洗去粗品中少量的未反应的正丁醇和副产物丁醚等杂质。否则,正丁醇和溴丁烷可形成共沸物(沸点为 98.6 ℃,含正丁醇 13%)而难以除去。

实验 11　乙酰水杨酸(阿司匹林)的合成

实验前预习内容

思考并回答：

(1)在制备过程中,加入硫酸的目的是什么?

(2)粗产品中如混有水杨酸,用什么来检验?

一、实验目的

1.掌握制备乙酰水杨酸的原理和方法。

2.复习检验酚羟基是否存在的原理和方法。

二、实验原理

乙酰水杨酸(Acetyl salicylic acid)(阿司匹林 Aspirin)是一种非常普遍的治疗感冒的药物,有解热止痛的效用,同时还可软化血管。其常用制备方法的反应式为

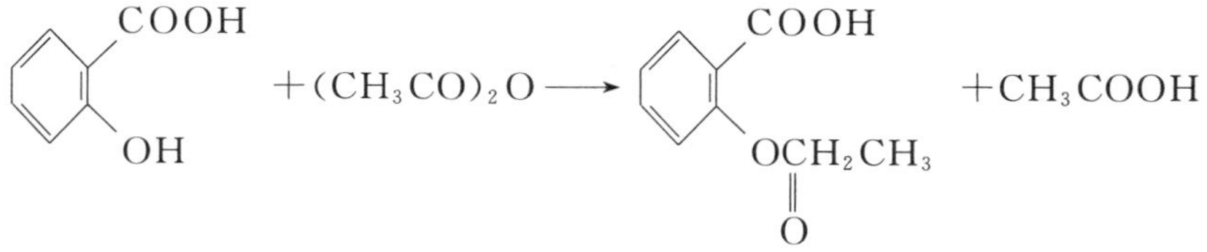

三、主要仪器和试剂

仪器:锥形瓶、烧杯、抽滤瓶、布氏漏斗等。

试剂:水杨酸(邻羟基苯甲酸)、醋酸酐、浓硫酸、1‰三氯化铁溶液等。

四、实验步骤

取 2 g(14 mmol)水杨酸放入 100 mL 的锥形瓶中,慢慢加入 5 mL(53.0 mmol)醋酸酐,用滴管加入浓硫酸 3 滴[1],摇动使水杨酸溶解,水浴加热(温度 80～90 ℃)5～10 min 后冷却至室温,即有乙酰水杨酸晶体析出。若无晶体析出,可用玻璃棒摩擦瓶壁促使结晶,或放入冰水中冷却,或采用借晶种的方法。

晶体析出后加入 25 mL 水,继续在冰水浴中冷却,使晶体完全析出。析出后抽滤,用少量水洗涤晶体,完全抽干后干燥处理。

粗产品用 1‰的三氯化铁溶液检验是否有酚羟基存在[2]。产率约为 80％,熔点为 134～136 ℃。

五、数据处理、结果讨论

六、思考题

1.本实验可产生哪些副产物?

2.通过什么样简便的方法可以鉴定出阿司匹林是否变质?

注释:

[1] 由于分子内氢键的作用,水杨酸与醋酸酐直接反应需在 150～160 ℃下才能生成乙酰水杨酸。加入酸的主要目的是破坏氢键的存在,使反应在较低的温度(90 ℃)下就可

以进行,而且可以大大减少副产物,因此在实验中要注意控制好温度。

［2］粗产品中如混有水杨酸,用1‰三氯化铁溶液检验时会显紫色。

实验 12　环己酮的制备

实验前预习内容

1.预习机械搅拌器、恒压滴液漏斗的使用方法及注意事项。

2.思考并回答:加氯化铝的作用是什么?

一、实验目的

1.学习用次氯酸法制备环己酮的原理和方法。

2.进一步了解醇与酮的区别和联系。

二、实验原理

醇的氧化是制备醛酮的重要方法之一,常用的方法有次氯酸氧化法和铬酸氧化法,但铬酸和它的盐价格较贵,且会污染环境,用次氯酸钠或漂白粉精(有效成分 $Ca(ClO)_2$)来氧化醇可以避免这些缺点,产率也较高。

本实验采用次氯酸钠做氧化剂,将环己醇氧化成环己酮

$$C_6H_{11}OH \longrightarrow C_6H_{10}O$$

三、主要仪器和试剂

仪器:搅拌器、滴液漏斗、三颈烧瓶、温度计等。

试剂:环己醇、冰醋酸、次氯酸钠、碘化钾淀粉试纸、亚硫酸氢钠、氯化铝、无水碳酸钠、氯化钠、无水硫酸镁等。

四、实验装置

实验装置如图 7.14(a)和图 7.14(b)所示。

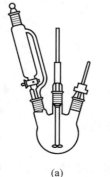
(a)

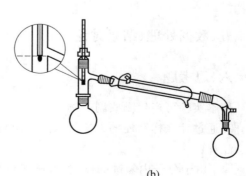
(b)

图 7.14　环己酮制备实验装置

五、实验步骤

向装有搅拌器、恒压滴液漏斗（滴液漏斗）和温度计的 250 mL 三颈烧瓶中依次加入 5.2 mL(5 g,0.05 mol)环己醇和 25 mL 冰醋酸。开动搅拌器,在冰水浴冷却下,将38 mL 次氯酸钠水溶液(约 1.8 mol/L[1])通过滴液漏斗逐滴加入反应瓶中,并使瓶内温度维持在 30～35 ℃,加完后搅拌 5 min,用淀粉碘化钾试纸检验应呈蓝色,否则应再补加 5 mL 次氯酸钠溶液,以确保有过量次氯酸钠存在,使氧化反应完全。在室温下继续搅拌 30 min,加入饱和亚硫酸氢钠溶液至反应液对碘化钾淀粉试纸不显蓝色为止[2]。

向反应混合物中加入 30 mL 水、3 g 氯化铝[3]和几粒沸石,最后加热蒸馏至馏出液无油珠滴出为止[4]。

在搅拌下向馏出液分批加入无水碳酸钠至反应液呈中性为止,然后加入精制食盐使之变成饱和溶液,将混合液倒入分液漏斗中,分出有机层[5],用无水硫酸镁干燥,蒸馏收集 150～155 ℃馏分,产量为 3.0～3.4 g(产率为 61%～69%)。

六、数据处理、结果讨论

七、思考题

为何在精制过程中要加入精制食盐?

注释:

[1] 次氯酸钠的浓度可用间接碘量法测定。用移液管吸取 10 mL 次氯酸钠溶液于 500 mL 容量瓶中,加蒸馏水稀释至刻度。摇匀后吸取 25 mL 溶液到 200 mL 三角瓶中,加入 50 mL 0.1 mol/L 盐酸和 2 g 碘化钾,用 0.1 mol/L 硫代硫酸钠溶液滴定析出的碘。5 mL 0.2%淀粉溶液在滴定接近终点时加入。

$$NaClO + 2KI + 2HCl == NaCl + H_2O + 2KCl + I_2$$
$$I_2 + 2Na_2S_2O_3 == 2NaI + Na_2S_4O_6$$

[2] 约需 5 mL NaHSO$_3$,此时发生下列反应

$$ClO^- + HSO_3^- \longrightarrow Cl^- + H^+ + SO_4^{2-}$$

[3] 加氯化铝可预防蒸馏时发泡。

[4] 环己酮(注意容易燃烧)和水形成共沸物,沸点为 95 ℃,含环己酮38.4%,馏出液中还有醋酸,沸程为 94～100 ℃。

[5] 水层若用 2×10 mL 乙醚萃取,合并环己酮粗品和醚萃取液,经干燥、回收乙醚后再蒸馏收集产品,产率会提高到 78%左右。

实验 13　苯乙酮的合成

实验前预习内容

预习带有吸收有害气体装置的回流操作、电磁搅拌器、恒压滴液漏斗的使用方法。

思考并回答:加醋酸酐时,为什么开始要慢一些?

一、实验目的

1. 学习实验室制备苯乙酮的原理和方法。
2. 学习恒压滴液漏斗和带有吸收有害气体回流装置的使用方法。

二、实验原理

合成苯乙酮(acetophenone)利用的是苯与醋酸酐在路易斯酸催化剂(三氯化铝)作用下的反应

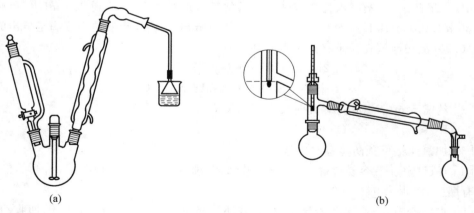

三、主要仪器和试剂

仪器:恒压滴液漏斗、三颈烧瓶、球形冷凝管、电磁搅拌器、蒸馏头、圆底烧瓶、螺帽接头、温度计、直形冷凝管、真空接引管、三角瓶、烧杯、量筒等。

试剂:苯、醋酸酐、无水三氯化铝、浓盐酸、石油醚、5%氢氧化钠溶液、无水硫酸镁。

四、实验装置

实验装置由两部分组成,如图 7.15(a)和 7.15(b)所示。

(a)   (b)

图 7.15 苯乙酮合成实验装置

五、实验步骤

1. 在 50 mL 的三颈烧瓶上,装上回流冷凝器,在冷凝器的上口接一个装有无水氯化钙的干燥管[1],并连接气体吸收装置,在烧杯中加入 5%NaOH 溶液作为吸收剂,吸收反应中产生的 HCl 气体。出口与液面距离 1～2 mm 为宜,千万不要全部插入液体中,以防倒吸。在三颈烧瓶的另一个口上装上恒压滴液漏斗。装好电磁搅拌器,向反应瓶中加入

6 g(0.09 mol)无水三氯化铝[2]和 8 mL(0.18 mol)苯,开动搅拌器,边搅拌边滴加 2 mL(0.042 mol)醋酸酐[3]。开始先少加几滴,待反应发生后再继续滴加。此反应为放热反应,应注意控制滴加速度,切勿使反应过于激烈[4],必要时可用冷水冷却,此过程约需 10 min。待反应缓和后,用水浴加热反应瓶并搅拌,直至无 HCl 气体逸出为止。

2.待反应液冷却后进行水解,将反应液倾入盛有 10 mL 浓盐酸和 20 g 碎冰的烧杯中(此操作最好在通风橱中进行),若还有固体存在,应补加浓酸使其溶解。然后将反应液倒入分液漏斗中,分出上层有机相,用 30 mL 石油醚分 2 次萃取下层水相,合并有机相,依次用 5 mL 10%NaOH 和 5 mL 水洗至中性,用无水硫酸镁干燥。在水浴上蒸出石油醚和苯后,再通过常压蒸馏或减压蒸馏蒸出产品,常压蒸馏收集 198～202 ℃的馏分。产品为无色透明液体,产率约为 65%。

纯苯乙酮的沸点为 202 ℃,d_4^{20} 为 1.028 1,n_D^{20} 为 1.533 8。

六、数据处理、结果讨论

七、思考题

1.为什么要用过量的苯和无水三氯化铝?

2.为什么要用含酸的冰水来分解产物?

注释:

[1]此实验应在无水条件下进行,所用药品及仪器需要全部干燥。无水三氯化铝在空气中容易吸潮分解,在称量过程中动作要快,称完后及时倒入烧瓶中,将烧瓶和药品瓶盖子及时盖好。苯用无水氯化钙干燥过夜后再用。放置时间较长的醋酸酐应蒸馏后再用,收集 137～140 ℃之间的馏分。

[2]在与无水三氯化铝接触的过程中,应避免与皮肤接触,以免被灼伤。

[3]加醋酸酐时,开始慢一些,因为过快会引起暴沸。反应高峰过后可以加快速度。

[4]反应温度不宜过高,一般控制反应液温度在 60 ℃左右为宜,反应时间长一些,可以提高产率。

实验 14 2-甲基-2-丁醇的制备

实验前预习内容

1.预习回流、蒸馏、萃取等操作。

2.思考并回答:

(1)为什么所用仪器和药品必须要经过严格干燥处理?

(2)溴乙烷和无水乙醚混合液滴加太快会增加哪种副产物的生成?

一、实验目的

1.了解 Grignard 试剂的制备、应用和进行 Grignard 反应的条件。

2.掌握搅拌、回流、萃取、蒸馏(包括低沸点物蒸馏)等操作。

二、实验原理

$$CH_3CH_2Br + Mg \xrightarrow{\text{无水乙醚}} CH_3CH_2MgBr$$

$$CH_3-\overset{\overset{\displaystyle O}{\|}}{C}-CH_3 + CH_3CH_2MgBr \xrightarrow{\text{无水乙醚}} CH_3CH_2-\overset{\overset{\displaystyle CH_3}{|}}{\underset{\underset{\displaystyle OMgBr}{|}}{C}}-CH_3$$

$$CH_3CH_2-\overset{\overset{\displaystyle CH_3}{|}}{\underset{\underset{\displaystyle OMgBr}{|}}{C}}-CH_3 + H_2O \xrightarrow{H^-} CH_3CH_2-\overset{\overset{\displaystyle CH_3}{|}}{\underset{\underset{\displaystyle OH}{|}}{C}}-CH_3$$

三、主要仪器和试剂

仪器:三颈烧瓶、恒压滴液漏斗、球形冷凝管、干燥管、机械搅拌器、直形冷凝管、蒸馏头、螺帽接头、温度计、圆底烧瓶、三角瓶、烧杯、分液漏斗等。

试剂:溴乙烷、无水乙醚、镁屑、碘、无水氯化钙、无水丙酮、20%硫酸溶液、5%碳酸钠、碳酸钾、沸石等。

四、实验装置

实验装置如图7.16(a)和图7.16(b)所示。

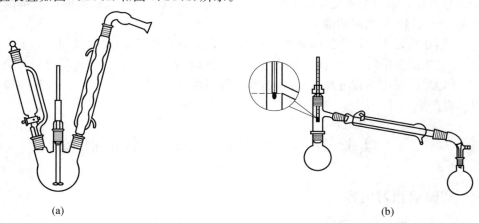

(a)   (b)

图7.16　2-甲基-2-丁醇制备实验装置

五、实验步骤

1.乙基溴化镁的制备。在250 mL三颈烧瓶上分别装置搅拌器、球形冷凝管和恒压滴液漏斗[1],在冷凝管的上口接一个氯化钙干燥管。瓶内放入3.4 g(0.14 mol)镁屑[2]或去除氧化膜的镁条及一小粒碘[3]。在恒压滴液漏斗中加入13 mL溴乙烷(19 g,

0.17 mol)和 30 mL 无水乙醚,混匀。从恒压滴液漏斗中滴入约 5 mL 混合液于三颈烧瓶中。数分钟后即可见溶液呈微沸状,碘的颜色消失(若不消失,可用温水浴温热)。然后开动搅拌器,继续滴加其余的混合液,控制滴加速度,维持反应液呈微沸状态[4],若发现反应物呈黏稠状,则补加适量的无水乙醚。滴加完毕,用温水浴回流搅拌 30 min,使镁屑几乎作用完全。

2.与丙酮的加成反应。将反应瓶置于冰水浴中,在搅拌下从恒压滴液漏斗中缓慢加入 10 mL 无水丙酮(7.9 g,0.14 mol)及 10 mL 无水乙醚的混合液。滴加完毕,在室温下搅拌 15 min,瓶中有灰白色黏稠状固体析出[5]。

3.加成物的水解和产物的提取。在冰水浴冷却和搅拌下,从恒压滴液漏斗滴入反应瓶中 60 mL 20%的硫酸溶液[6](预先配好,置于冰水浴中冷却),以分解产物。然后分离出醚层、水层,用乙醚萃取 2 次,每次 20 mL。合并醚层,用 15 mL 5%碳酸钠溶液洗涤,再用无水碳酸钾干燥。用热水浴蒸去乙醚(装置、操作及注意事项参见乙醚的制备),然后在加热套上加热蒸馏,收集 95～105 ℃之间的馏分[7],产量约为 5 g。

纯 2-甲基-2-丁醇为无色液体,bp 为 102.5 ℃,n_D^{20} 为 1.402 5。

六、数据处理、结果讨论

七、思考题

1.本实验的成败关键何在? 为什么? 为此你采取了什么措施?

2.制得的粗产品为什么不能用氯化钙干燥?

3.按对 Grignard 试剂的反应活性大小次序排列下列化合物,并说明排列的依据,用反应机理表示。

苯甲酸甲酯、苯甲醛、苯乙酮、苯乙酰氯

注释:

[1]所用仪器和药品必须经过严格干燥处理。否则反应很难进行,并可使生成的 Grignard 试剂分解。

[2]本实验采用表面光亮的镁屑。若镁屑放置较久,则采用如下方法处理:用 5%的盐酸与镁屑作用数分钟,过滤除去酸液,然后依次用水、乙醇、乙醚洗涤,抽干后置于干燥器中备用;也可用镁条代替镁屑,使用前用细砂纸将其表面的氧化膜除去,剪成 0.5 cm 左右的小碎条。

[3]卤代芳烃或卤代烃和镁的作用较难发生时,通常进行温热或用一小粒碘做催化剂,以促使反应开始。

[4]滴加速度太快,则反应过于剧烈而不易控制,并会增加副产物正丁烷的生成。

[5]若反应物中含杂质较多,白色的固体加成物就不易生成,混合物只能变成有色的黏稠状物质。

[6]也可以用氯化铵溶液(将 17 g 氯化铵溶于水,稀释至 70 mL),或用稀盐酸水解。

[7]2-甲基-2-丁醇与水能形成共沸物(沸点为 87.4 ℃,含水 27.5%),所以若干燥不彻底,前馏分将大大增加,影响产量。若用分馏的方法,则可收集到 100～104 ℃馏分。

实验 15　卤代烃的性质

一、实验目的

1. 熟悉卤代烃的化学性质。
2. 比较不同卤代烃的反应速率,掌握其鉴别方法。

二、实验原理

结构不同的卤代烃活性不同,可用硝酸银的醇溶液来试验其活性,并推测卤代物的可能结构。一般而言,乙烯型卤代烃(如氯乙烯、氯代苯等)分子中的卤原子极不活泼,与硝酸银－乙醇溶液共热不反应;烯丙型卤代烃(如 3－溴代丙烯、氯化苄等)分子中的卤原子则非常活泼,在常温下可与硝酸银－乙醇溶液反应,反应式如下

$$CH_2\!\!=\!\!\!=\!\!CHCH_2Br + AgNO_3(乙醇) \longrightarrow AgBr\downarrow + CH_2\!\!=\!\!\!=\!\!CHCH_2ONO_2$$
$$C_6H_5CH_2Cl + AgNO_3(乙醇) \longrightarrow AgCl\downarrow + C_6H_5CH_2ONO_2$$

孤立型卤代烃和卤代烷烃(如 4－氯－1－丁烯、2－苯氯乙烷及氯仿等)分子中的卤原子不太活泼,但在加热情况下可与硝酸银－乙醇溶液反应。

在卤代烷中,烷基的结构影响着卤素的活泼性。叔卤代烃的活泼性比仲卤代烃和伯卤代烃大,即活泼性从大到小的次序为 R_3CX、R_2CHX、RCH_2。在烃基结构相同时,不同的卤原子活性不同,其活泼性从大到小的次序为 RI、RBr、RCl、RF。

三、主要仪器和试剂

仪器:试管、酒精灯等。

试剂:1－氯丁烷、2－氯丁烷、叔丁基氯、氯苯、苄氯、氯仿、四氯化碳、溴乙烷、15％碘化钠－丙酮溶液、15％硝酸、5％硝酸银－乙醇溶液、5％氢氧化钠、0.5％高锰酸钾。

四、实验步骤

1. 卤代烃与碘化钠－丙酮溶液作用。取 5 支干燥洁净试管,分别加入 3 滴 1－氯丁烷、2－氯丁烷、叔丁基氯、氯苯、苄氯,然后,在每支试管中各加 1 mL 15％的碘化钠－丙酮溶液,边加边摇,同时,注意观察各试管中的现象变化,记录沉淀时间。约 5 min 后,把未出现沉淀的试管放在 50 ℃水浴中加热(不能超过 50 ℃,以免影响实验结果),加热 6 min 后,取出试管,冷却至室温,注意观察从加热到冷却过程中各试管里的变化情况,记录沉淀产生的时间,试解释反应现象。

2. 卤代烃与硝酸银－乙醇溶液作用。取 5 支干燥洁净试管,分别加入 3 滴 1－氯丁烷、2－氯丁烷、叔丁基氯、氯苯、苄氯,然后,在每支试管中各加 1 mL 5％的硝酸银－乙醇溶液,边加边摇,同时,注意观察各试管中是否有沉淀出现以及出现的时间。约 5 min 后,把未出现沉淀的试管放在水浴中加热至微沸,同时,注意观察各试管中是否有沉淀出现以及出现的时间,试解释反应现象。

3.卤代烃的水解。

(1)溴乙烷的水解。

在试管中加 2 滴溴乙烷和 2 mL 5％氢氧化钠,加热要缓慢,可先在水浴上加热 5 min 左右,摇动,稍后冷至室温,滴加 15％硝酸,中和至呈中性或微酸性(用 pH 试纸检验),再滴加几滴 5％硝酸银－乙醇溶液,观察现象。

(2)氯仿和四氯化碳的水解。

在试管中加 6 滴氯仿和 6 mL 5％氢氧化钠,小火加热至沸腾后,停止加热,冷至室温,分别装于 2 支试管中,编号。做下列实验:

①氯离子的检验。在 1 号试管中,滴加 15％硝酸至溶液呈中性或微酸性,然后,滴加 3 滴 5％硝酸银－乙醇溶液,观察现象,试解释之。

②与高锰酸钾作用。在 2 号试管中,滴加 0.5％高锰酸钾,观察现象。

用四氯化碳重复上述实验,比较二者水解反应的异同。

五、数据分析、结果讨论

六、思考题

1.在与碘化钠－丙酮溶液的反应中,苄氯和 1－氯丁烷哪个反应快? 为什么?

2.在实验中,为什么用硝酸银－乙醇溶液而不用水溶液?

实验 16　醛、酮、羧酸的性质鉴定

一、实验目的

1.加深对醛、酮、羧酸化学性质的认识。

2.掌握醛、酮、羧酸化学性质的鉴定方法。

二、实验原理

醛、酮可与 2,4—二硝基苯肼反应生成腙,而腙为黄色或橙色结晶,因此可用于鉴别醛、酮。

醛易被弱氧化剂氧化,酮不易被氧化,用弱氧化剂可区分醛、酮。常用的弱氧化剂包括 Tollens 试剂(银氨溶液)和斐林(Fehling)试剂(斐林试剂的组成为 $CuSO_4$、$NaOH$、酒石酸钾钠)等。斐林试剂可氧化脂肪醛,但不能氧化芳香醛,可用来区分脂肪醛和芳香醛。

$$RCHO \xrightarrow[\quad Cu^{2+} \quad]{\quad Ag(NH_3)_2^+ \quad} \begin{array}{l} RCOO^- + Ag \\ RCOO^- + Cu_2O \end{array}$$

羧酸具有酸性,且酸性比碳酸强,可与碳酸氢钠成盐,同时放出二氧化碳气体。

$$RCOOH + NaHCO_3 \longrightarrow RCOONa + CO_2 \uparrow$$

三、主要仪器和试剂

仪器:试管若干等。

试剂:2,4—二硝基苯肼试剂,0.5%硝酸银溶液,10%氢氧化钠溶液,2%氨水,斐林试剂Ⅰ和斐林试剂Ⅱ,10%碳酸氢钠水溶液等。

四、实验步骤

1. 醛、酮与2,4—二硝基苯肼的反应

在试管中加入5滴2,4—二硝基苯肼试剂[1],再加入液体样品2滴,振荡,观察有无沉淀的生成。如不立即生成沉淀,可微热半分钟,再振荡,冷却片刻观察沉淀的生成。

样品:乙醛、苯甲醛、丙酮、苯乙酮。

2. 醛与托伦试剂的银镜反应

在干净的试管中,加入0.5 mL 0.5%硝酸银溶液和同体积的10%氢氧化钠溶液。振摇,溶液中产生沉淀。滴入2%氨水,同时振摇试管,直至沉淀全部溶解为止[2]。加入2滴样品,试管置于热水浴上温热数分钟,观察现象[3]。

样品:甲醛、乙醛、苯甲醛、丙酮。

3. 醛与斐林试剂的反应

在试管中,加菲林试剂Ⅰ和菲林试剂Ⅱ各5滴,混合均匀,然后加入3~4滴样品,在沸水浴上加热,观察现象。

样品:甲醛、乙醛、苯甲醛。

4. 羧酸与碳酸氢钠的反应

取少量样品于试管中,加入10%碳酸氢钠水溶液数滴,观察有无气泡产生。

样品:醋酸、苯甲酸、苯酚。

五、数据分析、结果讨论

六、思考题

如何用化学方法鉴别乙醛、苯甲醛、丙酮和苯酚?

注释:

[1] 2,4—二硝基苯肼有毒,操作时要小心。如不慎弄在手上,先用少量醋酸擦拭,再用少量水冲洗。

[2] 实验中氨水用量不能多,滴加到沉淀刚好溶解为止。否则影响灵敏度。

[3] 有银镜或灰色沉淀生成,视为正反应。

实验 17　从茶叶中提取咖啡因

实验前预习内容

1.预习萃取、蒸馏操作、升华操作、天然产物的分离、提纯和鉴定的相关理论知识。

2.思考并回答：

(1)索式提取器的工作原理？

(2)索式提取器的优点是什么？

一、实验目的

1.学习从茶叶中提取咖啡因的基本原理和方法，了解咖啡因的一般性质。

2.掌握用索氏提取器提取有机物的原理和方法。

3.进一步熟悉萃取、蒸馏、升华等基本操作。

二、实验原理

咖啡因(1,3,7－ 三甲基 －2,6－ 二氧嘌呤)又称咖啡碱，是一种生物碱，存在于茶叶、咖啡、可可等植物中。例如茶叶中含有 1%～5% 的咖啡因，同时还含有单宁酸、0.6% 色素、纤维素、蛋白质等物质。

咖啡因是弱碱性化合物，可溶于氯仿、丙醇、乙醇和热水中，难溶于乙醚和苯(冷)。纯品熔点为 235～236 ℃，含结晶水的咖啡因为无色针状晶体，在 100 ℃时失去结晶水，并开始升华，120 ℃时显著升华，178 ℃时迅速升华。利用这一性质可纯化咖啡因。咖啡因的结构式为

咖啡因(1,3,7－三甲基－2,6－二氧嘌呤)

咖啡因是一种温和的兴奋剂，具有刺激心脏、兴奋中枢神经和利尿等作用，故可以作为中枢神经兴奋药，它也是复方阿司匹林(A.P.C)等药物的组分之一。

提取咖啡因的方法有碱液提取法和索氏提取器提取法。本实验以乙醇为溶剂，用索氏提取器提取，再经浓缩、中和、升华，得到含结晶水的咖啡因。

工业上咖啡因主要是通过人工合成制得。

三、实验装置

实验装置如图 7.17(a)所示和图 7.17(b)所示。

(a) 索氏提取器   (b) 升华装置

图 7.17

四、实验步骤

称取 5 g 干茶叶，装入滤纸筒内[1]，轻轻压实，滤纸筒上口塞一团脱脂棉，置于抽提筒中，圆底烧瓶内加入 60～80 mL 95％ 乙醇，加热乙醇至沸，连续抽提 1 h，待冷凝液刚刚虹吸下去时，立即停止加热。

将仪器改装成蒸馏装置，加热回收大部分乙醇。然后将残留液（大约 10～15 mL）倾入蒸发皿中，烧瓶用少量乙醇洗涤，洗涤液也倒入蒸发皿中，蒸发至近干。加入 4 g 生石灰粉，搅拌均匀，用电加热套加热（100～120 V），蒸发至干[2]，除去全部水分。冷却后，擦去粘在边上的粉末，以免升华时污染产物。

将一张刺有许多小孔的圆形滤纸盖在蒸发皿上，取一只大小合适的玻璃漏斗罩于其上，漏斗颈部疏松地塞一团棉花。

用加电热套小心加热蒸发皿，慢慢升高温度，使咖啡因升华。咖啡因通过滤纸孔遇到漏斗内壁凝为固体[3]，附着于漏斗内壁和滤纸上。当纸上出现白色针状晶体时，暂停加热，冷至 100 ℃ 左右，揭开漏斗和滤纸，仔细用小刀把附着于滤纸及漏斗壁上的咖啡因刮入表面皿中。将蒸发皿内的残渣加以搅拌，重新放好滤纸和漏斗，用较高的温度再加热升华一次[4]。此时，温度也不宜太高，否则蒸发皿内大量冒烟，产品既受污染又遭损失。合并两次升华所收集的咖啡因。

五、数据分析、结果讨论

六、思考题

1. 加入生石灰粉的作用是什么？

2. 升华方法适应哪些物质的纯化？

注释：

[1] 滤纸套筒大小要适中，既要紧贴器壁，又能方便取放，套筒内茶叶高度不得超过

虹吸管。

〔2〕瓶中乙醇不可蒸得太干,否则残液太黏不易倒出,造成损失。

〔3〕尽可能炒干,否则将影响产物的质量。

〔4〕升华时操作火的大小是关键,若火太小则无产物升华出来,若火太大则产物会焦化,直接影响产物的产量和质量。

实验 18　有机化学设计实验

一、设计实验要求

1.认真选择实验题目。

2.搜集查阅相关资料。

3.选择实验方法,拟定实验方案,确定实验步骤。

4.写出实验预习报告。

二、设计实验题目

1.对氨基苯甲酸的提纯。

2.丙酮与甲苯混合物的分离。

3.苯甲醚、2,2,4－三甲基戊烷、苯甲酸的分离、提纯。

4.对硝基苯胺和邻硝基苯胺的分离。

5.含氧衍生物未知液的鉴定。

设计提示:

(1)实验室提供的试剂:5％硫酸铜溶液、3 mol·L^{-1}硫酸、希夫(Schiff)试剂、斐林试剂Ⅰ、斐林试剂Ⅱ、间苯二酚溶液、1％三氯化铁溶液、2,4－二硝基苯肼等。

(2)实验室提供的未知液样品:

A 组样品为甲醛、乙醛、异丙醇、正丁醇;

B 组样品为甘油、丙酮、苯酚;

C 组样品为乙醛、丙酮、甲醛。

6.对甲苯磺酸的制备。

7.溴乙烷的合成。

8.正丁醚的合成。

第 8 章

物理化学实验

实验 1　凝固点降低法测定摩尔质量

实验前预习内容

思考并回答：
(1)凝固点的定义。
(2)什么是稀溶液依数性？
(3)过冷法测凝固点的原理。

一、实验目的

掌握凝固点降低法测定物质的摩尔质量的原理和方法。

二、实验原理

理想稀薄溶液具有依数性。凝固点降低就是依数性的一种表现,即对于一定量的某溶剂,其理想稀薄溶液凝固点下降的数值只与所含溶质的粒子数目有关,而与溶质的特性无关。

假设溶质在溶液中不发生缔合和分解,也不与固态纯溶剂生成固溶体,则由热力学理论出发,可以导出理想稀薄溶液的凝固点降低 ΔT_f 与溶质的质量摩尔浓度 b_B 之间的关系

$$\Delta T_f = T_f^* - T_f = K_f b_B \tag{8.1}$$

或

$$\Delta T_f = \frac{K_f}{M_B m_A} m_B \tag{8.2}$$

由此可导出计算溶质的摩尔质量 M_B 的公式

$$M_B = \frac{K_f m_B}{\Delta T_f m_A} \tag{8.3}$$

式中　T_f^*、T_f ——纯溶剂、溶液的凝固点,K;

m_A、m_B ——溶剂、溶质的质量,kg;

K_f ——溶剂的凝固点下降常数,$K \cdot kg \cdot mol^{-1}$;

M_B——溶质的摩尔质量，$kg \cdot mol^{-1}$。

若已知 K_f，测得 ΔT_f，便可用式（8.3）求得 M_B。

本实验采用过冷法测定。过冷法是将液体逐渐冷却，当液体温度达到或稍低于其凝固点时，由于新相的形成需要一定的能量，故结晶并不析出，这就是所谓过冷现象。若此时加以搅拌或加入晶种，促使晶核产生，则大量晶体会很快形成，并放出凝固潜热，使系统温度迅速回升，温度上升的最高点即为凝固点。对纯溶剂来说，若无过冷现象出现，其温度随时间变化的冷却曲线应出现一段水平线段，如图 8.1 所示。实际的冷却过程很难避免过冷过程，所以曲线出现了低于凝固点的线段。对于溶液来说，若将溶液逐步冷却，其冷却曲线与纯溶剂的冷却曲线不同的是，当纯固体溶剂从溶液中析出时，由于溶液的浓度相应增大，其凝固点随之不断下降，所以冷却曲线超过过冷段后不会出现温度恒定不变的水平段，而是向下倾斜的直线，如图 8.2 所示。

由上述可知，纯溶剂的凝固点可由其冷却曲线上水平段对应的温度确定，而测定溶液的凝固点时，应尽量减小过冷程度。如有过冷现象出现，则其凝固点应从冷却曲线外推而得。

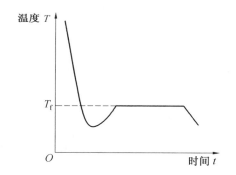

图 8.1　纯溶剂的冷却曲线

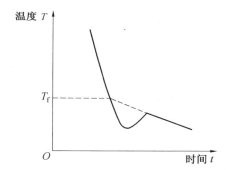

图 8.2　溶液的冷却曲线

三、主要仪器和试剂

凝固点降低实验装置 1 套，数字贝克曼温度计、普通温度计（0～25 ℃）各 1 支，25 mL 移液管 1 支，分析天平 1 台。分析纯的环己烷、萘和冰块。

四、实验步骤

1. 图 8.3 为凝固点降低实验装置。冰水浴槽中装入 2/3 的冰和 1/3 的水，使浴槽温度在 3 ℃以下。用移液管取 25 mL 分析纯的环己烷放入内套管。注意冰水面要高于内套管中的环己烷液面。将数字贝克曼温度计感应器擦干插入内套管，检查搅拌棒，使它能上下自由运动而不摩擦管壁和感应器。数字贝克曼温度计的相关知识见 4.3 节。

2. 测定纯溶剂环己烷的凝固点。

先测近似凝固点。具体方法是将内套管直接浸入冰水浴中，快速搅拌。当液温下降几乎停顿时，取出内套管，放入外套管内继续搅拌，记下最后稳定的温度值，即为近似凝固点。不必重复。

再测真实凝固点。具体方法是取出内套管，用手微热，使结晶完全熔化。将内套管放在冰水中快速搅拌，当温度降至近似凝固点以上 0.2 ℃时（或液体中有微量结晶出现时），取出内套管迅速擦干，放入外套管中继续搅拌，温度先下降后上升（此时结晶出现最多），读出稳定的最高温度，即为环己烷的凝固点。重复测 3 次，其平均值即为环己烷的真实凝固点。

3.测定溶液的凝固点。

用分析天平称量约 0.15 g 的萘片，放入内套管并搅拌.使萘片全部溶解。同上法先测定溶液的近似凝固点，再准确测定凝固点。与纯溶剂不同的是：内套管擦干后放入外套管中继续搅拌时，温度会出现先下降、后上升、再下降现象，把上升达到的最高温度作为溶液的凝固点。

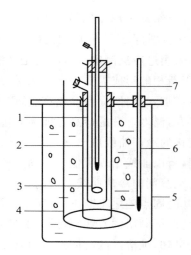

图 8.3　凝固点降低实验装置
1—测定管；2—外套管；3—小搅拌器；4—大搅拌器；
5—冰槽；6—温度计；7—贝克曼温度计

五、注意事项

1.实验所用的内套管使用前必须洁净、干燥。

2.环己烷易挥发，对结果有较大影响，因此要先做好准备工作再移液，并要马上盖好塞子。

3.冷却过程中的搅拌要充分，但不可使搅拌浆超出液面，以免把样品溅在器壁上。

4.每测完一次凝固点，在进行下次测量时要确保结晶必须完全熔化。

5.测定过程中过冷不得超过 0.2 ℃。

6.用后的环己烷废液必须倒入回收瓶，不可倒入下水道。

六、数据记录和处理

	近似值	真实值	真实值平均值
溶剂凝固点（℃）			
溶液凝固点（℃）			

计算萘的摩尔质量，并与文献值比较，求其相对误差。

实验相关参数为：环己烷的密度 $\rho = 0.778$ g/mL，$k_f = 20.2$ K·kg·mol^{-1}，$M_{萘} = 128.17$。

七、思考题

1. $\Delta T_f = K_f b_B$ 的关系在什么条件下才适用?

2. 纯溶剂的凝固点和溶液的凝固点的读取方法有何不同?为什么?

3. 为什么测定纯溶剂的凝固点时,过冷程度大一些对测定结果影响不大,而测定溶液的凝固点时却必须减小过冷程度?

4. 为什么会出现过冷现象?本实验采取了哪些措施来避免过冷现象的出现?

实验 2　蔗糖水解反应速率常数的测定

实验前预习内容

思考并回答:

(1)蔗糖水解反应级数。

(2)一级反应速率方程的推导过程。

(3)蔗糖水解过程中旋光性的变化。

(4)旋光仪视野的确定及读数方法。

一、实验目的

1. 根据物质的光学性质研究蔗糖水解反应,测定其反应速率常数。

2. 了解旋光仪的基本原理,掌握其使用方法。

二、实验原理

蔗糖水溶液在 H^+ 存在的条件下,按下式进行水解

$$C_{12}H_{22}O_{11}(蔗糖) + H_2O \xrightarrow{[H^+]} C_6H_{12}O_6(果糖) + C_6H_{12}O_6(葡萄糖)$$

这是一个二级反应,在纯水中反应的速率极慢,通常需要在 H^+ 的催化作用下进行。由于反应时水是大量存在的,尽管有部分水分子参加了反应,但可近似认为反应过程中的水浓度是恒定的。而且 H^+ 是催化剂,浓度保持不变,因此蔗糖转化反应可视为一级反应。该一级反应的速率方程可由下式表示

$$-\frac{dc}{dt} = k'c_A c_B \tag{8.4}$$

式中　c_A、c_B ——蔗糖、水的浓度。

当蔗糖的浓度很低时,反应过程中水浓度相对于蔗糖的浓度改变很小,故可近似认为 c_B 为常数,令

$$k'c_B = k = 常数 \tag{8.5}$$

则式(8.4)可写成

$$-\frac{dc}{dt} = kc_A \tag{8.6}$$

将式(8.6)分离变量后进行定积分

当 $t = 0$ 时,　　　　　　　　　　　　　　　$c_A = c_{A0}$

当 $t=t$ 时，$\qquad\qquad c_A=c_A$

定积分式为

$$-\int_{c_{A0}}^{c_A} \frac{\mathrm{d}c_A}{c_A} = \int_0^t k\mathrm{d}t \qquad (8.7)$$

积分结果为

$$\ln c_A = -kt + \ln c_{A0} \qquad (8.8)$$

当 $c_A = 1/2c_{A0}$ 时，t 可用 $t_{1/2}$ 表示，即为半衰期，则

$$\ln \frac{c_0}{c_0/2} = kt_{1/2} \qquad (8.9)$$

解得

$$t_{1/2} = \frac{\ln 2}{k} = \frac{0.693\,2}{k} \qquad (8.10)$$

实验过程中某一时刻反应系统中蔗糖的浓度 c_A、旋光度 β_t 与反应完成时系统的旋光度 β_∞ 之差成正比，即

$$c_A = f(\beta_t - \beta_\infty) \qquad (8.11)$$

式中　　f ——比例系数。

同理，$t=0$ 时，$c_A = c_{A0}$，

$$c_{A0} = f(\beta_0 - \beta_\infty) \qquad (8.12)$$

式(8.11)式除以式(8.12)，代入式(8.8)得

$$\ln \frac{c_A}{c_{A0}} = \ln \frac{\beta_t - \beta_\infty}{\beta_0 - \beta_\infty} = -kt \qquad (8.13)$$

$$\ln(\beta_t - \beta_\infty) = -kt + \ln(\beta_0 - \beta_\infty) \qquad (8.14)$$

式(8.14)为 $\ln(\beta_t - \beta_\infty) - t$ 的直线方程，式中，β_0、β_∞ 为反应初始及反应结束时反应系统的旋光度，它们均不随时间改变。实验过程中只需测定反应进行的不同时刻 t 时反应系统的旋光度 β_t（若干个数据）和反应终了时反应系统的旋光度 β_∞（一个数据），以 $\ln(\beta_t - \beta_\infty)$ 对 t 作图得一直线，直线斜率为 $-k$，用作图法即可求出反应速率常数 k。

为了比较各种物质的旋光能力，引入比旋光度 $[\alpha]_D^{20}$ 这一概念，并表示为

$$\beta = [\alpha]_D^{20} \times c \times L \qquad (8.15)$$

式中　　$[\alpha]_D^{20}$ ——被测溶液的比旋光度，即当旋光物质溶液浓度 c 为 $1\ \mathrm{kg \cdot dm^{-3}}$，液层厚度为 $0.1\ \mathrm{m}$ 时溶液的旋光度。又因为光波的波长对旋光度有影响，故规定以 $20\ ℃$ 的钠光（波长为 $2\,896 \times 10^{-9}\ \mathrm{m}$，记为"D"）为标准，记作 $[\alpha]_D^{20}$。

使偏振光顺时针偏转的物质称为右旋物质，反之为左旋物质，并以右旋为正，左旋为负。本实验所涉及的 3 种旋光物质的比旋光度分别为

蔗糖：　　　$[\alpha]_D^{20} = 66.55°$

葡萄糖：　　$[\alpha]_D^{20} = 52.50°$

果糖：　　　$[\alpha]_D^{20} = -91.90°$

以此为根据，可以判断本实验反应系统的旋光度，反应初始时应为正值，随着反应的进行，旋光度逐渐减小，反应结束时，反应系统的旋光度为负值。

三、主要仪器和试剂

旋光仪 1 台，50 mL 移液管 2 支，洗耳球 1 个，100 mL 锥形瓶 2 个，盐酸水溶液 $4\ \mathrm{mol \cdot L^{-3}}$，蔗糖（分析纯），恒温水浴 1 套。

四、实验步骤

1. 将恒温槽调节到 20℃恒温,在锥形瓶内称取 7 g 蔗糖并加入蒸馏水 35 mL,使蔗糖溶解。用移液管取 120 mL 盐酸溶液(此量为 3 组共享)放入另一个锥形瓶中,将这两个锥形瓶放入 20 ℃恒温水浴中 10 min。

2. 预热:旋光仪接通电源,点亮钠光灯,等待约 5～10 min,待光源正常后,即可测量(具体使用方法见 4.4 节)。

3. β_t 的测定:从恒温槽中取出两个锥形瓶,用移液管取 35 mL 盐酸溶液迅速注入盛有蔗糖溶液的锥形瓶中,注入一半时开始计时,全部注入后,将混合液摇均匀,灌入准备好的、洁净的旋光管,盖上小玻璃片及管盖,擦干旋光管,将旋光管放入旋光仪,尽快(最好在计时后 5 min 之内)测定反应系统的第一个旋光度 β_t,之后分别依次测定 10 min、15 min、20 min、25 min、30 min、40 min、50 min、60 min 时的旋光度。

4. β_∞ 的测定:将上述装满旋光管后剩余的混合液置于 55 ℃的热水浴中(此水浴是将步骤 3 的水浴直接加热),温热 30 min,以加速转化反应的进行,然后冷却至室温,测旋光度,此值即为反应终了时的旋光度 β_∞,将 β_t 和 β_∞ 的数据记入表 8.1 中。

5. 实验结束时,立刻将旋光管洗净干燥,以免酸对旋光管产生腐蚀。

五、注意事项

1. 先掌握旋光仪的使用,主要是掌握三分视场均匀且很暗的视野的确定。

2. 旋光管在应用前必须保证干净,实验完成后先用自来水洗净,再用蒸馏水涮净。

3. 液体装入旋光管后,管内不能有大气泡,光路内不能有气泡,若有小气泡,可将其赶至旋光管的凸部。

4. 旋光管必须擦净后才能放入旋光仪,否则液体中的盐酸会腐蚀仪器。

5. 旋转手轮(旋转检偏镜)时,动作不能过猛,并尽可能顺时针旋转。

6. 每次测量后,应将旋光管取出,下次测量前再放入,避免仪器升温给测量带来误差。

7. 转动检偏镜,找到三分视场均匀且较暗处即为溶液在该时刻的旋光度,注意与三分视场均匀但很亮处的区别。

六、数据记录和处理

表 8.1　实验数据记录表

时间 t/min	5	10	15	20	25	30	40	50	60	t_∞
旋光度 β_t/(°)										

用测得的不同时刻 t 时的 β_t 减去 β_∞,得到一组 $\beta_t-\beta_\infty$,取自然对数(或常用对数)得到 $\ln(\beta_t-\beta_\infty)$ 数据,记入表 8.2。

表 8.2　数据处理记录表

时间 t/min	旋光度 $\beta_t/(°)$	$(\beta_t-\beta_\infty)/(°)$	$\ln\{(\beta_t-\beta_\infty)(/°)\}$
5			
10			
15			
20			
25			
30			
40			
50			
60			
t'_∞			

以 $\ln(\beta_t-\beta_\infty)$ 为纵坐标，以 t 为横坐标作图得一直线，由直线斜率可求出反应速率常数 k。

七、思考题

1. 蔗糖转化过程所测的旋光度 β_t 是否需要零点校正？为什么？

2. 在混合蔗糖溶液和盐酸溶液时，我们是将盐酸溶液加到蔗糖溶液中去，可否把蔗糖溶液加到盐酸溶液中去？为什么？

3. 旋光管内有小气泡怎么办？

实验 3　电动势测定化学反应的热力学函数

实验前预习内容

思考并回答：

1. 什么是可逆电池？

2. 电动势的测定为什么用对消法而不用伏特计法？

3. 电动势与温度是直线关系还是曲线关系？

一、实验目的

1. 掌握用电动势法测定化学反应热力学函数的原理和方法。

2. 在不同温度下测定可逆电池的电动势，并计算电池反应的热力学函数 $\Delta_r G_m$、$\Delta_r S_m$ 和 $\Delta_r H_m$。

二、实验原理

凡是能使化学能转变为电能的装置都称为电池(或原电池)。对定温定压下的可逆电池而言

$$(\Delta_r G_m)_{T,p} = -nFE \tag{8.16}$$

$$\Delta_r S_m = nF \left(\frac{\partial E}{\partial T}\right)_p \tag{8.17}$$

$$\Delta_r H_m = -nFE + nFT \left(\frac{\partial E}{\partial T}\right)_p \tag{8.18}$$

式中　F——法拉第(Farady)常数，$F = 96\ 485\ C \cdot mol^{-1}$；

n——电极反应式中电子的计量系数；

E——电池的电动势。

可逆电池应满足如下条件：

(1)电池反应可逆，亦即电池电极反应可逆；

(2)电池中不允许存在任何不可逆的液接界；

(3)电池必须在可逆的情况下工作，即充放电过程必须在平衡态下进行，亦即允许通过电池的电流为无限小。

在定压下(通常是 1.0×10^5 Pa)测定一定温度时的电池电动势，即可根据式(8.16)求得该温度下电池反应的 $\Delta_r G_m$，根据不同温度时的电池电动势值可以作 $E - T$ 图，从斜率可求出 $\left(\frac{\partial E}{\partial T}\right)_p$，根据式(8.17)可求出该电池反应的 $\Delta_r S_m$，根据式(8.18)可求出 $\Delta_r H_m$。

电动势的测定采用的是对消法。电池电动势不能直接用伏特计来测量，因为电池与伏特计连接后有电流通过，就会在电极上发生电极极化，结果使电极偏离平衡状态。另外，电池本身有内阻，所以伏特计所量得的仅是不可逆电池的端电压。测量电池电动势只能在无电流通过电池的情况下进行，因此需用对消法(又称补偿法)来测定电动势。对消法的原理是在待测电池上并联一个大小相等、方向相反的外加电势差，这样待测电池中没有电流通过，外加电势差的大小即等于待测电池的电动势。电位差计的原理及相关使用见 4.5 节。

本实验测定以下电池的电动势

$$Ag - AgCl \parallel 饱和 KCl 溶液 \parallel Hg_2Cl_2 - Hg$$

此电池的两个电极的电势为

$$\varphi_{甘汞} = \varphi_{甘汞}^0 - \frac{RT}{F} \ln a_{Cl^-} \tag{8.19}$$

$$\varphi_{Ag,AgCl,Cl^-} = \varphi_{Ag,AgCl,Cl^-}^0 - \frac{RT}{F} \ln a_{Cl^-} \tag{8.20}$$

电池电动势为

$$E = \varphi_{甘汞} - \varphi_{Ag,AgCl,Cl^-} = \varphi_{甘汞}^0 - \frac{RT}{F} \ln a_{Cl^-} - (\varphi_{Ag,AgCl,Cl^-}^0 - \frac{RT}{F} \ln a_{Cl^-})$$

$$E = \varphi_{甘汞}^0 - \varphi_{Ag,AgCl,Cl^-}^0 \tag{8.21}$$

由此可知，该电池电动势与 KCl 溶液浓度无关。如在 298.15 K 下测得该电池电动势 E，即可求得此电池反应的 $\Delta_r G_m$。再改变温度测定其电池电动势，求得 $\left(\dfrac{\partial E}{\partial T}\right)_p$，就可以求出 $\Delta_r S_m$ 和 $\Delta_r H_m$。

三、主要仪器和试剂

仪器：EM－3C 型电位差计（见图 8.4）及附件 1 套；银氯化银电极 1 支；甘汞电极 1 支；塑料杯 1 支。

试剂：KCl 溶液（饱和），恒温水浴，1 套。

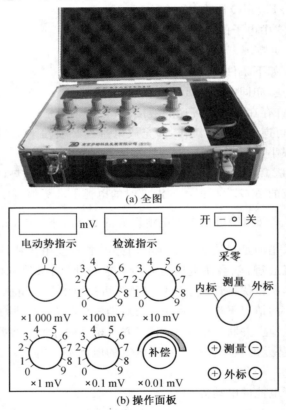

(a) 全图

(b) 操作面板

图 8.4　EM－3C 型电位差计

四、实验步骤

1. 电池的组合

将银－氯化银电极、甘汞电极按图 8.5 连接，即得下面电池

$$Ag － AgCl \parallel 饱和 KCl 溶液 \parallel Hg_2Cl_2 － Hg$$

2.电池电动势的测量

用 EM－3C 型电位差计测量温度为 298 K、303 K、308 K、313 K、318 K 时上述电池的电动势。电池用恒温水浴恒温。测定开始时,电池电动势较不稳定,每隔一定时间测定一次,到其稳定为止。

五、注意事项

1.测定电池电动势时,确保氯化钾溶液达到饱和。

2.测定开始时,电池电动势值不太稳定,因此需要每隔一定时间测定一次,直至稳定为止。

3.连接电极时,正负极不能接错。

4.要待电池的温度和恒温槽的温度一致时才能测其电动势。

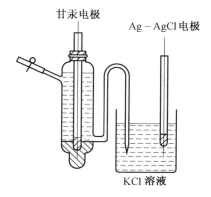

图 8.5　电池的组合

六、数据记录和处理

1.写出上述电池中正极和负极上的电极反应以及电池反应。

2.根据测得的电动势作图,求出 $\left(\dfrac{\partial E}{\partial T}\right)_p$ 的值。

3.数据记录在表 8.3 中并处理。

表 8.3　不同温度下测电池电动势

T/K	298	303	308	313	318
E/mV					
E/V					
$(\Delta_r G_m)_{T,p}/(J \cdot mol^{-1})$					
$\left(\dfrac{\partial E}{\partial T}\right)_p /(V \cdot K^{-1})$					
$\Delta_r S_m /(J \cdot mol^{-1} \cdot K^{-1})$					
$\Delta_r H_m /(J \cdot mol^{-1})$					

七、思考题

1.为什么用本法测定电池反应的热力学函数的变化值时,电池内进行的化学反应必须是可逆的? 电动势又必须用对消法测定?

2.本实验中的电池电动势与 KCl 溶液的浓度是否有关? 为什么?

实验 4 双液系气液平衡相图

实验前预习内容

思考并回答：

(1)双液系的定义及种类。

(2)本实验属于哪种双液系？

(3)双液系相图如何绘制？最低恒沸点如何确定？

一、实验目的

1.用沸点仪测定不同浓度的环己烷－乙醇体系的沸点和气液两相平衡组成,并绘制相图。

2.确定环己烷－乙醇双液系的最低恒沸点和相应组成。

3.掌握阿贝折光仪的使用方法。

二、实验原理

两种在常温时为液态的物质混合起来而成的两组分体系称为双液系。若两液体按任意比例互相溶解,则称为完全互溶双液系,例如本实验的环己烷－乙醇双液系、苯－乙醇双液系、乙醇－水双液系。若只能在一定比例范围内互相溶解,则称为部分互溶双液系,例如苯－水双液系。

液体的沸点是指液体的蒸汽压和外压相等时的温度。在一定的外压下,纯液体的沸点有确定的值。但对于双液系来说,沸点不仅与外压有关,而且还和双液系的组成有关,即和双液系中两种液体的相对含量有关。在一般情况下,双液系蒸馏时的气相组成和液相组成并不相同,因此原则上有可能用反复蒸馏的方法使双液系中的两液体互相分离。但有时此方法也不可行,例如工业上制备无水乙醇,水和乙醇在一定比例时发生共沸(或恒沸),需要先用石灰处理或先加入少量苯,使之成为三元体系,再进行蒸馏。因此,了解双液系在蒸馏过程中的沸点及气相、液相组成的变动情况,对工业上进行双液系液体分离颇为重要。通常用几何作图的方法将双液系的沸点对其气相、液相组成作图,所得图形称为双液系相图。双液系相图表明了在各种沸点时的液相组成和与之成平衡的气相组成的关系。完全互溶双液系在恒定压力下,其沸点与组成关系图有下列 3 种情况:

(1)溶液沸点介于两个纯组分沸点之间,如苯－甲苯(见图 8.6);

(2)溶液有最低恒沸点,如乙醇－环己烷(见图 8.7);

(3)溶液有最高恒沸点,如卤化氢－水(见图 8.8)。

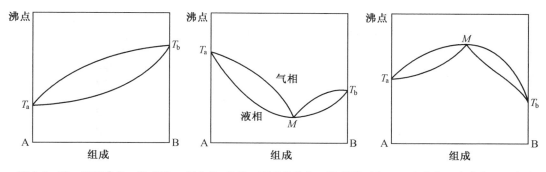

图 8.6　苯－甲苯沸点－组成图　　图 8.7　乙醇－环己烷沸点－组成图　　图 8.8　卤化氢－水沸点－组成图

图 8.7 表示有最低恒沸点体系的沸点－组成图,图中下方曲线是液相线,上方曲线是气相线,等温的水平线与气液相线交点表示该温度(沸点)时,互相平衡的气液两相的组成。它们一般是不相同的,只有 M 点的气液两相组成相同,M 点的温度才称为该体系最低恒沸点,M 点代表的组成即为该恒沸混合物的组成。本实验是测定具有最低恒沸点的环己烷－乙醇双液系的沸点－组成图。

绘制这类沸点－组成图,要求测定不同浓度溶液的沸点及气液平衡两相的组成。对于纯环己烷和纯无水乙醇的沸点,在本实验中已经给出。本实验用回流冷凝法测定环己烷－乙醇溶液在不同组成时的沸点,平衡气、液相组成则利用组成与折光率之间的关系,应用阿贝折光仪间接测得,阿贝折光仪的相关使用见 4.6 节。

三、主要仪器和试剂

仪器:沸点仪 1 套,阿贝折光仪 1 台,调压器 1 台,温度计 1 台,胶头滴管 6 支。

试剂:几种配比的乙醇和环己烷混合溶液。

四、实验步骤

1. 安装沸点仪

将干燥的沸点仪如图 8.9 所示安装好。检查带有温度计的橡皮塞是否塞紧,加热用的电热丝要靠近底部中心,又不得碰上瓶壁。温度计的水银球的位置在支管之下,并高于电热丝 1 cm 左右,水银球应有一半浸入溶液中(此步由实验教师事先安装好)。

2. 配制溶液

配制环己烷浓度为 30%、40%、50%、70%、80%、90% 的乙醇溶液(此步由实验教师事先配好)。

3. 溶液沸点及平衡气、液两相组成的测定

从支管 2 处加入约 30 mL 浓度约为 30% 的环己烷－乙醇溶液于烧瓶中,连接好线路,打开回流冷却水,通电并调节调压器(电流维持在 1.5~2 A),使液体缓慢加热至沸腾,但蒸气在冷凝管中回流的高度不宜太高,以 2 cm 较为合适(调节冷凝管中冷却水的流量)。回流一段时间(约需 15~20 min),使冷凝液不断淋洗 5 处的液体,直到温度计读数基本稳定。记下沸腾温度,将调压器调至零处,停止加热,充分冷却后,用滴管分别从冷凝管下端 5 处及加液口 2 处取样,用阿贝折光仪测定气相、液相的折射率(阿贝折光仪的使用方法见 4.6 节)。测完后将烧瓶中的测定液倒回原试剂瓶(切记)。按同样的方法分别测定浓度约为 40%、50%、70%、80%、90% 的各溶液沸点及平衡气液相折射率。

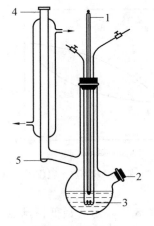

图 8.9　沸点仪
1—温度计;2—加液口;3—电热丝;4—分馏液取样口;5—分馏液

五、注意事项

1. 加热电阻丝的电流不得超过 2 A。

2. 一定要使体系达到气液平衡后才能停止加热。

3. 取样后的滴管不能倒置,用后马上甩干。

4. 待被测溶液冷却后再取样测其折射率。

5. 使用阿贝折光仪时,棱镜面不能触及硬物(特别是滴管)。棱镜上加入被测溶液后立即关闭镜头,防止挥发。

6. 实验过程中必须在沸点仪的冷凝管中先通入冷却水,然后再加热,防止爆炸。

六、数据记录和处理

1. 由表 8.4 中数据作室温时组成—折光率工作曲线。

表 8.4　实验数据

n_D^{15}	1.363 0	1.368 1	1.371 8	1.378 8	1.393 0	1.411 6	1.422 3	1.428 2
环己烷浓度/%	0.00	9.49	15.76	27.60	51.40	78.76	92.70	100

2. 将实验数据填入表 8.5。

表 8.5　不同浓度环己烷—乙醇溶液的沸点和平衡气液相折光率及其组成

环己烷浓度/%		0	30	40	50	70	80	90	100
溶液沸点/℃		77.16							79.36
气相冷凝液	折光率								
	组成/%								
液相冷凝液	折射率								
	组成/%								

3. 利用工作曲线由折光率确定气液相组成,由表 8.5 中数据绘制环己烷—乙醇双液系沸点—组成图,并由相图确定此双液系恒沸温度和恒沸组成。

七、思考题

1. 在测定时,过热或分馏作用将使测得的相图图形产生什么变化?
2. 沸点仪中的小球 D 体积过大或过小,对测量有何影响?

实验 5　溶液表面吸附及表面张力的测定

实验前预习内容

思考并回答:
(1) 表面张力的定义及测定方法。
(2) 表面张力与浓度的关系。
(3) 表面吸附与表面张力的关系,如何由表面张力求表面吸附量。

一、实验目的

1. 熟悉用最大鼓泡法压法测定表面张力的原理和方法。
2. 了解一定温度下浓度对表面张力的影响。
3. 掌握利用吉布斯吸附等温式计算吸附量与浓度的方法。

二、实验原理

1. 最大鼓泡法测定表面张力

处于溶液表面的分子,由于受到不平衡的分子间力的作用而具有表面张力 γ,其定义是在溶液表面上垂直作用于单位长度上使表面积收缩的力,单位为 $N \cdot m^{-1}$。

本实验用最大鼓泡法测表面张力,实验装置如图 8.10 所示。其基本原理是将欲测表面张力的液体装于试管中,使毛细管的端口与液体表面刚好接触,液面沿毛细管上升,打开滴液漏斗的玻璃活塞,滴液的加入可达到缓慢增压的目的,此时毛细管内液面上受到一个比试管液面上大的压力,当此压力差稍大于毛细管端产生的气泡内的附加压力时,气泡就冲出毛细管。此压力差 Δp 和气泡内的附加压力 $p_{附}$ 始终维持平衡。压力差 Δp 可由压力计读出。

气泡内的附加压力

$$p_{附} = \frac{2\gamma}{r} \tag{8.22}$$

式中　r ——气泡的曲率半径;

　　　γ ——溶液的表面张力。

由于 $\Delta p = p_{附}$,则

$$\gamma = \frac{r}{2} \cdot \Delta p \tag{8.23}$$

此附加压力与表面张力成正比,与气泡的曲率半径成反比。因此当气泡半径等于毛细管

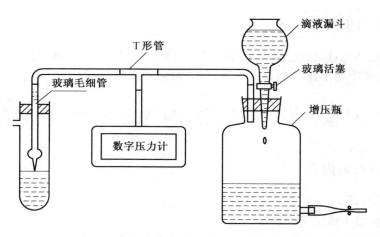

图 8.10　最大鼓泡法测表面张力装置图

半径时,气泡的曲率半径最小,产生的附加压力最大(见图 8.11),此时压力计上的 Δp 也最大。所以在压力计上测得的最大 Δp 对应的即为毛细管半径

$$\Delta p_{\max} = \frac{2\gamma}{r_{\min}} = \frac{2\gamma}{r_{毛}} \tag{8.24}$$

毛细管半径一般在 $0.2 \sim 0.3$ mm 之间,不易测得,所以采用已知表面张力的标准物质来标定其大小。设待测液体和标准物质(本实验为蒸馏水)的表面张力分别为 γ_1 和 γ_2,其最大附加压力分别为 Δp_{m1} 和 Δp_{m2},根据式(8.23)有

$$\frac{\gamma_1}{\gamma_2} = \frac{\Delta p_{m1}}{\Delta p_{m2}}$$

即

$$\gamma_1 = \gamma_2 \frac{\Delta p_{m1}}{\Delta p_{m2}} \tag{8.25}$$

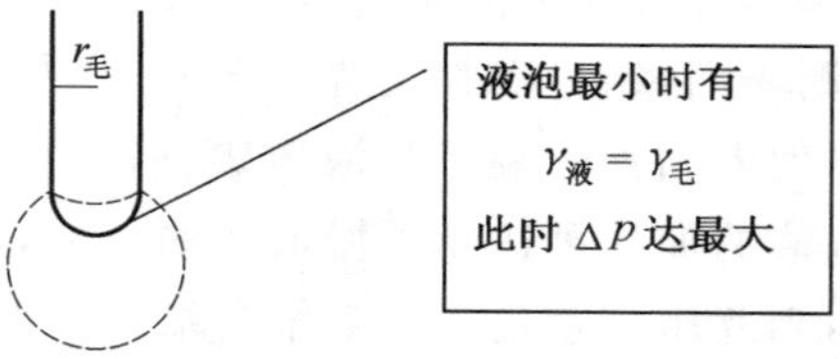

液泡最小时有

$$\gamma_{液} = \gamma_{毛}$$

此时 Δp 达最大

图 8.11　气泡的形成过程

2. 溶液表面吸附量的确定

加入表面活性物质时溶液的表面张力会下降,溶质在表面的浓度大于其在溶液本体的浓度,此现象称为表面吸附现象,单位溶液表面积上溶质的过剩量称为表面吸附量 Γ。在一定温度和压力下,溶液的表面吸附量 Γ 与表面张力 γ 及溶液本体浓度 c 之间的关系符合吉布斯吸附等温式

$$\Gamma = -\frac{c}{RT} \cdot \frac{\mathrm{d}\gamma}{\mathrm{d}c} \tag{8.26}$$

式中　Γ——吸附量,$\mathrm{mol \cdot m^{-2}}$;

　　　　γ——表面张力,$\mathrm{J \cdot m^{-2}}$;

T ——绝对温度,K;

c ——溶液浓度,mol·L^{-1};

R ——气体常数,8.314 J·mol^{-1}·K^{-1}。

当 $\left(\dfrac{\mathrm{d}\gamma}{\mathrm{d}c}\right)_T < 0$ 时,$\Gamma > 0$,称为正吸附;当 $\left(\dfrac{\mathrm{d}\gamma}{\mathrm{d}c}\right)_T > 0$ 时,$\Gamma < 0$,称为负吸附。

先测定在同一温度下的各种浓度溶液的 γ,绘出 $\gamma - c$ 曲线,如图 8.12 所示,并在曲线上指示浓度的点 a 处作一切线交纵轴于点 b,再通过点 a 作一条平行横轴线交纵轴于点 d,设 $bd = Z$,则 $Z = -c\dfrac{\mathrm{d}\gamma}{\mathrm{d}c}$,结合式(8.26)得 $\Gamma = \dfrac{Z}{RT}$。取曲线上不同的点,就可得出不同的吸附量,从而作出吸附等温线,如图 8.13 所示。

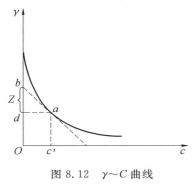

图 8.12　$\gamma \sim C$ 曲线

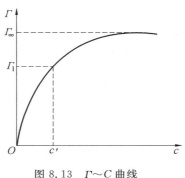

图 8.13　$\Gamma \sim C$ 曲线

三、主要仪器和试剂

仪器:数字压力计 1 台,最大鼓泡法测表面张力仪 1 套,阿贝折光仪 1 台,100 mL 烧杯 5 只,移液管 2 支。

试剂:无水乙醇溶液、蒸馏水。

四、实验步骤

1. 配制系列无水乙醇溶液(50 mL)(见表 8.6)(可先配前 4 个,测完后再配后 4 个)。

表 8.6　不同浓度无水乙醇溶液

不同浓度	6%	10%	15%	20%	25%	30%	50%	80%

2. 检查仪器是否漏气,使用精密数字压力计前,用三通阀使其与大气相通,按下"采零"键,显示"0000"以保证测压准确。

3. 在表面张力仪的支管试管中装入适量的蒸馏水,使毛细管尖端刚好与液面接触。打开滴液漏斗,使里面的水缓缓滴出,并且注意使气泡从毛细管端尽可能缓慢而且均匀鼓出,约 3 s 鼓出一个气泡。待数字压力计示值稳定后,读取数字压力计的最大示数 Δp_{m2},读取 3 次,取平均值。

4. 乙醇溶液系列表面张力的测定。把表面张力仪中的蒸馏水倒掉,用少量待测溶液将内部及毛细管冲洗 2~3 次,然后倒入要测定的乙醇溶液。从最稀溶液开始,依次测较浓的溶液。方法同步骤 3。

5. 乙醇溶液的组成—折光率工作曲线由表 8.7 中的数据制得。

表 8.7　实验数据

乙醇溶液组成/%	5	10	20	30	40	50	60	70	80
n_D	1.336 2	1.340 1	1.346 5	1.353 8	1.357 7	1.361 2	1.363 2	1.364 7	1.365 5

6. 乙醇溶液系列折光率的测定。用阿贝折光仪测定系列乙醇溶液(此步骤可与步骤 4 同时进行),通过乙醇溶液的组成(纵坐标)—折光率(横坐标)工作曲线计算出乙醇溶液的真实浓度,在作 $\gamma-C$、$\Gamma-C$ 图时横坐标要用真实浓度表示。

7. 实验结束后,用蒸馏水洗净仪器。

五、注意事项

1. 仪器系统不能漏气。

2. 测定时,待测溶液浓度要按由稀到浓的顺序测定。

3. 测定用的表面张力计一定要清洁,尤其是毛细管部分一定要干净,应保持垂直,其管口刚好与液面相切,否则气泡不能连续逸出,使压力计的读数不稳定,且影响溶液的表面张力。

4. 读取压力计的压差时,应取气泡单个逸出时的最大压力差。

六、数据记录和处理

1. 数据记录于表 8.8、表 8.9 中:蒸馏水表面张力 $\gamma_2 = 0.072\ 88$ N・m^{-1}(20 ℃)$=$ $0.071\ 20$ N・m^{-1}(30 ℃)

表 8.8　实验数据 1

$c/\%$ 粗配	$\Delta p_{max}/Pa$				$C/\%$ 精确	$\gamma \times 10^2/(N \cdot m^{-1})$
	1	2	3	平均		
6						
10						
15						
20						
25						
30						
50						
80						

2.以浓度 c 为横坐标,以 γ 为纵坐标作图,作出 $\gamma - c$ 曲线图,曲线要光滑。

3.在 $\gamma - c$ 图上均匀取 10 个浓度点作切线(浓度点尽量分布在整个曲线上),求相应 Z 值,计算 Γ,并作出 $\Gamma - c$ 吸附等温线。

表 8.9　实验数据

$c/\%$									
$2\times10^2/(N \cdot m^{-1})$									
$\Gamma\times10^6/(mol \cdot m^{-2})$									

七、思考题

1.为何必须调节毛细管尖端与液面相切?

2.最大鼓泡法测定表面张力时为什么要读最大压力差? 如果气泡逸出得很快,或几个气泡一起出,对实验结果有什么影响?

实验 6　黏度法测定高聚物相对分子质量

实验前预习内容

思考并回答:

(1)黏度与相对分子质量有什么关系?

(2)高聚物为什么具有黏度?

(3)特性黏度是如何求得的?

(4)与时间关系最密切的是哪个黏度物理量?

一、实验目的

1.掌握黏度法测定高聚物相对分子质量的基本原理。

2.掌握用乌氏(Ubbelchde)黏度计测定高聚物稀溶液黏度的实验技术及数据处理方法。

二、实验原理

相对分子质量是表征化合物特性的基本参数之一。但高聚物相对分子质量大小不一,一般在 $10^3 \sim 10^7$ 之间,所以通常所测高聚物的相对分子质量是平均相对分子质量。高聚物相对分子质量的测定方法很多,对于线性高聚物,各方法适用的范围见表 8.10。

表 8.10　高聚物相对分子质量测定方法适用范围

测定方法	相对分子质量名称	相对分子质量范围
端基分析	数均相对分子质量	$<3\times10^4$
沸点升高、凝固点降低、等温蒸馏	数均相对分子质量	$<3\times10^4$
渗透压	数均相对分子质量	$10^4\sim10^6$
光散射	重均相对分子质量	$10^4\sim10^7$
超离心沉降及扩散	Z 均相对分子质量	$10^4\sim10^7$
黏度法	黏均相对分子质量	$10^4\sim10^7$

这些方法测定工作比较精细,但设备较复杂。黏度法测定高聚物相对分子质量,设备简单,操作方便,有相当好的实验精度。

高聚物溶液由于其分子链长度远大于溶剂分子,所以在液体分子有流动或有相对运动时,会产生内摩擦阻力。内摩擦阻力越大,表现出来的黏度就越大,而且与聚合物的结构、溶液浓度、溶剂性质、温度以及压力等因素有关。内摩擦包括溶剂分子与溶剂分子之间的内摩擦(表示为 η_0)、高分子与高分子之间的内摩擦以及高分子与溶剂分子之间的内摩擦,三者的总和表现为溶液的黏度,记为 η。聚合物溶液黏度的变化,一般采用下列有关的黏度量进行描述。

1. 相对黏度:用 η_r 表示。如果纯溶剂的黏度为 η_0,相同温度下溶液的黏度为 η,则

$$\eta_r = \frac{\eta}{\eta_0} \tag{8.27}$$

2. 增比黏度:用 η_{sp} 表示。相对于溶剂来说,溶液黏度增加的分数,相当于扣除了溶剂分子之间的内摩擦效应,即

$$\eta_{sp} = \frac{\eta - \eta_0}{\eta_0} = \eta_r - 1 \tag{8.28}$$

η_{sp} 与溶液浓度有关,一般随质量浓度 c 的增加而增加。

3. 比浓黏度:对于高分子聚合物溶液,增比黏度往往随溶液浓度的增加而增大,为了便于比较,常用其与浓度 c 之比来表示溶液的黏度,称为比浓黏度,即

$$\frac{\eta_{sp}}{c} = \frac{\eta_r - 1}{c} \tag{8.29}$$

4. 比浓对数黏度:是相对黏度的自然对数与浓度之比,即

$$\frac{\ln \eta_r}{c} = \frac{\ln(1 + \eta_{sp})}{c} \tag{8.30}$$

单位为浓度的倒数,常用 mL/g 表示。

5. 特性黏度:定义为比浓黏度 η_{sp}/c 或比浓对数黏度 $\ln\frac{\eta_r}{c}$ 在无限稀释时的外推值,用 $[\eta]$ 表示,无限稀释后进一步消除了高分子与高分子之间的内摩擦,所以该黏度量反映了高分子与溶剂分子之间的黏度,即

$$[\eta] = \lim_{c \to 0} \frac{\eta_{sp}}{c} = \lim_{c \to 0} \frac{\ln \eta_r}{c} \tag{8.31}$$

$[\eta]$ 称为特性黏度,又称极限黏度,其值与浓度无关,量纲是浓度的倒数。

实验证明,对于给定的聚合物在给定的溶剂和温度下,$[\eta]$ 的数值仅由试样的摩尔质量 $\overline{M_\eta}$ 决定。$[\eta]$ 与高聚物摩尔质量之间的关系,通常用带有两个参数的 Mark—Houwink 经验方程式来表示,即

$$[\eta] = K \overline{M_\eta}^\alpha \tag{8.32}$$

式中　K——比例常数;

　　　α——扩张因子,与溶液中聚合物分子的形态有关;

　　　$\overline{M_\eta}$——黏均摩尔质量。

K、α 与温度、聚合物的种类和溶剂的性质有关。K 值受温度影响较大,而 α 值主要取决于高分子线团在溶剂中舒展的程度,一般介于 $0.5 \sim 1.0$ 之间。在一定温度时,对给定的聚合物—溶剂体系,在一定的相对分子质量范围内 K、α 为一常数,$[\eta]$ 只与摩尔质量大小有关。K、α 值可从有关手册中查到(本实验已给出,见数据记录和处理部分)。

在一定温度下,聚合物溶液黏度对浓度有一定的依赖关系。描述溶液黏度与浓度关系的方程式很多,应用较多的有哈金斯(Huggins)方程

$$\frac{\eta_{sp}}{c} = [\eta] + k[\eta]^2 c \tag{8.33}$$

和克拉默(Kraemer)方程

$$\frac{\ln \eta_r}{c} = [\eta] - \beta[\eta]^2 c \tag{8.34}$$

对于给定的聚合物在给定的温度和溶剂下,k、β 应是常数,其中 k 称为哈金斯(Huggins)常数。它表示溶液中聚合物之间和聚合物与溶剂分子之间的相互作用,k 值一般说来对摩尔质量并不敏感。用 $\frac{\ln \eta_r}{c} \sim c$ 的图外推和 $\frac{\eta_{sp}}{c} \sim c$ 图外推可得到共同的截距 $[\eta]$,如图 8.14 所示。

由此可见,用黏度法测定高聚物相对分子质量,关键在于 $[\eta]$ 的求得。测定液体黏度的方法主要可分成 3 类:

(1)液体在毛细管里的流出时间;

(2)圆球在液体里的下落速度;

(3)液体在同心轴圆柱体间相对转动的影响。

在测定高分子 $[\eta]$ 时,以毛细管流出法的黏度计最为方便。常用的黏度计有乌氏黏度计,如图 8.15 所示,其特点是溶液的体积对测量没有影响,所以可以在黏度计内采取逐步稀释的方法得到不同浓度的溶液。

液体在毛细管黏度计内因重力作用而流出时遵守泊肃叶公式

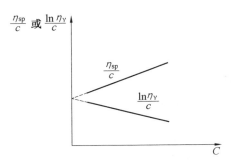

图 8.14　外推法求 $[\eta]$ 值

$$\frac{\eta}{\rho} = \frac{\pi h g r^4 t}{8lv} - m\frac{V}{8\pi l t} \tag{8.35}$$

式中　η ——液体的黏度；

ρ ——液体的密度；

l ——毛细管的长度；

r ——毛细管的半径；

t ——流出时间；

h ——流经毛细管的液体的平均液柱高度；

g ——重力加速度；

V ——流经毛细管的液体体积；

m ——毛细管末端校正的参数（一般在 $\frac{r}{l} \ll 1$ 时，可以取 $m=1$）。

对于某一支指定的黏度计而言，式（8.35）可写

$$\frac{\eta}{\rho} = At - \frac{B}{t}$$

即

$$\eta = \rho At\left(1 - \frac{B}{At^2}\right) \tag{8.36}$$

同理

$$\eta_0 = \rho_0 At_0\left(1 - \frac{B}{At_0^2}\right) \tag{8.37}$$

根据相对黏度定义

$$\eta_r = \frac{\eta}{\eta_0} = \frac{\rho\, t(1 - B/At^2)}{\rho_0 t_0(1 - B/At_0^2)} \tag{8.38}$$

式中　ρ、ρ_0 ——溶液和溶剂的密度，如果溶液的浓度不大（$c < 10\ \text{kg}\cdot\text{m}^{-3}$），则溶液的密度与溶剂的密度可近似地视为相同，即 $\rho \approx \rho_0$；

A, B —— 黏度计常数；

t, t_0 ——溶液和溶剂在毛细管中的流出时间。

在恒温条件下，用同一支毛细管测定溶液和溶剂的流出时间，如果溶剂在该黏度计中的流出时间大于 $100\ \text{s}$，则动能校正项 B/At^2 值远远小于 1，因此溶液的黏度比为

$$\eta_r = \frac{t}{t_0} \tag{8.39}$$

所以只需测定溶液和溶剂在毛细管中的流出时间就可得到 η_r。η_{sp} 可根据式（8.28）求得，这样图 8.14 可画，$[\eta]$ 可求，最后根据式（8.32）求出相对分子质量 $\overline{M_\eta}$。

三、主要仪器和试剂

乌氏黏度计、恒温槽（要求温度波动不大于 $\pm0.05\ ^\circ\text{C}$）、洗耳球、移液管（5 mL、10 mL）、秒表、容量瓶（100 mL、25 mL）、橡皮管、夹子、胶头滴管、铁架台、天平、聚乙二醇、去离子水。

四、实验步骤

1. 调节恒温槽温度至 $25\pm0.05\ ^\circ\text{C}$。

2. 配制浓度约为 0.8 g/dL 聚乙二醇溶液(实验室已准备好)。

3. 洗涤、烘干黏度计(实验室已准备好)。

4. 测定溶液的流出时间。将清洁干燥的黏度计安装于恒温槽内,用干净的 10 mL 移液管移取聚乙二醇溶液于黏度计中(从 A 管加入,注意尽量不要将溶液粘在管壁上),恒温 5 min,封闭黏度计的 C 管口,用洗耳球从 B 管上口将溶液抽至最上面一个球 G 的中部时,取下洗耳球并用左手食指堵住 B 管口,此时放开支管 C,然后放开 B 管上的食指,使其中的溶液自由下流,用眼睛水平注视着正在下降的液面,用秒表准确记录流经下球上下两刻度 a、b 之间的时间,重复两次,误差不得超过 0.3 s(如超过 0.3 s,可测 3 次,取两个接近值即可)。取两次平均值即为溶液的流出时间 t_1。

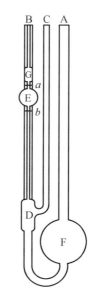

图 8.15　乌氏黏度计

经 A 管依次向原溶液中加入 5 mL、5 mL、10 mL、10 mL 蒸馏水,稀释后的浓度分别为原溶液浓度的 2/3、1/2、1/3、1/4,用上述方法依次测定稀释溶液的流出时间。

5. 测定溶剂的流出时间。将黏度计用蒸馏水洗净(必须反复洗几次,尤其毛细管处,要用洗耳球吹洗)后,用移液管移取 10 mL 蒸馏水,恒温 5 min,按上述测定溶液的流出时间的步骤测定溶剂的流出时间 t_0。

6. 黏度计的烘干。实验结束后将黏度计中的蒸馏水倒出并放入烘箱烘干,以备下次实验使用。

五、注意事项

1. 黏度计必须洁净,使用前必须用烘箱烘干。

2. 本实验中溶液的稀释是直接在黏度计中进行的,加入溶剂后必须先在恒温槽中恒温,然后方可测定。

3. 测定时黏度计要垂直放置并平视刻线,否则会影响结果的准确性。

六、数据记录和处理

1. 为了作图方便,假定起始浓度为 1,依次加入 5 mL、5 mL、10 mL、10 mL 蒸馏水,稀释后的浓度分别为 2/3、1/2、1/3、1/4,计算各浓度的 η_r、η_{sp}、η_{sp}/c、$\ln\eta_r/c$,并填入表 8.11 中。

表 8.11　实验数据

名称		流出时间/s			η_r	$\ln \eta_r$	η_{sp}	η_{sp}/c	$\ln \eta_r/c$
		①	②	平均					
溶液	$c_1=1$								
	$c_2=2/3$								
	$c_3=1/2$								
	$c_4=1/3$								
	$c_5=1/4$								
溶剂	c_0								

2.以 η_{sp}/c 和 $\ln \dfrac{\eta_r}{c}$ 分别对 c 作图,并作线性外推求得截距 D,以 D 除以真实的起始浓度 $c_0(0.8\ \text{g/dL})$ 得 $[\eta]$,即 $[\eta]=D/0.8$。

3.按式(8.32)(式中 $K=0.125\times10^{-3}$,$\alpha=0.78$)计算出聚乙二醇溶液的粘均相对分子质量。

七、思考题

1.乌氏黏度计中的支管 C 有什么作用?

2.特性黏度 $[\eta]$ 与纯溶剂的黏度 η_0 有什么区别? 为什么要用 $[\eta]$ 来求高聚物相对分子质量?

3.在本实验中,影响黏度的主要因素是什么?

实验 7　电解质溶液电导的测定

实验前预习内容

思考并回答:

(1)弱酸的电离度与平衡常数的关系。

(2)平衡常数与电导率之间的关系。

(3)预习课后思考题。

一、实验目的

1.掌握溶液电导测定中各量之间的关系。

2.学会电导(率)仪的使用方法。

二、实验原理

AB 型弱电解质在溶液中电离达到平衡时,电离平衡常数 $K^{\ominus}$ 与原始浓度 c 和电离度 α 有以下关系

$$K^{\ominus} = \frac{(c/c^{\ominus})\alpha^2}{1-\alpha} \tag{8.40}$$

在一定温度下 $K^{\ominus}$ 是常数,它仅与温度、压力有关,与溶液的组成无关。

醋酸溶液的 $K^{\ominus}$ 可用电导法来测定,图 8.16 是用来测定溶液电导的电导池。将电解质溶液放入电导池内,溶液电导(G)的大小与两电极之间的距离(l)成反比,与电极的面积(A)成正比

$$G = k\frac{A}{l} \tag{8.41}$$

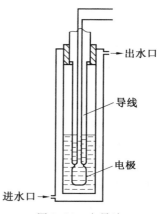

图 8.16　电导池

式中　$\dfrac{l}{A}$——电导池常数,以 K_{cell} 表示;

　　κ——电导率。

其物理意义为:在两平行而相距 1 m,面积均为 1 m^2 的电极间,电解质溶液的电导称为该溶液的电导率,其单位以 SI 单位制表示为 S·m^{-1}。

溶液的摩尔电导率是指把含有 1 mol 电解质的溶液置于相距为 1 m 的两平行板电极之间的电导。以 Λ_m 表示,其单位以 SI 单位制表示为 S·m^2·mol^{-1}。

摩尔电导率与电导率的关系

$$\Lambda_m = \frac{k}{c} \tag{8.42}$$

式中　c——该溶液的浓度,其单位以 SI 单位制表示为 mol·L^{-1}。

对于弱电解质溶液来说,可以认为

$$\alpha = \frac{\Lambda_m}{\Lambda_m^{\infty}} \tag{8.43}$$

式中　Λ_m^{∞}——溶液在无限稀释时的摩尔电导率。

对于强电解质溶液(如 KCl、NaAc),其 Λ_m 和 c 的关系为

$$\Lambda_m = \Lambda_m^{\infty}(1 - \beta\sqrt{c})$$

对于弱电解质(如 HAc 等),Λ_m 和 c 则不是线性关系,故它不能像强电解质溶液那样,从 $\Lambda_m - \sqrt{c}$ 的图外推至 $c=0$ 处求得 Λ_m^{∞}。但本实验根据每种离子对电解质的摩尔电导率的贡献已经给出 Λ_m^{∞} 值,无须计算。

$$\Lambda_m^{\infty}(HAc) = \lambda_m^{\infty}(H^+) + \lambda_m^{\infty}(Ac^-) = \Lambda_m^{\infty}(HCl) + \Lambda_m^{\infty}(NaAc) - \Lambda_m^{\infty}(NaCl)$$

$$\Lambda_m^{\infty} = 390.8 \times 10^{-4} \text{ S·}m^2\text{·}mol^{-1}$$

把式(8.43)代入式(8.40)可得

$$K^{\ominus} = \frac{(c/c^{\ominus})\Lambda_{\mathrm{m}}^2}{\Lambda_{\mathrm{m}}^{\infty}(\Lambda_{\mathrm{m}}^{\infty} - \Lambda_{\mathrm{m}})} \tag{8.44}$$

即

$$\frac{c\Lambda_{\mathrm{m}}}{c^{\ominus}} = \frac{K^{\ominus}\Lambda_{\mathrm{m},\infty}^2}{\Lambda_{\mathrm{m}}} - K^{\ominus}\Lambda_{\mathrm{m},\infty} \tag{8.45}$$

以 $\dfrac{c\Lambda_{\mathrm{m}}}{c^{\ominus}}$ 对 $\dfrac{1}{\Lambda_{\mathrm{m}}}$ 作图,其直线的斜率为 $K^{\ominus}\Lambda_{\mathrm{m},\infty}^2$,$\Lambda_{\mathrm{m}}^{\infty}$ 值已知,就可算出 $K^{\ominus}$。

三、主要仪器和试剂

DDS－11 电导率仪 1 台,电导池 1 个(见图 8.16),本实验用大试管代替,恒温水浴 1 套,移液管 25 mL 2 支,0.1 mol·L^{-1} HAc 溶液。

四、实验步骤

1.配制 0.1 mol·L^{-1} HAc 溶液(实验教师已事先配好)。

2.将超级恒温水浴与电导池接通,调节恒温水浴的温度在(25±0.1) ℃。

3.用蒸馏水淌洗电导池和电极 3 次(注意不要直接冲洗,以保护铂黑),再用 0.1 mol·L^{-1} HAc 溶液淌洗 3 次。往电导池中倒入 50 mL 0.1 mol·L^{-1} HAc 溶液,插入电极,恒温 10 min。

4.将电极插头插入仪器的插口。将"量程选择"旋钮扳到最大测量挡。将"高－低周"开关扳到"低周"位置。根据所用电极上标明的电极常数,将"电极常数"旋钮调节到相应数值。打开电源,预热数分钟。

5.用"校正调节"旋钮将表头指针调至满刻度,将"校正－测量"开关扳到"测量"位置,看指针是否处于接近满刻度位置。否则可逐挡调节"量程选择"旋钮,缩小量程,直至指针接近满刻度,此时测量精度最高。读出电表指示值(当"量程选择"旋钮对准黑线时,读表头上黑色数字;若对准红线,则读红色数字),再乘以"量程选择"旋钮指示的倍率,即为该溶液的电导率。例如,当量程为 0～100 μs·cm^{-1} 时,若电表指示为 0.9,则溶液的实际电导率为 90 μs·cm^{-1}。电导率仪的相关知识见 4.7 节。

6.将电导池中的溶液移出 25 mL,之后用移液管移 25 mL 蒸馏水放入电导池中并摇匀(此步骤相当于把溶液稀释 1 倍),再放入电导池中恒温 10 min,按步骤 5 测其电导率。如此操作共稀释 4 次,测定各种浓度醋酸溶液的电导率。

7.倒去醋酸溶液,洗净电导池,并浸泡在蒸馏水中。关闭电导率仪和恒温水浴。

五、注意事项

1.实验中温度要恒定,测量必须在同一温度下进行,恒温槽的温度要控制在(25.0±0.1) ℃。

2.每次测定前,都必须将电极及电导池洗涤干净,以免影响测定结果。

六、数据记录和处理

实验数据记录在表 8.12 中。

表 8.12　实验数据

$c /(\text{mol} \cdot \text{L}^{-1})$	k /$(\mu\text{S} \cdot \text{cm}^{-1})$	κ /$(\text{S} \cdot \text{m}^{-1})$	$\Lambda_{\text{m}}/$ $(\text{S} \cdot \text{m}^2 \cdot \text{mol}^{-1})$	$\dfrac{1}{\Lambda_{\text{m}}}/$ $(\text{S}^{-1} \cdot \text{m}^{-2} \cdot \text{mol})$	α	$\dfrac{c\Lambda_{\text{m}}}{c^{\ominus}}/$ $(\text{S} \cdot \text{m}^2 \cdot \text{mol}^{-1})$
0.1						
0.05						
0.025						
0.012 5						
0.006 25						

1. 以 $\dfrac{c\Lambda_{\text{m}}}{c^{\ominus}}$ 对 $\dfrac{1}{\Lambda_{\text{m}}}$ 作图,从直线的斜率求 $K^{\ominus}$。

2. 与文献值中醋酸标准电离平衡常数 $K_{\text{标}}^{\ominus} = 1.75 \times 10^{-5}$ 比较,求算相对误差。

七、思考题

1. 溶液的电导、电导率和摩尔电导率的定义是什么?

2. 强、弱电解质溶液的摩尔电导率与浓度的关系有何不同?

3. 测电导时为什么要恒温?

实验 8　纯液体饱和蒸汽压的测定

实验前预习内容

思考并回答:

(1)饱和蒸汽压与沸点的定义及它们之间的关系。

(2)克一克方程的推导与成立的条件。

(3)U 形管等压原理及真空泵的操作。

一、实验目的

1. 掌握静态法测定不同温度下水的饱和蒸汽压的方法。

2. 根据克一克方程计算被测水在实验温度范围内的平均摩尔汽化热。

3. 加深对纯液体水的饱和蒸汽压气液平衡概念的理解。

4. 初步掌握真空实验技术。

二、实验原理

1. 基本概念

(1)液体饱和蒸汽压:在一定温度下,纯液体与其蒸汽达到两相平衡时,气相的压力称为该温度下液体的饱和蒸汽压。

（2）正常沸点：当液体饱和蒸汽压等于一个标准大气压的外压时的气液平衡温度称为该液体的正常沸点。

2. 基本原理

液体饱和蒸汽压与温度的关系遵循克拉珀龙（Clapeyron）方程

$$\frac{\mathrm{d}\ln p}{\mathrm{d}T} = \frac{\Delta_v H_m}{RT^2} \tag{8.46}$$

设蒸汽为理想气体，在实验温度范围内其摩尔汽化焓为常数，并略去液体的体积，可将上式积分得克劳修斯－克拉珀龙（Clausius－Clapeyron）方程式

$$\ln\frac{p}{[p]} = \frac{-\Delta_v H_m}{RT} + C \tag{8.47}$$

式中　　p——液体在温度 T 时的蒸汽压，$[p] = 100\ \mathrm{kPa}$；

　　　　C——积分常数；

　　　　R——气体常数，$R = 8.314\ \mathrm{J \cdot mol^{-1} \cdot K^{-1}}$。

用图解法求直线斜率 $-\dfrac{\Delta_v H_m}{R}$，算得 $\Delta_v H_m$。

测定液体饱和蒸汽压的方法有三种：

（1）静态法，在某一温度下直接测量饱和蒸汽压；

（2）动态法，在不同外界压力下测定其沸点；

（3）饱和气流法，使干燥的惰性气流通过被测物质，并使其为被测物质所饱和，然后测定所通过的气体中被测物质蒸汽的含量，就可根据分压定律算出此被测物质的饱和蒸汽压。

本实验采用静态法，以等压计在不同温度下测定水的饱和蒸汽压，等压计的外形见图 8.17 中冷凝器下方装置部分。小球中盛被测样品，U 形管部分以样品本身作为封闭液。

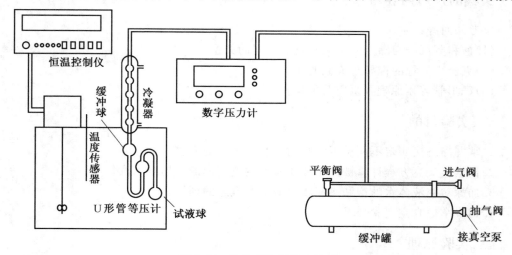

图 8.17　饱和蒸汽压测定装置

在一定温度下，若小球液面上方仅有被测物质的蒸汽，那么在等压计 U 形管左支管液面上所受到的压力就是其蒸汽压。当这个压力与 U 形管右支管液面上的空气的压力

相平衡(U 形管两侧液面齐平)时,就可从与等压计相接的压力计上测出在此温度下的饱和蒸汽压。

三、主要仪器

四、实验步骤

1.打开数字压力计电源开关预热,按下"复位"键,调单位至"kPa",再按下"置零"键,即可正常使用。

2.检查系统是否漏气(此步骤实验教师事先已做好)。

3.向等压计小球中装入水(此步骤实验教师事先已做好)。

4.等压计与冷凝管磨口接好并用橡皮筋固牢后置于 25 ℃恒温槽中,开动真空泵,控制抽气速度,使等压计中液体缓慢沸腾 3 min,让其中空气排尽。然后停止抽气,通过毛细管缓慢放空气入内,至 U 形管两侧液面等高为止,读取此时恒温槽的温度及数字压力计的读数,该读数即为水的饱和蒸汽压。

5.同法测定 30 ℃、35 ℃、40 ℃、45 ℃、50 ℃时水的蒸汽压。在升温过程中,应经常开启通大气旋塞,缓缓放入空气,使 U 形管两侧液面接近相等。如果在实验过程中放入空气过多,可开启真空泵将空气抽走。

6.实验完毕,缓缓放空气入等压计内,达到大气压为止。

7.最后读取大气压值。

五、注意事项

1.实验中抽气、排气速度一定要慢。

2.弄清各阀门的物理意义,以免反向操作。

3.实验中如果不出现进气过多,无须开启真空泵,只在实验开始时开一次即可,因为随着温度升高,气压会把液体向右侧(与进气阀相连的一侧)压,所以只需开进气阀就可调平液面,无需开真空泵抽气,否则会起反作用。

六、数据记录和处理

1.实验原始数据记录和处理表格(表 8.13)

表 8.13　实验数据($p_大 = $　kPa)

$t/$℃	T/K	T^{-1}/K^{-1}	$p_测/kPa$	$p = p_测 + p_大$ $/kPa$	$\ln \dfrac{p}{[p]}$
25					
30					
35					
40					
45					
50					

2.作图：$\ln(p/[p])-1/T$。

计算斜率：$\tan\theta=-\dfrac{\Delta_v H_m}{R}$，可求出 $\Delta_v H_m$。

七、思考题

1.克劳修斯－克拉珀龙方程式在什么条件下才适用？
2.等压计小球液面上方为何不能有空气？
3.本实验中汽化热与温度有无关系？
4.等压计 U 形管中的液体起什么作用？为什么可用液体本身做 U 形管封闭液？

实验 9　乙酸乙酯皂化反应速率常数的测定

实验前预习内容

思考并回答：
(1)二级反应速率方程的推导。
(2)反应速率常数与活化能之间的关系。
(3)预习课后思考题。

一、实验目的

1.掌握测定溶液电导率的方法，并跟踪测定乙酸乙酯皂化反应体系的电导率 κ 随时间 t 变化的系列数据，验证其为二级反应。
2.测定乙酸乙酯皂化反应的速率常数 k，并确定该反应的表观活化能 E_a。

二、实验原理

1.乙酸乙酯皂化是双分子反应，其反应式为
$$CH_3COO^-C_2H_5+Na^+OH^-\longrightarrow CH_3COO^-Na^++C_2H_5OH$$
在反应过程中，各物质的浓度随时间而改变，不同反应时间的 OH^- 的浓度，可以用标准酸进行滴定求得，也可以通过间接测量溶液的电导率而求出。为处理方便起见，在设计这个实验时将反应物 $CH_3COOC_2H_5$ 和 $NaOH$ 采用相同浓度 c，作为起始浓度。设反应时间为 t，反应所生成的 CH_3COONa 和 C_2H_5OH 的浓度为 x，那么，$CH_3COOC_2H_5$ 和 $NaOH$ 的浓度则为 $(c-x)$，即
$$CH_3COOHC_2H_5+NaOH\Longleftrightarrow CH_3COONa+C_2H_5OH$$

$t=0$ 时	c	c	0	0
$t=t$ 时	$c-x$	$c-x$	x	x
$t\to\infty$ 时	0	0	$x\to c$	$x\to c$

因为乙酸乙酯皂是双分子反应，所以时间为 t 的反应速率和反应物浓度的关系为
$$\mathrm{d}x/\mathrm{d}t=k(c-x)^2 \tag{8.48}$$

式中　k——反应速率常数。

将式(8.48)积分可得

$$kt = x/c(c-x) \qquad (8.49)$$

从式(8.49)中可看出,原始浓度 c 是已知的,只要测出 t 时的 x 值,就可算出反应速率常数 k 值。首先假定整个反应体系是在稀释的水溶液中进行的,因此可以认为 CH_3COONa 是全部电离的。在本实验中,我们用测量溶液的电导率来求算 x 值的变化,参与导电的离子有 Na^+、OH^- 和 CH_3COO^-,而 Na^+ 在反应前后浓度不变,由于 OH^- 不断减少而 CH_3COO^- 不断增加,所以,体系的电导值不断下降。

显然,体系电导值的减少量和 CH_3COONa 的浓度 x 的增大成正比,即

$t=t$ 时 $\qquad\qquad x = K(G_0 - G_t) = K'(\kappa_0 - \kappa_t) \qquad (8.50)$

$t\to\infty$ 时 $\qquad\qquad c = K(G_0 - G_\infty) = K'(\kappa_0 - \kappa_\infty) \qquad (8.51)$

式中　G_0、κ_0——起始时的电导、电导率;

$\qquad G_t$、κ_t——t 时刻的电导、电导率;

$\qquad G_\infty$、κ_∞——$t\to\infty$ 时的电导率;

$\qquad K$、K'——比例常数。

将式(8.50)、式(8.51)代入式(8.49)得

$$\frac{(G_0 - G_t)}{(G_t - G_\infty)} = ckt$$

或

$$\frac{\kappa_0 - \kappa_t}{\kappa_t - \kappa_\infty} = ckt \qquad (8.52)$$

从式(8.52)可知,只要测定了 κ_0、κ_∞ 以及一组 κ_t 值以后,用 $\frac{\kappa_0 - \kappa_t}{\kappa_t - \kappa_\infty}$ 对 t 作图,应得一直线,直线的斜率就是反应速率常数 k 值和原始浓度 c 的乘积。k 的单位为 $\min^{-1} \cdot mol^{-1} \cdot L$。

2.反应速率常数 k 与温度 T 有关。若忽略温度对表观活化能 E_a 的影响,则 k 与 T 的关系可由阿伦尼乌斯公式表示

$$\ln\frac{k(T_2)}{k(T_1)} = -\frac{E_a}{R} \cdot \left(\frac{1}{T_2} - \frac{1}{T_1}\right) \qquad (8.53)$$

因而分别测定两个温度下的反应速率常数 $k(T_1)$ 及 $k(T_2)$,即可确定反应的活化能。

三、主要仪器和试剂

仪器:电导率仪 1 台;恒温槽水浴 1 套;秒表 1 只;烘干试管 4~5 支;移液管 15 mL 2 支。

试剂:0.020 0 mol/L NaOH(新鲜配制);0.010 0 mol/L NaOH(用蒸馏水冲稀 0.020 0 mol/L NaOH);0.010 0 mol/L CH_3COONa(新鲜配制);0.020 0 mol/L $CH_3COOC_2H_5$(新鲜配制)。

四、实验步骤

1.电导率仪的调节。

2. κ_∞ 和 κ_0 的测量。

将 0.010 0 mol/L 的 CH$_3$COONa 溶液装入干净的试管中,如图 8.18 所示,液面约高出铂黑片 1 cm 为宜。浸入 25 ℃恒温槽内 10 min,然后接通电导率仪,测定其电导率,即为 κ_∞。按上述操作,测定 0.010 0 mol/L 的 NaOH 溶液的电导率为 κ_0。

测量时,每种溶液都必须重复 3 次取平均值。注意每次向电导池中装新样品时,都要先用蒸馏水淋洗电导池及铂黑电极 3 次,接着用所测液淋洗 3 次。

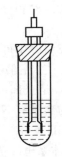

图 8.18   电导率仪

3. κ_t 的测量。

将电导池的铂黑电极浸于另一盛有蒸馏水的试管中,并置于恒温槽中恒温。用移液管移取 15 mL 0.020 0 mol/L NaOH 溶液注入干燥试管中,用另一移液管移取 15 mL 0.020 0 mol/L CH$_3$COOC$_2$H$_5$ 溶液注入另一试管中,两试管的管口均用塞子塞紧,防止 CH$_3$COOC$_2$H$_5$ 挥发。将试管置于恒温槽中恒温 10 min,将两试管中的溶液混合在一支试管中,将铂黑电极从恒温的蒸馏水中取出,并用该混合液淋洗数次,随即插入盛有混合液的试管中进行电导时间测定,每隔 5 min 测量一次,半小时后,每隔 10 min 测量一次,反应进行到 1 h 后可停止测量。

4. 以同样的步骤,测定另一温度下的 κ_0、κ_∞ 及 κ_t-t 数据。

5. 实验结束后,应将铂黑电极浸入蒸馏水中,试管洗净放入烘箱。

五、数据记录和处理

1. 计算 κ_0、κ_∞ 的平均值,实验数据见表 8.14。

表 8.14   实验数据 1

次数　　　项目	1	2	3	平均
κ_0/(mS·cm^{-1})				
κ_∞/(mS·cm^{-1})				

2. 将 t、κ_t、$\kappa_0-\kappa_t$、$\kappa_t-\kappa_\infty$、$(\kappa_0-\kappa_t)/(\kappa_t-\kappa_\infty)$ 列成数据表(表 8.15)。

表 8.15   实验数据 2

t/min　　项目	5	10	15	20	25	30	40	50	60
κ_t/(mS·cm^{-1})									
$(\kappa_0-\kappa_t)$/(mS·cm^{-1})									
$(\kappa_t-\kappa_\infty)$/(mS·cm^{-1})									
$(\kappa_0-\kappa_t)/(\kappa_t-\kappa_\infty)$									

3.以$(\kappa_0 - \kappa_t)/(\kappa_t - \kappa_\infty)$对 t 作图,得一直线。由直线的斜率算出反应速率常数 k。

4.根据阿伦尼乌斯公式 $\ln \dfrac{k(T_2)}{k(T_1)} = -\dfrac{E_a}{R} \cdot \left(\dfrac{1}{T_2} - \dfrac{1}{T_1} \right)$,利用测定的两个温度下的反应速率常数 $k(T_1)$ 及 $k(T_2)$ 计算反应的活化能 E_a。

六、思考题

1.为何本实验要在恒温条件下进行,而且 $CH_3COOC_2H_5$ 和 $NaOH$ 溶液在混合前还要预先恒温。

2.如何从实验结果来验证乙酸乙酯皂化反应为二级反应?

实验 10　溶胶的制备、净化及其性质研究

实验前预习内容

思考并回答:
(1)溶胶的定义。
(2)溶胶的性质及电性。
(3)溶胶的制备。

一、实验目的

1.掌握溶胶常用的制备和净化方法。
2.了解溶胶的光学性质、电学性质和聚沉作用及其影响因素。
3.了解胶粒带电的原因,分别根据聚沉和电泳实验结果判断胶粒的电性。
4.掌握电泳原理和技术,测定溶胶的电泳速度和 ζ 电势。

二、实验原理

溶胶是粒径为 $1\sim100\ nm$ 的固体微粒分散在液体介质中所形成的分散系统,具有特有的高度分散性、聚结(热力学)不稳定性和多相(不均匀)性,并具有动力稳定性。

溶胶的制备方法分为分散法和凝聚法两大类。分散法是把较大物质颗粒变小到胶粒大小范围,如机械研磨法、胶溶法(新制松软沉淀加入电解质后重新分散)、电弧法(金属电极通电产生电弧,使金属变成蒸汽后立即在周围冷的介质中凝聚)、超声波分散法等。凝聚法是把物质分子或离子凝结变大到胶粒大小范围,如水解法、复分解法、氧化还原法、改变溶剂法、蒸汽骤冷法等。

新制溶胶一般常含有过多电解质和其他杂质,这些物质影响其稳定性,故必须净化,可用渗析法、热渗析法、电渗析法,其依据是半透膜只允许离子和小分子透过而不允许胶粒透过,故将溶胶用半透膜与纯溶剂隔开,即可净化(若需提高渗析速度,可适当加热或加电场)。

在暗室中用一束会聚光照射溶胶时,在光的垂直方向上可看到一浑浊发亮的光锥(也即"光路"),此即 Tyndall 效应,又称乳光效应,其实质是光的散射。此法可用来鉴别溶胶。

胶粒是带电的,带电的原因是胶核表面的选择吸附(优先吸附与胶核含相同元素的离子)或电离。胶粒带电、溶剂化作用及布朗运动是溶胶具有动力稳定性的 3 个重要原因。随着溶胶中电解质浓度的增大,胶团扩散反离子层受到挤压而变薄,胶粒所带电荷数减少,扩散层反离子的溶剂化作用(在胶粒周围形成一具有一定弹性的溶剂化外壳)减弱,溶胶稳定性下降,最终导致聚沉。电解质中起聚沉作用的主要是与胶粒电荷相反的离子,且反号离子的价数越高,聚沉能力越强。聚沉能力常用聚沉值的倒数来表示,聚沉值是指使溶胶发生明显聚沉所需电解质的最小浓度。在溶胶中加入高分子化合物也可使溶胶聚沉(即搭桥效应),但若加入的量较多,则反而会起到保护作用,保护作用的结果是使聚沉值增加。

由于胶粒带电,而整个溶胶为电中性,故分散介质必带等量反电荷。因此,在外电场作用下,胶粒在分散介质中向阳极或阴极定向移动(即电泳),分散介质通过多孔膜或极细毛细管而定向流动(即电渗)。荷电的胶粒与分散介质间的电势差称为电动电势或 ζ 电势。ζ 电势越大,表明胶粒带电越多,溶胶越稳定。ζ 电势可通过测量电泳速度而求得。

一般在水溶液中,若溶胶和辅液的电导率相同,则 ζ 电势可由 Helmholtz — Smoluchowski 公式求得

$$\zeta = \frac{\eta\,u}{\varepsilon E}$$

式中 η —— 介质的黏度,Pa·s;

u —— 电泳速度,m·s^{-1};

E —— 电场强度或电位梯度,V·m^{-1};

ε —— 介质的介电常数,F·m^{-1},$\varepsilon = \varepsilon_r \cdot \varepsilon_0$,$\varepsilon_r$ 为介质的相对介电常数,ε_0 为真空介电常数,$\varepsilon_0 = 8.854 \times 10^{-12}$ F·m^{-1}。20 ℃ 时,介质水的 $\varepsilon_r = 81$,$\eta = 0.001\,005$ Pa·s)。

三、主要仪器和试剂

电泳仪 1 套,电导率仪 1 台,秒表 1 只,Tyndall 效应装置 1 套,其他常用玻璃仪器。

四、实验步骤

1. 溶胶的制备及 Tyndall 效应

(1)化学凝聚法。

① 水解法制备 Fe(OH)$_3$溶胶。在 250 mL 烧杯中加 100 mL 蒸馏水,加热至沸,慢慢滴入 20% FeCl$_3$溶液 5~10 mL,并不断搅拌,加完后继续沸腾 5 min 使水解完全,即得红棕色 Fe(OH)$_3$溶胶,冷却待用(冷却时反应会逆向进行,故需渗析处理)。观察 Tyndall 效应,写出水解反应及胶团结构式。

② As$_2$S$_3$溶胶。在 250 mL 锥形瓶中加 50 mL 蒸馏水,通入 H$_2$S 气体使之达饱和,

将此饱和 H_2S 水溶液加入到另一锥形瓶中 50 mL 冷的亚砷酸饱和溶液(0.3 g As_2O_3 溶于 50 mL 沸水中而得)中,即得黄色发乳光的 As_2S_3 溶胶。反应方程式为

$$2H_3AsO_3 + 3H_2S = As_2S_3 + 6H_2O$$

胶团结构式为

$$\{[As_2S_3]_m n HS^- \cdot (n-x)H^+\}^{x-} \cdot xH^+$$

该溶胶对加热比较稳定,加入电解质则很容易聚沉。制得的溶胶宜存放一段时间后再用。

③ 硫溶胶。取 1 mol·L^{-1} H_2SO_4 0.5 mL 冲淡至 5 mL,另取 1 mol·L^{-1} $Na_2S_2O_3$ 0.5 mL 冲淡至 5 mL,将两者混合,立即观察 Tyndall 效应,注意散射光颜色变化直至浑浊度增加至光路看不清为止,记下散射光颜色随时间变化的情形,解释其原因。

④ AgI 溶胶。当银盐和碘盐两种稀溶液混合时应析出沉淀,但若使其中之一过剩,则不产生沉淀而形成溶胶。取 4 个锥形瓶,用滴定管准确放入下列溶液。

$1^\#$ 瓶:先加 10 mL 0.02 mol·L^{-1} KI,再在不断摇动下慢慢滴入 8 mL 0.02 mol·L^{-1} $AgNO_3$。

$2^\#$ 瓶:只加 10 mL 0.02 mol·L^{-1} KI。

$3^\#$ 瓶:先加 10 mL 0.02 mol·L^{-1} $AgNO_3$,再在不断摇动下慢慢滴入 8 mL 0.02 mol·L^{-1} KI。

$4^\#$ 瓶:同 $3^\#$ 瓶。

将 $1^\#$、$3^\#$ 瓶混合,再将 $2^\#$、$4^\#$ 瓶混合,充分摇匀,看有无变化,记下所看到的现象。

⑤ 银溶胶。取 1.7% $AgNO_3$ 溶液 2 mL 冲淡至 100 mL,加入 1 mL 1% 单宁溶液,再加 3～4 滴 1% K_2CO_3 溶液,即得红棕色(单宁量少时则呈橙黄色)金属银负溶胶。反应式(碱性介质中)为

$$6AgNO_3 + C_{76}H_{52}O_{46} + 3K_2CO_3 = 6Ag\downarrow + C_{76}H_{52}O_{49} + 6KNO_3 + 3CO_2$$

⑥ MnO_2 溶胶。取 1.5% $KMnO_4$ 溶液 5 mL 冲淡至 50 mL,滴入 1.5～2 mL 1% $Na_2S_2O_4$(连二亚硫酸钠)溶液,即得深红色 MnO_2 溶胶。

(2)物理凝聚法(改变溶剂和实验条件)。

① 硫溶胶。在试管中加入 2 mL 硫的酒精饱和溶液,加热倒入盛有 20 mL 水的烧杯中搅拌,即得硫负溶胶。

② 松香溶胶。将 2% 松香酒精溶液逐滴滴入 50 mL 水中,剧烈搅拌,即得半透明的松香负溶胶。

③ 石蜡溶胶。取 1 mL 饱和(不加热)石蜡酒精溶液,在搅拌下小心滴入 50 mL 水中,即得有乳光的石蜡负溶胶。

(3)胶溶法制备 $Fe(OH)_3$ 溶胶。

取 20% $FeCl_3$ 溶液 1 mL 于烧杯中冲淡至 10 mL,用滴管滴入 10% $NH_3\cdot H_2O$ 至稍过量为止(显弱碱性),用水洗涤数次,取下沉淀置另一烧杯中,加水 10 mL,再加 20% $FeCl_3$ 8～12 滴,用玻璃棒搅动,并小火加热即得。

实验装置如图 8.19 所示。图中 R 为数百欧姆电阻(此处用大灯泡),电源为 220 V 交流电。在 100 mL 烧杯中装入 50 mL 0.001 mol·L^{-1} NaOH 溶液,将两支外套橡皮管

的银电极插入其中,手持电极使其接触后立即分开,产生火花,连续数次,即得银溶胶。

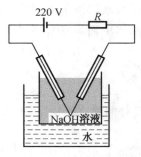

图 8.19　溶胶制备装置

2. 溶胶的净化

(1)半透膜的制备。

取一内壁光滑、充分洗净烘干并冷却的 250 mL 锥形瓶,倒入 10～20 mL 5%～6% 火棉胶(硝化纤维溶于 1:3 乙醇－乙醚液而得),小心转动锥形瓶,使火棉胶在瓶内形成一均匀薄层,倾出多余的火棉胶,继续倒置并不断旋转锥形瓶,让剩余的火棉胶流尽,并让乙醚挥发完(可用电吹风冷风吹瓶口,以加快挥发),直至用手指轻触感觉不沾手即可。将瓶放正,加水至满(若乙醚未挥发完而加水过早,则半透膜呈白色,不合用),浸膜于水中约 10 min,使膜中剩余的乙醇溶去。将水倒去,在瓶口剥开一小部分膜,再慢慢将水注入膜与瓶壁的夹层中,使膜脱落,轻轻取出即成半透膜袋(若检查有漏洞,可擦干有洞部分,用玻璃棒蘸少许火棉胶轻轻接触洞口即可补好)。将半透膜袋灌水悬空,袋内的水应能逐渐渗出,速度不小于 4 mL/h。制好的半透膜袋,不用时需在水中保存,否则易发脆裂开,且渗析能力显著下降。

(2)$Fe(OH)_3$ 溶胶的净化。

将制得的 $Fe(OH)_3$ 溶胶置于半透膜袋内,用线拴住袋口,置于盛有蒸馏水的 500 mL 烧杯中进行渗析。若要加快渗析速度可微微加热,温度不得高于 70 ℃。每隔 10～30 min 换一次水,直至检不出 Cl^- 和 Fe^{3+} 为止(分别用 1% $AgNO_3$ 和 KCNS 溶液检验)。将净化后的 $Fe(OH)_3$ 溶胶移至洁净试剂瓶中,放置一段时间进行老化,老化后的溶胶可供电泳等实验用。

3. 溶胶的聚沉和保护

(1)$Fe(OH)_3$ 溶胶的聚沉。

① 取 5 支干净试管编号,另取一支加入 9 mL 蒸馏水和 1 mL $Fe(OH)_3$ 溶胶作为对照。在 1 号管中加入 10 mL 2.5 mol·L^{-1}KCl 溶液,其余 4 支各加入 9 mL 蒸馏水。然后,从 1 号管中取出 1 mL 溶液加到 2 号管中,从 2 号管中取出 1 mL 溶液加到 3 号管中,如此直至 5 号管,再从 5 号管中取出 1 mL 溶液弃出,使各试管都有 9 mL 溶液,且浓度依次相差 10 倍。

用移液管依次各取 1 mL $Fe(OH)_3$ 溶胶加到 1～5 号试管中,充分摇匀后放置 0.5～1 h,观察确定哪些试管发生聚沉。可取已聚沉和未聚沉的两支紧邻试管中 KCl 浓度的平均值作为近似聚沉值(以 mmol·L^{-1} 为单位)。如观察困难,可采用某一角度强光照射(或放入一有强灯光的木箱中),以便观察其浑浊程度,并与对照管比较,或久放一段时间后再观察。

在上述测定中,因相邻管浓度相差 10 倍,故结果不够精确,可在这 1:10 的浓度范围内继续细分,再作测定。或者用滴定的方法,通过记录所消耗的一定浓度电解质溶液的体积来确定。

② 把电解质换成 0.1 mol·L^{-1}K$_2$SO$_4$,如上所述进行实验,实验情况可填于表8.16

中。

表 8.16　电解质浓度与聚沉情况对应表

序号	KCl 浓度 / $(mmol \cdot L^{-1})$	聚沉情况			序号	K₂SO₄ 浓度 / $(mmol \cdot L^{-3})$	聚沉情况		
		15 min	30 min	60 min			15 min	30 min	60 min
1					1				
2					2				

(2)As_2S_3 溶胶的聚沉。

在 3 个干净的 50 mL 锥形瓶中各加入 10 mL As_2S_3 溶胶,分别用滴定管慢慢滴入 $1 \; mol \cdot L^{-1} KCl$,$0.005 \; mol \cdot L^{-1} BaCl_2$,$0.000 \; 3 \; mol \cdot L^{-1} AlCl_3$,摇动锥形瓶,注意当开始有明显聚沉物出现时停止滴定,记下所用各电解质的体积,计算各电解质的聚沉值和聚沉能力。

在另两个 100 mL 锥形瓶中各加入 10 mL As_2S_3 溶胶,分别用滴定管慢慢滴入 $0.25 \; mol \cdot L^{-1} K_2SO_4$,$0.08 \; mol \cdot L^{-1} K_3[Fe(CN)_6]$ 至有明显聚沉物,记下所用体积,计算聚沉值。

比较 5 种电解质聚沉值的大小,确定 As_2S_3 溶胶带什么电。

(3)高分子化合物(亲液溶胶)对溶胶(憎液溶胶)的保护作用。

在 50 mL 锥形瓶中,加入 10 mL As_2S_3 溶胶,再加入 2 mL 5%阿拉伯溶胶(量少时反而会起聚沉作用),混合均匀,用滴定管滴入上述引起聚沉所需 $0.005 \; mol \cdot L^{-1} BaCl_2$ 的体积,摇动,观察是否聚沉。记录此时引起聚沉需要 $0.005 \; mol \cdot L^{-1} BaCl_2$ 的体积。

(4)正负溶胶的相互聚沉。

将制得的正负溶胶相互混合,观察现象。

4. 电泳

(1)配制稀 NaCl 辅液。

将净化好的 $Fe(OH)_3$ 溶胶放入锥形瓶中恒温约 10 min,用电导率仪测其电导。另取约 150 mL 蒸馏水放入锥形瓶恒温约 10 min,逐滴加入 NaCl 溶液并不断搅拌,测其电导,使其与 $Fe(OH)_3$ 溶胶的电导恰好相等为止。

(2)装电泳管。

将 $Fe(OH)_3$ 溶胶由小漏斗注入电泳管中(预先洗净烘干,并打开两水平活塞),至液面稍高于两水平活塞为止,转动活塞以排除气泡。关闭两活塞,将活塞上方的多余胶液倒去并用蒸馏水洗净,再用稀 NaCl 辅液洗一次后装入适量该辅液。将电泳管垂直固定在铁架上,打开连接两臂的活塞,使两边液面等高,随即关闭该活塞。

(3)测定溶胶的电泳速度及 ζ 电势。

在电泳管两端插入 Pt 电极(浸入约 1 cm),接好线路,同时缓缓旋开两水平活塞,使胶液与辅液界面相接(界面应分明,且不能有气泡)。打开电源开关,快速调节电压至 150 V 左右。当界面上升至某一水平活塞上少计时,开始计时,同时记录界面位置,以后每隔 10 min 记录一次,共测 5~6 次(也可测定界面上升一定距离如 1 cm 所需的时间,测 2~3 次,取平均值)。记录电压值,用细铁丝量出两电极在电泳管内导电的距离(不是水平距离),测 3~5 次,取平均值。

测完后关闭电源,将溶胶倒入指定瓶中,洗干净电泳管及其他玻璃仪器,清理实验台。

六、数据记录和处理

1.对每一实验现象都仔细观察,详细记录,并加以讨论。

2.计算各电解质对 $Fe(OH)_3$ 溶胶的聚沉值,判断 $Fe(OH)_3$ 溶胶粒子的带电情况,写出其胶团结构。

3.根据电泳时的电极符号及界面移动的方向确定胶粒所带电荷符号。

4.计算各次电泳速度,取其平均值,并计算 ζ 电势,列于表 8.17 中。

表 8.17 电泳速度与 ζ 电势值对应表

室温	气压	极间电压 U/V	极间距离 l/m	介质黏度 η/(Pa·s)	介电常数 ε/(F·m^{-1})
测量次数	时间 t/s	界面高度 h/m	界面位移 s/m	电泳速度 u/(m·s^{-1})	ζ电势/V

五、注意事项

1.本实验所用各玻璃仪器必须洗干净。

2.本实验药品较多,切勿混淆和沾污。实验结束后,废液要倒入指定废液桶中。

3.溶胶的温度要降至室温后才可用于聚沉值的测定。

4.溶胶净化要彻底,否则将影响电泳速度。

5.掌握好电泳装管技术,动作要轻缓,使界面清晰,没有气泡。

6.胶液要避免发热。

七、思考题

1.试解释溶胶产生 Tyndall 效应的原因。

2.试讨论在制备 AgI 溶胶时 $AgNO_3$ 或 KI 过量所生成的胶团结构。

3.决定溶胶聚沉值大小的因素有哪些?

4.决定电泳速度快慢的因素有哪些?

5.要准确测定溶胶的 ζ 电势需要注意哪些问题?

6.电泳中所用电解质辅液为什么要和所测溶胶的电导率相同或尽量接近?

7.连续通电使胶液发热的后果是什么?

实验 11　溶解热的测定

实验前预习内容

思考并回答：
(1)溶解热、稀释热的定义及区别。
(2)溶解热的测定原理。
(3)预习课后思考题。

一、实验目的

1.了解电热补偿法测定热效应的基本原理及仪器使用方法。

2.测定硝酸钾在水中的积分溶解热，并用作图法求得其微分稀释热、积分稀释热和微分溶解热。

3.初步了解计算机采集处理实验数据、控制化学实验的方法和途径。

二、实验原理

1.物质溶解于溶剂过程的热效应称为溶解热。它有积分(或变浓)溶解热和微分(或定浓)溶解热两种。前者是 1 mol 溶质溶解在 n_0 mol 溶剂中时所产生的热效应，以 Q_s 表示。后者是 1 mol 溶质溶解在无限量某一定浓度溶液中时所产生的热效应，即 $\left(\dfrac{\partial Q_s}{\partial n}\right)_{T,p,n_0}$。

溶剂加到溶液中使之稀释时所产生的热效应称为稀释热。它也有积分(或变浓)稀释热和微分(或定浓)稀释热两种。前者是把原来含 1 mol 溶质和 n_{01} mol 溶剂的溶液稀释到含 n_{02} mol 溶剂时所产生的热效应，以 Q_d 表示，显然，$Q_d = Q_{s,n_{02}} - Q_{s,n_{01}}$。后者是 1 mol溶剂加到无限量某一定浓度溶液中时所产生的热效应，即 $\left(\dfrac{\partial Q_s}{\partial n_0}\right)_{T,p,n}$。

2.积分溶解热由实验直接测定，其他三种热效应则需通过作图来求。

设纯溶剂、纯溶质的摩尔焓分别为 $H_{m,A}^*$ 和 $H_{m,B}^*$，一定浓度溶液中溶剂和溶质的偏摩尔焓分别为 $H_{m,A}$ 和 $H_{m,B}$，若由 n_A mol 溶剂和 n_B mol 溶质混合形成溶液，则

混合前的总焓为 $\qquad H = n_A H_{m,A}^* + n_B H_{m,B}^*$

混合后的总焓为 $\qquad H' = n_A H_{m,A} + n_B H_{m,B}$

此混合(即溶解)过程的焓变为

$$\Delta H = H' - H = n_A(H_{m,A} - H_{m,A}^*) + n_B(H_{m,B} - H_{m,B}^*) = $$
$$n_A \Delta H_{m,A} + n_B \Delta H_{m,B}$$

根据定义，$\Delta H_{m,A}$ 即为该浓度溶液的微分稀释热，$\Delta H_{m,B}$ 即为该浓度溶液的微分溶解热，其积分溶解热则为

$$Q_s = \frac{\Delta H}{n_B} = \frac{n_A}{n_B}\Delta H_{m,A} + \Delta H_{m,B} = n_0 \Delta H_{m,A} + \Delta H_{m,B}$$

故在 $Q_s - n_0$ 图上,某点切线的斜率即为该浓度溶液的微分稀释热,截距即为该浓度溶液的微分溶解热,如图 8.20 所示。

对 A 点处的溶液,其积分溶解热

$$Q_s = AF$$

微分稀释热 $= AD/CD$

微分溶解热 $= OC$

从 n_{01} 到 n_{02} 的积分稀释热

$$Q_d = BG - AF = BE$$

3.本实验系统可视为绝热,硝酸钾在水中溶解是吸热过程,故系统温度下降,通过电加热法使系统恢复至起始温度,根据所耗电能求得其溶解热:$Q = IVt = I^2Rt$。本实验数据的采集和处理均由计算机自动完成。

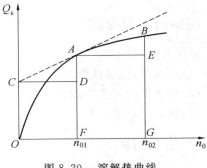

图 8.20   溶解热曲线

三、主要仪器和试剂

量热计(包括杜瓦瓶、电加热器、磁力搅拌器)1 套,反应热数据采集接口装置 1 台,精密稳流电源 1 台,计算机 1 台,打印机 1 台,电子天平 1 台,天平 1 台,硝酸钾(A. R.)约 25.5 g,蒸馏水 216.2 g。

四、实验步骤

1.按照仪器说明书正确安装连接实验装置,如图 8.21 所示。

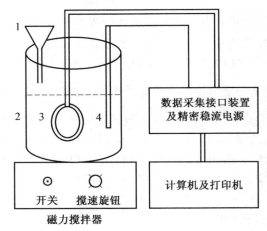

图 8.21   实验装置图

1—加样口;2—杜瓦瓶;3—电加热器;4—温度传感器

2.在电子天平上依次称取 8 份质量分别约为 2.5 g、1.5 g、2.5 g、3.0 g、3.5 g、4.0 g、4.0 g、4.5 g 的硝酸钾(应预先研磨并烘干),记下准确数据并编号。

3.在天平上称取 216.2 g 蒸馏水于杜瓦瓶内。

4.打开数据采集接口装置电源,温度探头置于空气中预热 3 min,电加热器置于盛有自来水的小烧杯中。

5.打开计算机,运行"SV 溶解热"程序,点击"开始实验",并根据提示一步步完成实验。先测当前室温,此时可打开恒流源及磁力搅拌器电源,调节搅拌速度,调节恒流源电流,使加热器功率在 2.25～2.30 W 之间,然后将加热器及温度探头移至已装好蒸馏水的杜瓦瓶中,按"回车"键,开始测水温,等水温升至比室温高 0.5 ℃时,按提示及时加入第一份样品,并根据提示依次加完 8 份样品。

6.实验完成后退出,进入"数据处理",输入水及 8 份样品的质量,点击"按当前数据处理",打印结果。

六、数据记录和处理(本实验数据处理由计算机自动完成)

1.记录水的质量、8 份硝酸钾样品的质量及相应的通电时间。

2.计算 $n(H_2O)$。

3.计算每次加入硝酸钾后的累计质量 $m(KNO_3)$ 和累计通电时间 t。

4.计算每次溶解过程中的热效应 Q:

$$Q = IUt = I^2Rt$$

5.将算出的 Q 值进行换算,求出当把 1 mol 硝酸钾溶于 n_0 mol 水中时的积分溶解热 Q_s:

$$Q_s = \frac{Q}{n_{KNO_3}} = \frac{I^2Rt}{m_{KNO_3}/M_{KNO_3}} = \frac{101.1 I^2Rt}{m_{KNO_3}}$$

$$n_0 = \frac{n_{H_2O}}{n_{KNO_3}}$$

6.将以上数据列表并作 $Q_s - n_0$ 图,从图中求出 $n_0 = 80,100,200,300,400$ 时的积分溶解热、微分稀释热、微分溶解热,以及 n_0 从 $80 \rightarrow 100,100 \rightarrow 200,200 \rightarrow 300,300 \rightarrow 400$ 的积分稀释热。

五、注意事项

1.仪器要先预热,以保证系统的稳定性。在实验过程中要求 IU 也即加热功率也要保持稳定。

2.加样要及时,并注意不要碰到杜瓦瓶,加入样品时速度要加以注意,防止样品进入杜瓦瓶过快,致使磁子陷住而不能正常搅拌,也要防止样品加得太慢,可用小勺帮助样品从漏斗加入。搅拌速度要适宜,不要太快,以免磁子碰损电加热器、温度探头或杜瓦瓶,但也不能太慢,以免因水的传热性差而导致 Q_s 值偏低,甚至使 $Q_s - n_0$ 图变形。样品要先研细,以确保其充分溶解。实验结束后,杜瓦瓶中不应有未溶解的硝酸钾固体。

3.电加热丝不可从其玻璃套管中往外拉,以免功率不稳甚至短路。

4.配套软件还不够完善,不能在实验过程中随意点击按钮(如不能点击"最小化")。

5.先称好蒸馏水和前两份 KNO_3 样品,后几份 KNO_3 样品可边做边称。

七、思考题

本实验装置是否适用于放热反应的热效应的测定?

实验12 液－固界面接触角的测定

实验前预习内容

思考并回答:
(1)润湿的定义与类型。
(2)接触角的定义及其与润湿之间的关系。
(3)预习课后思考题。

一、实验目的

1.了解液体在固体表面的润湿过程以及接触角的含义与应用。
2.掌握用 JC2000C1 静滴接触角/界面张力测量仪测定接触角和表面张力的方法。

二、实验原理

润湿是自然界和生产过程中常见的现象。通常将固－气界面被固－液界面所取代的过程称为润湿。将液体滴在固体表面上,由于液体性质不同,有的会铺展开来,有的则粘附在固体表面上成为平凸透镜状,这种现象称为润湿作用。前者称为铺展润湿,后者称为粘附润湿。如水滴在干净玻璃板上可以产生铺展润湿。如果液体不粘附而保持椭球状,则称为不润湿。如汞滴到玻璃板上或水滴到防水布上的情况。此外,如果是能被液体润湿的固体完全浸入液体之中,则称为浸湿。上述各种类型如图 8.22 所示。

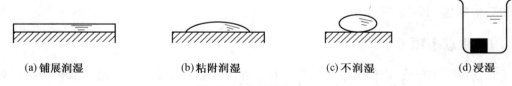

(a)铺展润湿　　　　(b)粘附润湿　　　　(c)不润湿　　　　(d)浸湿

图 8.22　各种类型的润湿

当液体与固体接触后,液体体系的自由能降低。因此,液体在固体上润湿程度的大小可用这一过程自由能降低的多少来衡量。在恒温恒压下,当一液滴放置在固体表面上时,液滴能自动地在固体表面铺展开来,或以与固体表面成一定接触角的形式存在,如图8.23所示。

假定不同的界面之间的力可用作用在界面方向上的界面张力来表示,则当液滴在固体表面上处于平衡位置时,这些界面张力在水平方向上的分力之和应等于零,这个平衡关系就是著名的 Young 方程,即

$$\gamma_{SG} - \gamma_{SL} = \gamma_{LG} \cdot \cos\theta \qquad (8.54)$$

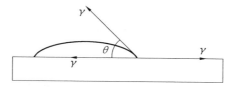

图 8.23　液—固界面接触角

式中　$\gamma_{SG},\gamma_{LG},\gamma_{SL}$——固—气、液—气和固—液界面张力；

　　　　θ——在固、气、液三相交界处,自固体界面经液体内部到气液界面的夹角,称为接触角,在 $0°\sim180°$ 之间。接触角是反应物质与液体润湿性关系的重要尺度。

在恒温恒压下,粘附润湿、铺展润湿过程发生的热力学条件分别是

粘附润湿 $\qquad\qquad\qquad W_a = \gamma_{SG} - \gamma_{SL} + \gamma_{LG} \geqslant 0 \qquad\qquad\qquad (8.55)$

铺展润湿 $\qquad\qquad\qquad S = \gamma_{SG} - \gamma_{SL} - \gamma_{LG} \geqslant 0 \qquad\qquad\qquad (8.56)$

式中　W_a,S——粘附润湿、铺展润湿过程的粘附功、铺展系数。

若将式(8.54)代入式(8.55)、(8.56),则得到下面结果

$$W_a = \gamma_{SG} + \gamma_{LG} - \gamma_{SL} = \gamma_{LG}(1 + \cos\theta) \qquad\qquad (8.57)$$

$$S = \gamma_{SG} - \gamma_{SL} - \gamma_{LG} = \gamma_{LG}(\cos\theta - 1) \qquad\qquad (8.58)$$

以上方程说明,只要测定了液体的表面张力和接触角,便可以计算出粘附功、铺展系数,进而可以据此来判断各种润湿现象。还可以看到,接触角的数据也能作为判别润湿情况的依据。通常把 $\theta=90°$ 作为润湿与否的界限。当 $\theta>90°$ 时,称为不润湿;当 $\theta<90°$ 时,称为润湿,且 θ 越小润湿性能越好;当 $\theta=0°$ 时,液体在固体表面上铺展,固体被完全润湿。

接触角是表征液体在固体表面润湿性的重要参数之一,由它可了解到液体在一定固体表面的润湿程度。接触角的测定在矿物浮选、注水采油、洗涤、印染、焊接等方面有广泛的应用。

决定和影响润湿作用和接触角的因素很多。如固体和液体的性质及杂质,添加物的影响,固体表面的粗糙程度、不均匀性的影响,固体表面污染等。原则上说,极性固体易为极性液体所润湿,而非极性固体易为非极性液体所润湿。玻璃是一种极性固体,故易为水所润湿。对于一定的固体表面,在液相中加入表面活性物质常可改善润湿性质,并且随着液体和固体表面接触时间的延长,接触角有逐渐变小趋于定值的趋势,这是由于表面活性物质在各界面上吸附的结果。

接触角的测定方法很多,根据直接测定的物理量可分为四大类:角度测量法、长度测量法、力测量法、透射测量法。其中,角度测量法是最常用的,也是最直截了当的一类方法。它是在平整的固体表面上滴一滴小液滴,直接测量接触角的大小。为此,可用低倍显微镜中装有的量角器测量,也可将液滴图像投影到屏幕上或拍摄图像后再用量角器测量,这类方法都无法避免人为作切线的误差。本实验所用的仪器 JC2000C1 静滴接触角/界面张力测量仪就可采角度测量法和长度测量法这两种方法进行接触角的测定。

三、主要仪器和试剂

仪器:JC2000C1 静滴接触角/界面张力测量仪、微量注射器、容量瓶、镊子、玻璃载片。

试样：涤纶薄片、聚乙烯片、金属片(不锈钢、铜等)。

试剂：蒸馏水、无水乙醇、十二烷基苯磺酸钠(或十二烷基硫酸钠)(十二烷基苯磺酸钠水溶液的质量分数：0.01％、0.02％、0.03％、0.04％、0.05％、0.1％、0.15％、0.2％、0.25％)。

四、实验内容

1.考查在载玻片上水滴的大小(体积)与所测接触角读数的关系，找出测量所需的最佳液滴大小。

2.考查水在不同固体表面上的接触角。

3.等温下醇类同系物(如甲醇、乙醇、异丙醇、正丁醇)在涤纶片和玻璃片上的接触角和表面张力的测定。

4.等温下不同浓度的乙醇溶液在涤纶片和玻璃片上的接触角和表面张力的测定。

5.等温下不同浓度的表面活性剂溶液(选用十二烷基苯磺酸钠溶液)在固体表面的接触角和表面张力的测定。

十二烷基苯磺酸钠溶液浓度(质量分数)：0.01％、0.02％、0.03％、0.04％、0.05％、0.1％、0.15％、0.2％、0.25％。

6.测浓度为0.1％的十二烷基苯磺酸钠水溶液液滴在涤纶片和载玻片表面上的接触角随时间的变化。

五、实验步骤

1.接触角的测定

(1)开机。将仪器插上电源，打开电脑，双击桌面上的JC2000C1应用程序进入主界面。点击界面右上角的活动图像按钮，这时可以看到摄像头拍摄的载物台上的图像。

(2)调焦。将进样器或微量注射器固定在载物台上方，调整摄像头焦距到70％(测小液滴接触角时通常调到2～2.5倍)，然后旋转摄像头底座后面的旋钮，调节摄像头到载物台的距离，使得图像最清晰。

(3)加入样品。可以通过旋转载物台右边的采样旋钮来抽取液体，也可以用微量注射器压出液体。测接触角一般用0.6～1.0 μL的样品量最佳。这时可以从活动图像中看到进样器下端出现一个清晰的小液滴。

(4)接样。旋转载物台底座的旋钮使载物台慢慢上升，触碰悬挂在进样器下端的液滴后下降，使液滴留在固体表面上。

(5)冻结图像。点击界面右上角的"冻结图像"按钮将画面固定，再点击"File"菜单中的"Save as"将图像保存在文件夹中。接样后要在20 s(最好10 s)内冻结图像。

(6)量角法。点击"量角法"按钮，进入量角法主界面，按"开始键"，打开之前保存的图像。这时图像上出现一个由两直线交叉45°组成的测量尺，利用键盘上的Z、X、Q、A键即左、右、上、下键调节测量尺的位置：首先使测量尺与液滴边缘相切，然后下移测量尺使交叉点到液滴顶端，再利用键盘上"＜"和"＞"键，即左旋和右旋键旋转测量尺，使其与液滴左端相交，即得到接触角的数值。另外，也可以使测量尺与液滴右端相交，此时应用

$180°$减去所见的数值方为正确的接触角数值,最后求两者的平均值。

(7)量高法。点击"量高法"按钮,进入量高法主界面,按"开始"键,打开之前保存的图像。然后用鼠标左键顺次点击液滴的顶端和液滴的左、右两端与固体表面的交点。如果点击错误,可以点击鼠标右键,取消选定。

2. 表面张力的测定

(1)开机。将仪器插上电源,打开电脑,双击桌面上的 JC2000C1 应用程序进入主界面。点击界面右上角的活动图像按钮,这时可以看到摄像头拍摄的载物台上的图像。

(2)调焦。将进样器或微量注射器固定在载物台上方,调整摄像头焦距到 70%,然后旋转摄像头底座后面的旋钮,调节摄像头到载物台的距离,使得图像最清晰。

(3)加入样品。可以通过旋转载物台右边的采样旋钮来抽取液体,也可以用微量注射器压出液体。测表面张力时样品量为液滴最大时,这时可以从活动图像中看到进样器下端出现一个清晰的大液泡。

(4)冻结图像。当液滴欲滴未滴时点击界面右上角的"冻结图像"按钮,再点击"File"菜单中的"Save as"将图像保存在文件夹中。

(5)悬滴法。单击"悬滴法"按钮,进入悬滴法程序主界面,按"开始"按钮,打开图像文件。然后顺次在液泡左右两侧和底部用鼠标左键各取一点,随后在液泡顶部会出现一条横线与液泡两侧相交,再用鼠标左键在两个相交点处各取一点,这时会跳出一个对话框,输入密度差和放大因子后,即可测出表面张力值。

注:密度差为液体样品和空气的密度之差;放大因子为图像中针头的最右端与最左端的横坐标之差再除以针头的直径所得的值。

六、数据记录和处理

列表(表 8.18～表 8.20)或作图表示所得实验结果。

表 8.18　水在不同固体表面的接触角的测量

(实验温度_____)

固体表面	θ(量角法)/(°)			θ(量高法)/(°)
	左	右	平均	
玻璃				
涤纶				
金属				

表 8.19　等温下醇类同系物在涤纶片和玻璃片上的接触角和表面张力的测定

(实验温度_____)

醇类同系物	θ/(°)	$\cos\theta$	γ/(mN·m^{-1})
甲醇			
乙醇			
异丙醇			
正丁醇			

表 8.20　等温下不同浓度的表面活性剂溶液在固体表面的接触角和表面张力的测定

（实验温度_____）

浓度	$\theta/(°)$		$\cos \theta$		$\gamma/(mN \cdot m^{-1})$	$W_a/(mN \cdot m^{-1})$		$S/(mN \cdot m^{-1})$	
	涤纶	玻璃	涤纶	玻璃		涤纶	玻璃	涤纶	玻璃
0.01%									
0.02%									
0.03%									
0.04%									
0.05%									
0.10%									
0.15%									
0.20%									
0.25%									

用所测得的表面张力数值对十二烷基苯磺酸钠溶液的浓度作图,根据其表面张力曲线了解表面活性剂的特性。

七、思考题

1.液体在固体表面的接触角与哪些因素有关?

2.在本实验中,滴到固体表面上的液滴大小对所测的接触角读数是否有影响? 为什么?

3.实验中滴到固体表面上的液滴的平衡时间对接触角读数是否有影响?

实验 13　固体比表面的测定——BET 色谱法

实验前预习内容

思考并回答:

(1)固体比表面的定义。

(2)什么是 BET 吸附理论?

(3)色谱法的测定原理及色谱的使用。

一、实验目的

1.了解 BET 公式的基本假定、适用范围以及如何应用 BET 公式求算多孔固体的比表面。

2.掌握 ST－03 型比表面及孔径分布测定仪的测定原理、使用方法及流动体系的操作技术。

3.用连续流动色谱法测定多孔物质的平衡吸附量。

二、实验原理

1 g 多孔固体所具有的总表面积(包括外表面积和内表面积)被定义为比表面,以 m^2/g 表示。在气固多相催化反应机理的研究中,大量的事实证明,气固多相催化反应是在固体催化剂表面上进行的。某些催化剂的活性与其比表面有一定的对应关系。因此,测定固体的比表面对多相反应机理的研究有着重要意义。测定多孔固体比表面的方法很多,而 BET 气相吸附法则是比较有效、准确的方法。

BET 吸附理论的基本假设是:在物理吸附中,吸附质与吸附剂之间的作用力是范德华力,而吸附分子之间的作用力也是范德华力。所以当气相中的吸附质分子被吸附在多孔固体表面上之后,它们还可能从气相中吸附同类分子。因此吸附是多层的,但同一层吸附分子之间无相互作用,吸附平衡是吸附和解吸附的动态平衡,第二层及其以后各层分子的吸附热等于气体的液化热。根据这个假设,可推导得到 BET 公式为

$$\frac{p_{N_2}/p_S}{V_d(1-p_{N_2}/p_S)} = \frac{1}{V_mC} \cdot \frac{C}{V_mC} \cdot \frac{p_{N_2}}{p_S} \tag{8.59}$$

式中　p_{N_2} —— 混合气中氮的分压;

p_S —— 吸附平衡温度下吸附质的饱和蒸汽压;

V_m —— 铺满一单分子层的饱和吸附量(标准态);

C —— 与第一层吸附热及凝聚热有关的常数;

V_d —— 不同分压下所对应的固体样品吸附量(标准态)。

选择相对压力 p_{N_2}/p_S 在 0.05～0.35 范围内,实验得到与各相对压力 p_{N_2}/p_S 对应的吸附量 V_d 后,根据 BET 公式,将 $\dfrac{p_{N_2}/p_S}{V_d(1-p_{N_2}/p_S)}$ 对 p_{N_2}/p_S 作图,得一条直线,其斜率为 $b = \dfrac{C-1}{V_mC}$,截距 $a = \dfrac{1}{V_mC}$,由斜率和截距可以求得单分子层饱和吸附量 V_m

$$V_m = \frac{1}{a+b} \tag{8.60}$$

根据每个被吸附分子在吸附表面上所占有的面积,即可计算出每克固体样品所具有的表面积。

实验中,通常用氮气做吸附质,在液氮温度下,每个 N_2 分子在吸附剂表面所占有的面积为 16.2 Å^2,而在 273 K 及 1 atm(101.325×10^3 Pa)下,每毫升被吸附的 N_2 若铺成单分子层时,所占的面积为 Σ

$$\Sigma/(m^2 \cdot mL^{-1}) = \frac{6.023 \times 10^{23} \times 16.2 \times 10^{-20}}{22.4 \times 10^3} \approx 4.36 \tag{8.61}$$

因此,固体的比表面可表示为

$$S_0 = 4.36 \frac{V_m}{W} \quad (m^2 \cdot g^{-1}) \tag{8.62}$$

式中　　W——所测固体的质量。

本实验采用氢气做载气,故只能测量对 H_2 不产生吸附的样品。在液氮温度下,H_2 和 N_2 的混合气连续流动通过固体样品,固体吸附剂对 N_2 产生物理吸附。

BET 吸附理论的基本假设使 BET 公式只适用于相对压力 p_{N_2}/p_S 在 $0.05\sim0.35$ 之间的范围。因为在低压下,固体的不均匀性突出,各个部分的吸附热也不相同,建立不起多层物理吸附模型。在高压下,吸附分子之间有作用,脱附时彼此有影响,多孔性吸附剂还可能有毛细管作用,使吸附质气体分子在毛细管内凝结,也不符合多层物理吸附模型。

三、ST-03 型比表面与孔径测定仪的构造及测量原理

1. 主要部件

ST-03 型比表面与孔径测定仪共分四个部分。

仪器的左侧为样品测定室和切换阀箱。样品测定室中有样品管,可用螺帽与主机连接,并随时可以调换。测定室后面为冷阱箱,箱内有两支冷却管,由四个接头连接。打开切换阀的上箱盖可以看到标记。若用双气路法测定样品,则两支冷却管按 1-2、3-4 连接法连接;若用单气路法(连续流动法)测定样品,则用一支冷却管连 2-3 两个接头。冷却管的作用是用来净化氮气和氢气(或其他载气、吸附气),以在液氮温度下除去其他杂质。

仪器右侧分上下两层,上层为气路系统,包括检测器、稳压阀、阻力阀、三通阀、前后混合器。下层为电器部分,包括热导池和恒温炉的供电部分,如图 8.24 所示。

流量用皂膜流量计测量,脱附量用记录仪或数字积分仪记录。

2. 测量原理

本实验通过色谱峰大小面积的测量来求算固体样品的吸附量,而色谱峰的测量是通过检测器——热导池来测量的。

热导池是目前色谱仪上应用较广泛的一种检测器。它是由 4 个置于不锈钢池体内的热敏元件组成的直流电桥,其检测原理是基于各种气体有不同的热导性能,不同气体组分通过热导池的热敏元件时,会引起通电元件本身的温度产生变化、阻值产生变化而导致不平衡电信号产生。这种电信号经微电流放大,通过记录仪记录下来,这就是色谱峰。热导池检测器的结构简单,稳定性好,灵敏度适宜,线性范围宽。

四、主要仪器和试剂

仪器:ST-03 型比表面与孔径测定仪 1 台,秒表 1 块。

试剂:氢气(钢瓶气),氮气(钢瓶气),液氮,活性炭。

五、实验步骤

1. 仪器常数的测定

本实验中,固体样品的吸附量由记录仪上脱附峰面积计算,经大量的实验研究得知,

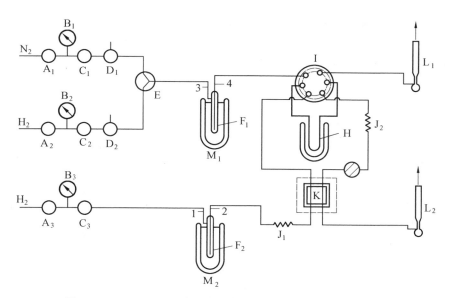

图 8.24　ST—03 型比表面与孔径测定仪双气路流程示意图

A—稳压阀;B—压力表;C—可调气阻;D—三通阀;E、G—前、后混合器;F—净化冷阱;H—样品管;I—六通阀;J—热交换器;K—热导池;L—皂膜流量计;M—保温瓶

峰面积与峰面积对应的气体量以及载气流速各量之间有以下函数关系

$$K = \frac{\alpha V_S}{A_S R_C} \cdot \frac{273.2 p}{760 T} \tag{8.63}$$

式中　K—— 仪器常数,电路条件不变时是常数,$mL \cdot \mu V^{-1} \cdot s^{-1}$;

　　　α—— N_2 在混合气中的分压与大气压之比;

　　　V_S—— 样品管体积(mL) 是已知值;

　　　A_S—— 与 V_S 对应的峰面积,$\mu V \cdot s$;

　　　R_C—— 载气流速,$mL \cdot min^{-1}$;

　　　p—— 实验时的大气压,mmHg;

　　　T—— 实验时的室温,K。

具体做法是将若干支已知体积的样品管(见图 8.25)准备好,将六通阀放在吸附位置,使组分和流速已经稳定的混合气(或纯 N_2)流进样品管。待系统恢复稳定后,将六通阀拨到脱附位置,管内气体即被载气冲洗出来,此时在记录仪上出现相应的峰,此峰面积不仅由样品管体积 V_S 决定,还与六通阀体内连管的空间体积 V_P 有关,即由 $(V_S + V_P)$ 决定,用解联立方程的方法可消除空间体积 V_P 的影响。

$$K = \frac{\alpha(V_{S1} - V_{S2})}{A_{S1} \cdot R_{C1} - A_{S2} \cdot R_{C2}} \cdot \frac{273.2 p}{760 T} \tag{8.64}$$

实验中选取的样品管,用水或汞准确测量其体积大小,并使其相互之间有一定的体积差,这样可以减少误差。

每两个不同体积的样品管就可组合算出一个 K 值,用多个样品管,即可求出多个 K 值,多次实验的平均值即可求出仪器常数 K。实际上,除改变样品管的体积外,还可改变载气流速和混合气组分等条件测定 K 值,求其平均值。此法求得的 K 值,在载气中 N_2 的含量在 $0 \sim 40\%$ 范围内变动时仍为常数,因此可用连续流动法测定。有了 K 值,就可根据下式求得固体样品的吸附量

$$V_d = K \cdot R_C \cdot A_d \tag{8.65}$$

式中　　V_d —— 一定分压下的吸附量(标准态),mL;

A_d —— 与 V_d 对应的色谱仪上脱附峰的面积,$\mu V \cdot s$;

R_C —— 混合气流速,$mL \cdot min^{-1}$。

2. 样品的准备

(1)将适当筛目(最好在 $80 \sim 100$ 目范围内)的固体样品放于蒸发皿中,在恒温干燥箱中 $120 ℃$ 温度下恒温干燥 $2 \sim 4$ h,取出立即放入干燥塔中封闭冷却。

(2)取一支烘干的样品管,在两端稍加一些脱脂棉,在分析天平上准确称其质量 W_1,把样品装入样品管中,再把两端的脱脂棉塞入管内(注意:事先大概估计一下样品的用量)。在分析天平上粗称一下样品的质量。操作时,注意手一定要干净,一般要戴上白手套,防止样品管沾污,影响其质量。

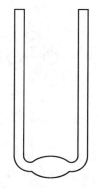

图 8.25　样品管

(3)把装有样品的样品管装在仪器上,并用乳胶管将样品管引入干燥炉内,在 $120 ℃$ 下通氢气吹扫干燥 30 min。为防止热气进入热导池,在导管中接上一热交换器置于冷水中。吹扫完毕,先关掉仪器电源,再取下样品管放置干燥塔中冷至室温,进行第二次测量,得 W_2,样品的质量为

$$W = W_2 - W_1$$

(4)把准确称量好的样品管接在测量室内样品管的接头上。注意此时一定要将样品管两端同时塞入,管上要有硅橡胶垫圈以防止漏气,旋转螺帽时两手同时进行,以防样品管因受力不均匀而断裂。样品质量的选择可参考表 8.21 进行,能减少许多不必要的操作。

表 8.21　样品质量与吸附量的关系

比表面 $S/(m^2 \cdot g^{-1})$	样品质量 W/g	吸附量 W_a/mL
1000	0.01	10
100	0.05	5
10	0.5	5
1	1	1
0.1	2	0.2

3. 仪器的准备

仪器常数测好后,需将两支净化冷凝管卸下,将 1 支冷凝管连在 2—3 之间,使仪器由双气路变为单气路。先检查气路的密封性。方法是:打开载气氢气钢瓶,使出口压力为 $1.5 \sim 2$ kg,打开稳压阀和阻力阀,通入载气,再关闭钢瓶,堵死出口。10 min 后氧压表指

示不变,表示密封性能良好,调节 H_2 流量在 $30\sim50$ mL·min^{-1} 之间。

在净化冷阱处加上液氮,H_2 通入热导池 15 min 后,方可启动电路部分。调节热导桥流(必须与测仪器常数时完全相同)。仪器稳定后(基线漂移在半小时内不超过 0.1 mV 即可),可开始测定。首先调节氮气到相对压力所需范围($0.05\sim0.35$ 之间),一般由低向高做。为此阻力阀 C_1、C_2 要放到适当位置,再调节稳压阀以改变气体的流量,从而得到合适的混合气比例,混合气比例可以通过分别测定氢气和氮气的流速后算出。测氢气流速时,可将氮气放空;测氮气流速时,可将氢气放空。也可以测定混合气的流速。

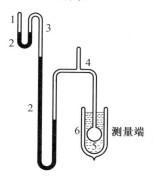

图 8.26　氧压表
1—空气;2—水银;3—真空;4—纯氧;5—液氮;
6—杜瓦瓶

为了计算相对压力 p_{N_2}/p_S,需要求得吸附温度下氮的饱和蒸汽压。为此必须测定当时所用液氮的实际温度,实验上用气体温度计——氧压表来实现。

氧压表如图 8.26 所示。左侧为一个封闭水银压力计,右侧管中充满纯氧,当把液氮杜瓦瓶套到纯氧储管上时,氧气即冷却和液化,达到平衡后,从压力计就可读出在液氮温度下氧的饱和蒸汽压。在氧和氮的饱和蒸汽压与温度关系表 8.22 中,可由氧的饱和蒸汽压查到液氮的实际温度及液氮的饱和蒸汽压。

表 8.22　氧和氮的饱和蒸汽压与温度关系表

温度/ ℃		−190	−191	−192	−193	−194	−195	−196	−197
P_S(O_2)	mmHg	340.7	300.2	263.6	230.6	200.9	174.4	150.9	129.9
	Pa	45 423	40 023	35 144	30 744	26 784	23 251	20 118	17 319
P_S(N_2)	mmHg	1 428	1 289	1 162	1 043	933	833	741	657
	Pa	190 384	171 852	154 921	139 005	123 490	111 058	98 792	87 593

如果没有氧压表,或使用不便时,往往用大气压力 p_a 代替液氮的饱和蒸汽压 p_S。通过对 BET 公式分析,若 $C\gg1$(在液氮温度下,绝大多数固体对 N_2 的吸附情况是如此),则以大气压(设为 760 mmHg)代替液氮的饱和蒸汽压(设为 900 mmHg)会引起比表面的误差在 10% 以内。

4. 吸附量测定

将六通阀置于脱附位置,调节氢气流量阀,使其在 30 mL/min 左右,用皂膜流量计准确测量,直到稳定为止。打开氮气钢瓶,用 30 mL/min 氮气进气阀向气路中加入氮气。由于氮气的加入,流量计流速加快,将其控制在 28 s/15 mL 左右。重复测量稳定后,把盛有液氮的杜瓦瓶套在样品管上(如有氧压表,应先测液氮温度)。固体样品在低温下对氮气产生物理吸附。待吸附达到平衡时,再用皂膜流量计测混合气流速,应和开始时混合气流速相同,取下杜瓦瓶,套上水杯,使固体样品在室温下将吸附的氮气脱附出来,调整好桥路电流、走纸速度及仪器的衰减挡(应和仪器常数测定时相同),这时在记录仪上就会画出一个峰来。此峰面积的大小即为 p_{N_2}/p_S 的分压下,固体样品的吸附量。用公式 $V_d = K \cdot R_C \cdot A_d$ 公式即可求出吸附量的大小。峰面积 $A_d =$ 峰高×(1/2 峰宽),单位为 $\mu V \cdot s$。

重复上面的操作,继续向混合气中补充氮气,以改变混合气中 p_{N_2}/p_S 的值,在 $0.05 \sim 0.35$ 的范围内,重复测量 $4 \sim 5$ 个点,求算不同分压下的吸附量,一般控制混合气的流速在 35 mL/15 min。

测定完毕后,先关闭电源,15 min 后取下冷阱液氮,关闭气瓶,待压力放完后方可离开实验室。

六、注意事项

1. 实验时先通载气,再开电源。实验结束时,先关电源,再关载气。

2. 实验过程中,冷阱中的液氮会逐渐减少,需不断补充使其始终保持在同一高度。

3. 装样品管时,要同时旋转两个螺帽,防止样品管因受力不均而断裂。

七、数据记录和处理

样品名称:　　　　　　样品重量:　　　　g　　大气压:　　　　mmHg

室温:　　　　℃　　走纸速度:　　　mm/hr,　桥流:　　　　mA

衰减:　　　　　　仪器常数:　　　mL/$\mu V \cdot s$

实验数据记录在表 8.33 中。

表 8.23　相关实验数据记录表

序号	$R_C/$ (mL·min^{-1})	$R_{H_2}/$ (mL·min^{-1})	$R_{N_2}/$ (mL·min^{-1})	$p_{N_2}/$ (mmHg)	A_d ($\mu V \cdot s$)	$V_d/$ mL	$\dfrac{p_{N_2}}{p_S}$	$\dfrac{p_{N_2}/p_S}{V_d(1 - p_{N_2}/p_S)}$

由表 8.23 数据作图求截距和斜率,或在计算器上解 $y = a + bx$ 方程中的 a 及 b 值,即可求出比表面。

其中:
$$p_{N_2} = \frac{R_{N_2}}{R_C} p_a = \frac{R_C - R_{H_2}}{R_C} p_a$$

$$V_d = K R_C A_d \quad (mL)$$

$$A_d = \frac{1}{2} \text{峰宽} \times \text{峰高} (\mu V \cdot s)$$

八、思考题

1. 本实验中,p_{N_2}/p_S 为何必须控制在 $0.05 \sim 0.35$ 之间?

2. 实验误差主要来自哪几个方面?怎样克服?

3. 为什么必须测量仪器常数?怎样测量?

实验 14　金属相图的绘制

实验前预习内容

思考并回答：
(1) 步冷曲线的含义。
(2) 热电偶的原理及使用。
(3) 预习金属相图的绘制方法。

一、实验目的

1. 了解热分析的测量技术。
2. 掌握热分析法绘制 Pb－Sn 合金相图的方法。

二、实验原理

物质在不同的温度、压力和组成下，可以处于不同的状态。研究多相平衡体系的状态如何随温度、压力、浓度而变化，并用几何图形表示出来，这种图形就称为相图。二组分体系的相图分为气－液体系和固－液体系两大类。本实验属于后者，也称凝聚体系，它受压力影响很小，其相图常用温度－组成的平面图表示。

热分析法(即步冷曲线法)是绘制相图的常用方法之一。这种方法是通过观察体系在冷却(或加热)时温度随时间的变化关系，来判断有无相变的发生。通常的做法是先将体系全部熔化，然后让其在一定环境中自行冷却，并每隔一定的时间(例如半分钟或一分钟)记录一次温度。以温度(T)为纵坐标，时间(t)为横坐标，画出步冷曲线 $T-t$ 图。图 8.27 是二组分金属体系的一种常见类型的步冷曲线。当体系均匀冷却时，如果体系不发生相变，则体系的温度随时间的变化将是均匀的，冷却也较快(如图 8.27 中 ab 线段所示)。若在冷却过程中发生了相变，且由于在相变过程中伴随着热效应，则体系温度随时间的变化速率将发生改变，体系的冷却速度减慢，步冷曲线就会出现转折点即拐点(如图 8.27 中 b 点所示)。当溶液继续冷却到某一点时(如图 8.27 中 c 点所示)，由于此时溶液的组成已达到最低共熔混合物的组成，故有最低共熔混合物析出，在最低共熔混合物完全凝固以前，体系温度保持不变，因此步冷曲线会出现水平线段即平台(如图 8.27 中 cd 段所示)。当熔液完全凝固后，温度才迅速下降(如图 8.27 中 de 线段所示)。

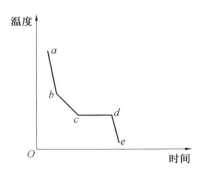

图 8.27　步冷曲线

由此可知，对组成一定的二组分低共熔混合物体系，可以根据步冷曲线，判断固体析出时的温度和最低共熔点的温度，然后用温度作纵坐标，组成作横坐标绘制相图 $T-C$

图。图 8.28 和图 8.29 为 Pb—Sn 体系的相图和步冷曲线。

用热分析法测绘相图时,被测体系必须时时处于或接近平衡状态。因此,体系的冷却速度必须足够慢,这样才能得到较好的效果。此外,在冷却过程中,一个新的固相出现以前,常常发生过冷现象,轻微过冷则有利于测量相变温度;但严重过冷现象,却会使转折点发生起伏,使相变温度的确定产生困难。

体系温度的测量可用水银温度计,也可选用合适的热电偶。由于水银温度计的测温范围有限、精度低而且易破损,所以目前大都采用热电偶来进行测温。用热电偶测温有许多优点,如灵敏度高、重现性好、量程宽、构造简单、使用方便。

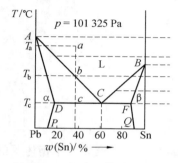

图 8.28 Pb—Sn 体系相图

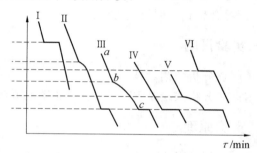

图 8.29 Pb—Sn 体系步冷曲线

三、主要仪器和试剂

立式加热炉 1 台、冷却保温炉 1 台、长图自动平衡记录仪 1 台、调压器 1 台、样品坩埚 6 个、玻璃套管 6 支、烧杯(250 mL)2 个、玻璃棒 1 支、锡(分析纯)、铅(分析纯)、石墨粉。

四、实验步骤

1. 热电偶的制备

取 60 cm 长的镍铬丝和镍硅丝各一段,将镍铬丝用小绝缘瓷管穿好,将其一端与镍硅丝的一端紧密地扭合在一起(扭合头为 0.5 cm),将扭合头稍稍加热后立即沾以硼砂粉,并用小火熔化,然后放在高温焰上小心烧结,直到扭头熔成一光滑的小珠,冷却后将硼砂玻璃层除去。热电偶的相关知识见 4.8 节。

2. 样品的配制

用 1/1 000 天平分别称取纯 Sn、纯 Pb 各 50 g,另配制含锡 20%、40%、60%、80%的铅锡混合物各 50 g,分别置于坩埚中,在样品上方各覆盖一层石墨粉。

3. 绘制步冷曲线

(1)将热电偶及测量仪器如图 8.30 所示连接好。

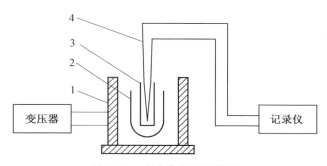

图 8.30　步冷曲线测量装置

1—加热炉；2—坩埚；3—玻璃套管；4—热电偶

（2）将盛样品的坩埚放入加热炉内加热（控制炉温不超过 400 ℃）。待样品熔化后停止加热，用玻璃棒将样品搅拌均匀，并将石墨粉拨至样品表面，以防止样品氧化。

（3）将坩埚移至保温炉中冷却，此时热电偶的尖端应置于样品中央，以便反映出体系的真实温度，同时开启记录仪绘制步冷曲线，直至水平线段以下为止。

（4）用上述方法绘制所有样品的步冷曲线。

（5）用小烧杯装一定量的水，在电炉上加热，将热电偶插入水中绘制出当水沸腾时的水平线。

五. 注意事项

1. 用电炉加热样品时，温度要适当，温度过高则样品易氧化变质；温度过低或加热时间不够则样品没有完全熔化，步冷曲线转折点测不出。

2. 热电偶热端应插到样品中心部位，在套管内注入少量的石蜡油，将热电偶浸入油中，以改善其导热情况。搅拌时要注意勿使热端离开样品，金属熔化后常使热电偶玻璃套管浮起，这些因素都会导致测温点变动，必须注意。

3. 在测定一样品时，可将另一待测样品放入加热炉内预热，以便节约时间，体系有两个转折点，必须待第二个转折点测完后方可停止实验，否则须重新测定。

4. 电炉加热到设定温度后，注意将电炉电压调到零。

5. 操作时要小心烫伤。

六、数据记录和处理

1. 用已知纯 Pb、纯 Sn 的熔点及水的沸点作为横坐标，以纯物质步冷曲线中的平台温度为纵坐标作图，画出热电偶的工作曲线。

2. 找出各步冷曲线中转折点和平台对应的温度值。

3. 从热电偶的工作曲线上查出各转折点温度和平台温度，以温度为纵坐标，以组成为横坐标，绘出 Pb－Sn 合金相图。

七、思考题

1. 步冷曲线上为什么会出现转折点？纯金属、低共熔混合物及合金的转折点各有几个？曲线形状为何不同？

2.总质量相同但组成不同的 Pb－Sn 合金,其步冷曲线水平线段的长度有何不同？为什么？

3.某 Pb－Sn 合金样品已失去标签,用什么方法可以确定其组成？

实验 15　燃烧热的测定

实验前预习内容

思考并回答:

(1)燃烧热的定义及测定方法。

(2)量热计的原理及作用。

(3)预习课后思考题。

一、实验目的

1.明确燃烧热的定义,了解恒容燃烧热与恒压燃烧热的差别及相互关系。

2.通过萘的燃烧热的测定,了解氧弹量热计中主要部件的作用,掌握量热计的使用技术。

3.学会雷诺图解法。

二、实验原理

燃烧热是指 1 mol 物质完全燃烧时所放出的热量。恒容条件下测得的燃烧热称为恒容燃烧热 (Q_V),$Q_V = \Delta U$。恒压条件下测得的燃烧热为恒压燃烧热(Q_p),$Q_p = \Delta H$。若把参加反应的气体和生成的气体作为理想气体处理,则存在如下关系式

$$Q_p = Q_V + \Delta nRT \tag{8.66}$$

式中　　Δn—— 反应产物与反应物中气体物质的物质的量之差;

　　　　R—— 气体常数;

　　　　T—— 反应的热力学温度。必须指出,化学反应的热效应(包括燃烧热)通常是用恒压热效应(ΔH)来表示的。

测量化学反应热的仪器称为量热计(卡计)。本实验采用氧弹式量热计测量萘的燃烧热。氧弹是一具特制的不锈钢容器,如图 8.31 所示。为保证样品在其中迅速而完全地燃烧,需要用过量的强氧化剂,通常氧弹中充以氧气作为氧化剂。实验时氧弹是旋转在装有一定量水的不锈钢水桶中的,水桶外是空气隔热层,再外面是恒定的水夹套,如图 8.32 所示。

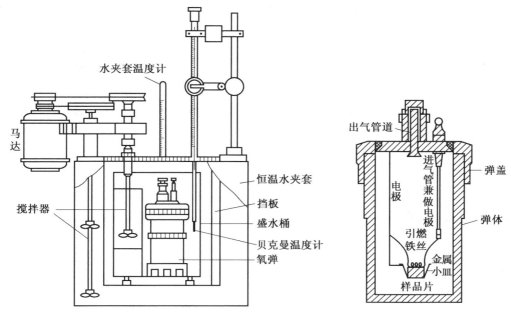

图 8.31　氧弹量热计安装示意图　　　　　图 8.32　氧弹剖面图

　　测量的基本原理是将一定量待测物质样品放入氧弹中完全燃烧,燃烧时放出的热量使量热计本身及氧弹周围介质(本实验用水)的温度升高。通过测定燃烧前后量热计(包括氧弹周围介质)温度的变化值,就可以求算出该样品的燃烧热。其关系式为

$$\frac{m}{M_r}Q_V = W_卡\, \Delta T - Q_{点火丝} \cdot m_{点火丝} \tag{8.67}$$

式中　　m——待测物质的质量,g;

　　　　M_r——待测物质的相对分子质量;

　　　　Q_V——待测物质的摩尔燃烧热;

　　　　$Q_{点火丝}$——点火丝的燃烧热;

　　　　$m_{点火丝}$——点火丝(如铁丝)的质量;

　　　　ΔT——样品燃烧前后量热计温度的变化值;

　　　　$W_卡$——量热计(包括量热计中的水)的水当量,它表示量热计(包括介质)每升高 1 ℃ 所需吸收的热量,量热计的水当量可以通过已知燃烧热的标准物(如苯甲酸)来标定。已知量热计的水当量以后,就可以利用式(8.67)测定其他物质的燃烧热。

　　本实验成功的首要关键是样品必须完全燃烧。其次,还必须使燃烧后放出的热量尽可能全部传递给量热计本身和其中盛放的水,而几乎不与周围环境发生热量交换。为了做到这一点,设计时氧弹放在一个与室温一致的恒温套壳中。盛水桶与套壳之间有一个高度抛光的挡板,以减少热辐射和空气的对流。但是热量的散失仍然无法完全避免,因此燃烧前后温度的变化不能直接准确测量,必须用雷诺校正图来校正温度。

具体方法为:称取适量待测物质,估计其燃烧后可使水温上升 1.5～2.0 ℃。预先调节水温低于室温(外桶温度)1.0 ℃左右。按操作步骤进行测定,将燃烧前后观察所得的一系列水温和时间关系作图,得一曲线如图 8.33 所示。图中 H 点意味着燃烧开始,热传入介质;D 点为观察到的最高温度值;从相当于室温的 J 点作水平线交曲线于 I,过 I 点作垂线 ab,再将 FH 线和 GD 线延长并交 ab 线于 A、C 两点,其间的温度差值即为经过校正的 ΔT。图中 AA' 为开始燃烧到温度上升至室温这一段时间 Δt_1 内,由环境辐射和搅拌引进的能量所造成的升温,故应予以扣除。CC' 为由室温升高到最高点 D 这一段时间 Δt_2 内,热量计向环境的热漏造成的温度降低,计算时必须考虑在内。故可认为,AC 两点的差值较客观地表示了样品燃烧引起的升温数值。

有时热量计的绝热性能良好,热漏很小,而搅拌器功率较大,不断引进的能量使得曲线不出现极高温度点,如图 8.34 所示。这种情况下 Δt 仍然可以按照同法进行校正。

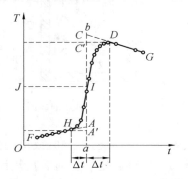

图 8.33　绝热较差情况下的雷诺校正图

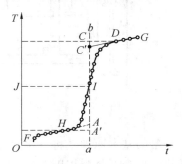

图 8.34　绝热良好情况下的雷诺校正图

三、主要仪器和试剂

氧弹量热计 1 台、压片机 1 台、数字贝克曼温度计 1 支、分析天平 1 台、1 000 mL 容量瓶 1 个、氧气钢片及减压阀 1 只、万用电表 1 只、苯甲酸(分析纯)、萘(分析纯)、点火丝。

四、实验步骤

1. 压片

用台秤称取大约 0.8～1.0 g 苯甲酸(勿超过 1.1 g),在压片机上压成圆片。样片压得太紧,点火时不易全部燃烧;压得太松,样品容易脱落。再用分析天平精确称量。

2. 装样、充氧

拧开氧弹盖,将氧弹内壁擦干净,特别是电极下端的不锈钢丝更应擦干净。放上金属小皿,小心将样品片放置在小皿中部。取引燃铁丝,在直径约 3 mm 的玻璃棒上,将其中段绕成螺旋形约 5～6 圈。将螺旋部分紧贴在样片的表面,固定在电极上。用万用电表检查两电极间电阻值,一般应不大于 20 Ω,旋紧氧弹盖。氧气钢瓶上装好减压阀并与氧弹连接,打开钢瓶阀门,使氧弹中充入 2 MPa 的氧气。钢瓶和气体减压阀的使用方法参见 4.9 节。再次用万用电表检查两电极间的电阻,若阻值过大或电极与弹壁短路,则应放出氧气,开盖检查。

3. 测量苯甲酸标样

测量桶外水温,将氧弹放入内水桶中央,打开搅拌,加水使水面淹没氧弹,用碎冰块调节桶内水温低于桶外 0.8～1.0 ℃,把氧弹两电极用导线与点火装置连接,放置温差仪探头,盖上盖子。设置温差仪的循环时间为 15 s,然后按"采零"、"锁定"按钮,并记录桶内水温。在计时器每循环一次时记录温差值。待温度稳定上升后,按下点火按钮,样品点火成功后,注意观察温差变化,直到温差达到最高点后又下降,温差继续下降 5 min 后可以结束此次测量。实验结束后,小心取下温度计,拔下电极,再取出氧弹,打开出气口放出余气。旋开氧弹盖,检查样品燃烧是否完全。氧弹中应没有明显的燃烧残渣。若发现黑色残渣,则应重做实验。测量燃烧后剩下的铁丝质量。

4. 测量萘的燃烧热

称取 0.6 g 左右的萘,按上述方法测定 2 次。

实验结束后,应清洗并擦干氧弹和盛水桶。

五、注意事项

1. 注意压片的松紧程度,过紧则不易燃烧,过松则充氧气时可能被冲散。

2. 点燃样品时,燃烧丝不能与坩埚壁接触,以防短路。

3. 氧弹充气时要注意安全,人应站在侧面,减压阀指针在 1～2 MPa,切不可超过 3 MPa。

4. 应先把氧弹放入桶内,然后倒入水。

六、数据记录和处理

1. 绘出温度与时间曲线,用作图法求苯甲酸燃烧的真实温差。计算量热计的水当量。

2. 用同样的方法求萘燃烧的真实温差,并计算萘的燃烧热 Q_V。

3. 计算萘的恒压燃烧热 Q_p。

4. 计算实验的相对误差。

5. 本实验相关参数:$Q_{点火丝} = 6.694\ \text{kJ} \cdot \text{g}^{-1}$;$Q_{V,苯甲酸} = 26.460\ \text{kJ} \cdot \text{g}^{-1}$;$Q_{p,萘(298.2\ \text{K})} = -5\ 153.8\ \text{kJ} \cdot \text{mol}^{-1}$。

七、思考题

1. 影响本实验结果的主要因素有哪些?

2. 加入盛水桶中的水的温度为什么要比室温低?

3. 在使用氧气钢瓶及氧气减压阀时,应注意哪些规则?

实验 16　物理化学设计实验

一、设计实验一般步骤

1. 实验课题的选择

设计实验要求学生在规定的教学时间内完成,故所选课题不应偏离基础实验太远,难度不能太大,花的时间不宜太多。设计实验既不是基础实验的重演,又区别于毕业论文和科学研究。所以选题可从扩大实验内容、改进实验方法、提高实验精确度和开辟新的物理化学实验等方面考虑。

2. 根据所选课题查阅资料

物理化学实验文献资料及时地报道了世界各国物理化学实验的成就,它告诉我们物理化学的发展史上前人所做的工作,已取得哪些成果和经验,也告诉我们当前各国的动态和今后的发展趋势。每个物理化学实验工作者要想使自己的工作能够顺利进行,都应设法掌握自己工作领域的发展概况,了解过去和现在有哪些学者从事过这方面的工作,已经解决了哪些问题,还有哪些问题没有解决,今后发展动向等。这样才能少走弯路,收到事半功倍的效果。

3. 选择适宜的实验方法,拟定实验方案

选择与实验有关的某些物理量的测量方法是物理化学实验的显著特点。所选的物理量可以是压力、体积、温度、密度、真空度、黏度、旋光度、光密度、折射率、电导、电动势、介电常数、磁化率等。了解被测体系与这些物理量之间的关系,是寻找较好实验方法的第一步。实验方法确定之后,可以以此定出详细的实验方案。

4. 选择适当的仪器、设备和装置

要在满足实验要求(测量范围和精度都适合)的前提下,力求设备简单、操作方便、安全可靠、单元组合直观价廉的仪器装置。应充分发挥实验室现有的仪器的作用。为此,常常需要进行一些仪器的改装,有的还要自己设计加工、组装成套。如有必要,又有条件,也可选用一些现代测量仪器。

5. 选择适宜的试剂

在满足实验要求的前提下,尽量选择适用、价廉、无毒的试剂和不造成环境污染的反应体系。纯度要求适当,用量也要少一些。还要注意试剂的厂标和标准,了解其中杂质对实验可能带来的影响。根据有些实验的特殊要求,有的试剂、蒸馏水要经过特殊处理。

6. 选择实验条件,确定实验步骤

实验条件的选择和实验步骤的确定是保证实验成功的关键。用所选的仪器、装置测量有关的物理量时,必须选择和控制适宜的实验条件,使被测物理量经过数学运算后能转换为欲测的一定条件下的物理参数。为了获得可靠的实验数据,必须严格控制条件。例如,实验温度、压力及时间,所用仪器的电压、电流及功率,溶液的组分及浓度,分光光度计比色池的厚度,入射光波长,真空系统的真空度,记录纸的走纸速度等。

7. 制定实验数据的处理方法

在设计实验时,还要制定实验数据的处理方法,要充分利用手册上的标准数据、与本实验有关的参考数据及资料,做到心中有数。还要列出必要的数学运算公式,待测得数据后迅速求出结果。

8. 按论文的形式写出实验报告

以上几方面仅供设计实验时参考。最后要按照论文的形式认真写出实验报告。设计实验开始往往是不完善的,可能会遇到很多困难,只有在实践中不断总结经验,不断修改完善,最后才能获得实验的成功。

二、设计实验题目

1. 电动势测硫酸铜浓度的活度系数与浓度的关系。
2. 商品纯净水纯度的级别评价。
3. 牛奶中酪蛋白和乳糖的分离、鉴定。
4. 电动势测氯化银的溶度积 K_{sp}。
5. 电导法测硫酸钡的溶度积 K_{sp}。
6. 电动势测电解质溶液的平均活度系数。
7. 电动势测醋酸的解离平衡常数和解离焓。
8. 溶液的等温吸附。
9. 双液系的气液平衡图。
10. 电导法测水的纯度。

附　录

附录1　实验报告格式示例

Ⅰ.制备实验(例如第5章实验3)

一、实验目的

1. ＿＿＿＿＿＿＿＿＿＿＿＿＿＿＿＿＿＿＿＿＿。

2. ＿＿＿＿＿＿＿＿＿＿＿＿＿＿＿＿＿＿＿＿＿。

二、实验原理

(简述)

三、实验材料、仪器设备及装置图

四、实验步骤

(简要写出实验操作过程及实验中出现的现象)

五、实验结果

1.产品外观＿＿＿＿＿＿＿＿＿＿＿＿。

2.产量＿＿＿＿＿＿＿＿＿＿＿＿＿＿。

3.产率＿＿＿＿＿＿＿＿＿＿＿＿＿。

4.产品纯度检验＿＿＿＿＿＿＿＿＿。

六、结果讨论

七、思考题

Ⅱ.物理量测定实验(例如第5章实验5)

一、实验目的

1. ＿＿＿＿＿＿＿＿＿＿＿＿＿＿＿＿＿＿＿＿。

2. ＿＿＿＿＿＿＿＿＿＿＿＿＿＿＿＿＿＿＿＿。

二、实验原理

(简述)

三、实验材料、仪器设备及装置图

四、实验步骤

五、数据记录和结果处理

(以表格形式记录数据并处理结果)

六、误差分析

七、思考题

Ⅲ. 性质实验（例如第 5 章实验 8）

一、实验目的

1. _____。

2. _____。

二、实验内容

实验步骤	实验现象	解释和结论（包括反应方程式）
1.		
2.		

三、讨论

四、思考题

Ⅳ. 定量分析实验（例如第 6 章实验 3）

一、实验目的

1. _____。

2. _____。

二、实验原理

（简述）

三、实验步骤

四、数据记录和结果处理

（以表格形式记录数据并处理结果）

五、误差分析

六、思考题

附录 2　有机实验报告记录示例（例如醋酸正丁酯的合成）

一、实验目的

1. 了解缩合反应、酯化反应的原理及合成方法。

2. 学习萃取原理及操作（分液漏斗的使用）。

3. 学习干燥原理及操作。

4. 熟悉分水器的使用。

二、实验原理

1. 缩合反应是两个以上有机分子发生反应，放出水、氨、氯化氢等简单小分子而得到

较大分子的反应。酯化反应是缩合反应的特例。本反应是由正丁醇和冰醋酸在硫酸催化下生成醋酸正丁酯和水,反应式如下

$$CH_3COOH + CH_3CH_2CH_2CH_2OH \underset{}{\overset{H_2SO_4}{\rightleftharpoons}} CH_3COOCH_2CH_2CH_2CH_3 + H_2O$$

本反应为平衡反应。为了使反应进行到底,本实验利用反应体系本身生成共沸混合物这一特点,将生成的水从反应体系中分离出来。为了达到这一目的,本实验采用了分水器。

2.萃取法是利用化合物在两种互不相溶的溶剂中溶解度的不同,使化合物从一种溶剂中转移到另一种溶剂中的方法。本实验利用分液漏斗达到萃取和洗涤的目的。

3.干燥法主要用于除去固体、液体或气体中的少量水分。本实验利用干燥剂无水硫酸镁去掉洗涤后反应体系中存在的少量水分。

三、主要试剂、产物的物理常数

名　称	相对分子质量	折射率 n_D^{20}	相对密度 d_4^{20}	熔点/℃	沸点/℃	溶解度 /(g·100 mL^{-1})
正丁醇	74.12	1.399 3	0.809 8	−89.53	117.25	溶(水)
冰醋酸	60.5	1.371 6	1.049 2	16.5	117.9	溶(水)
浓硫酸	98.08		1.84	10.38	338	∞(水)
碳酸氢钠	84.01	1.500	2.159	270 分解		溶
硫酸镁	120.37			1 124 分解		溶
醋酸正丁酯	116.16	1.394 1	0.882 5	−77.9	124—126	微溶(水)

四、实验仪器装置图(附图1)

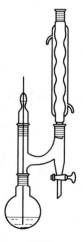

附图1

五、实验步骤、实验记录

实验步骤(预习部分)	实验记录(现场部分)
按附图 1 将实验装置连接好。在分水器一端做好记号,加水至标记处。 　　在反应瓶中加入 5 mL 正丁醇,3.5 mL 冰醋酸,边摇边滴加 1 滴浓硫酸,加入 2 粒沸石,装好温度计,开始加热。 　　温度控制在 80 ℃ 以下反应 10 min,然后提高温度使其回流。当体系中无水珠穿行时可停止加热,等候约 15 min。待溶液冷却后,将反应体系中分出来的水倒回反应瓶中与反应液一起分液。 　　先将下层水分出,然后用 10 mL 10％碳酸氢钠水溶液洗涤,测 pH 值。再用 10 mL 水洗涤一次,分出水层。 　　将有机层倒入一个干燥并且干净的锥形瓶中,加入少量无水硫酸镁进行干燥,等候 10～15 min。 　　连接好蒸馏装置,将滤去干燥剂的粗产品加入蒸馏瓶中,加入 2 粒沸石,装好温度计,开始加热。收集 124～126 ℃ 之间的馏分。	按附图 1 连接好实验装置。在分水器一端做好记号,加水至标记处。 　　加入反应原料:正丁醇 5 mL,冰醋酸 3.5 mL,均为无色液体,浓硫酸 1 滴,略带黄色,此时的反应液为黄色,沸石 2 粒。温度计装好后开始加热。 　　温度控制在 70～80 ℃ 之间反应 10 min 后,提高温度使反应体系回流,分水器另一侧有明显水珠穿行,再加热约 5 min,停止加热,此时温度为 130 ℃。分出水 1 mL,将分出的水倒入反应瓶中,与反应液一起倒入分液漏斗中进行分液。 　　分出下层水,pH＝1,用 10 mL 10％碳酸氢钠水溶液洗涤后,有机相 pH＝7。用 10 mL 水洗涤一次,水相 pH＝7。分出水层,有机层进行干燥。 　　加入干燥剂约 0.2 g,无明显悬浮固体,干燥剂结块。再加入 0.2 g,可见悬浮干燥剂存在。静止约 10 min。 　　常压蒸馏纯化产品,接前馏分两滴,收集 123～125 ℃ 之间馏分,得产品 5.35 g。产品为无色透明液体,略有香味。

六、实验数据分析、结果讨论

1.实验数据分析:

$$产量＝5.35 \text{ g}$$

$$分析产率＝\frac{5.35}{6.27}×100\%＝85\%$$

　　2.结果讨论:可根据计算的产率,结合自己在实验过程中出现的问题及对本次实验的理解和体会进行总结和讨论。

七、思考题

附录3　滴定分析基本操作的考核要求

考查项目	滴定分析基本操作要求细则	
	正确	错误
容量瓶、滴定管、移液管的洗涤	1.容量瓶、滴定管查漏 2.自来水冲洗或用皂液、洗涤剂洗 3.有油污用铬酸洗液洗 4.自来水冲洗管壁至不挂水珠 5.蒸馏水润洗内壁3次，每次用量8～10 mL	1.未查漏 2.用去污粉洗滴定管、滴定管刷铁丝磨损管壁 3.未布满全管、洗后洗液未放回原瓶 4.仍挂水珠 5.未润洗或只润洗1次，用量多于10 mL
滴定管装滴定剂	1.滴定剂润洗3次 2.每次润洗溶液8～10 mL 3.滴定剂直接由试剂瓶装入滴定管 4.赶气泡操作正确 5.调液面至刻度"0"处或略低于"0"处	1.未润洗或只润洗1次 2.用量多于10 mL 3.转入其他容器再装滴定管 4.未赶气泡或气泡未赶干净 5.滴定前未调至刻度"0"处或略低于"0"处
定容操作（容量瓶的使用）	1.溶液移入容量瓶操作正确 2.定容操作正确 3.摇匀操作正确	1.倒完烧杯未沿玻璃棒上滑立起 2.漂洗烧杯时拿法不对,定容时温度未冷至室温,超过标线或视线未水平 3.摇匀时拿法不对,摇匀次数不够
移液管操作	1.润洗前内吹尽、外擦干 2.润洗3次 3.洗耳球吸液操作正确 4.准确放液至刻度处 5.半滴处理正确 6.放液操作正确	1.润洗前未吹尽、擦干 2.未润洗或只润洗1次 3.左手执管、空吸、反复吸放操作液 4.食指有水、大拇指按管口、未与刻度处平视 5.半滴未处理 6.不会慢慢放液,移液管悬空或不垂直或放完时未停顿15 s

续附录 3

考查项目	滴定分析基本操作要求细则	
	正确	错误
滴定操作	1.初读数正确,管尖半滴处理正确 2.活塞操作正确 3.摇动操作正确 4.能根据滴定时溶液颜色变化和反应特点掌握滴定速度 5.终读数正确并及时记录	1.滴定管倾斜读数或未平视刻度或半滴未处理 2.活塞操作不正确或漏液 3.直线摇动或管尖端碰瓶口或管尖离瓶口2 cm以上 4.不能根据具体反应特点掌握滴定速度 5.滴定过程中形成气泡,未等30 s读刻度,视线不水平或未及时记录
滴定终点判断	1.指示剂选用正确 2.指示剂用量恰当 3.滴定终点时能一滴一滴或半滴半滴滴定 4.滴定突跃明显,判断正确 5.半滴处理正确	1.指示剂选用错误 2.指示剂用量太少或太多 3.滴定速度控制不好 4.滴定终点判断不准 5.半滴处理不正确

附录 4 常用酸碱的密度和浓度

试剂	密度	含量/%	浓度/(mol·L^{-1})
盐 酸	1.18～1.19	36～38	11.6～12.4
硝 酸	1.39～1.40	65.0～68.0	14.4～15.2
硫 酸	1.83～1.84	95.0～98.0	17.8～18.4
磷 酸	1.69	85	14.6
高氯酸	1.68	70.0～72.0	11.7～12.0
冰醋酸	1.05	99.8（优级纯） 99.0（分析纯、化学纯）	17.4
氢氟酸	1.13	40	22.5
氢溴酸	1.49	47.0	8.6
氨 水	0.88～0.90	25.0～28.0	13.3～14.8

附录 5 酸碱的离解常数

名称	分子式	K_a	$I=0$	
			K_a	pK_a
硫　酸	H_2SO_4	K_{a2}	1.6×10^{-12}	11.8
		K_{a2}	1.0×10^{-2}	1.99
亚硫酸	H_2SO_3	K_{a1}	1.3×10^{-8}	1.90
		K_{a2}	6.3×10^{-8}	7.20
甲　酸	$HCOOH$		1.8×10^{-4}	3.74
醋　酸	CH_3COOH		1.8×10^{-5}	4.74
氯醋酸	$ClCH_2COOH$		1.4×10^{-3}	2.86
二氯醋酸	$Cl_2CHCOOH$		5.0×10^{-2}	1.30
氨基醋酸盐	$^+NH_3CH_2COOH$		4.5×10^{-3}	2.35
草　酸	$H_2C_2O_4$	K_{a1}	5.9×10^{-2}	1.22
		K_{a2}	6.4×10^{-5}	4.19
邻苯二甲酸	$C_8H_6O_4$	K_{a1}	1.1×10^{-3}	2.95
		K_{a2}	3.9×10^{-5}	5.41
柠檬酸	$C_6H_8O_7$	K_{a1}	7.4×10^{-4}	3.13
		K_{a2}	1.7×10^{-5}	4.76
		K_{a3}	4.0×10^{-7}	6.40

名称	分子式	K_a	$I=0$	
			K_a	pK_a
α—酒石酸	$C_4H_6O_6$	K_{a1}	9.1×10^{-4}	3.04
		K_{a2}	4.3×10^{-5}	4.37
苯酚	C_6H_5OH		1.1×10^{-10}	9.95
乙二胺四醋酸	H_6-DETA^{2+}	K_{a1}	0.13	0.9
（EDTA）	H_5-DETA^+	K_{a2}	3×10^{-2}	1.6
	H_4-DETA	K_{a3}	1×10^{-2}	2.0
	H_3-DETA^-	K_{a4}	2.1×10^{-3}	2.67
	H_2-DETA^{2-}	K_{a5}	6.9×10^{-7}	6.16
	$H-DETA^{3-}$	K_{a6}	5.5×10^{-11}	10.26
氨离子	NH_4^+		5.5×10^{-10}	9.26
六亚甲基四胺离子	$(CH_2)_6N_4H^+$		7.1×10^{-6}	5.15

附录 6　难溶化合物的溶度积

化合物	$I=0$		化合物	$I=0$	
	K_{sp}	pK_{sp}		K_{sp}	pK_{sp}
AgCl	1.77×10^{-10}	9.75	$Cu(OH)_2$	2.6×10^{-19}	18.59
AgBr	4.95×10^{-13}	12.31	$Fe(OH)_3$	3×10^{-39}	38.5
AgI	8.3×10^{-17}	16.08	$Fe(OH)_2$	8×10^{-16}	15.1
Ag_2CrO_4	1.12×10^{-12}	11.95	Hg_2Cl_2	1.32×10^{-18}	17.78
AgSCN	1.07×10^{-12}	11.97	$Hg(OH)_2$	4×10^{-26}	25.4
Ag_2S	6×10^{-50}	49.2	$MgCO_3$	1×10^{-5}	5.0
Ag_2SO_4	1.58×10^{-5}	4.80	MgC_2O_4	8.5×10^{-5}	4.07
$Ag_2C_2O_4$	1×10^{-11}	11.0	$Mg(OH)_2$	1.8×10^{-11}	10.74
Ag_3AsO_4	1.12×10^{-20}	19.95	$MgNH_4PO_4$	3×10^{-13}	12.6
Ag_3PO_4	1.45×10^{-16}	15.84	$Mn(OH)_2$	1.9×10^{-13}	12.72
AgOH	1.9×10^{-8}	7.71	$MnCO_3$	5×10^{-10}	9.30
$Al(OH)_3$	4.6×10^{-33}	32.34	$PbCO_3$	8×10^{-14}	13.1
$BaCrO_4$	1.17×10^{-10}	9.93	$PbCl_2$	1.6×10^{-5}	4.79
$BaCO_3$	4.9×10^{-9}	8.31	PbC_2O_4	1.8×10^{-14}	13.75
$BaSO_4$	1.07×10^{-10}	9.97	$Pb(OH)_2$	8.1×10^{-17}	16.09

化合物	$I=0$		化合物	$I=0$	
	K_{sp}	pK_{sp}		K_{sp}	pK_{sp}
BaC_2O_4	1.6×10^{-7}	6.79	$PbSO_4$	1.7×10^{-8}	7.78
$Bi(OH)_2Cl$	1.8×10^{-31}	30.75	$Sn(OH)_4$	1×10^{-56}	56.0
$Ca(OH)_2$	5.5×10^{-6}	5.26	$Th(C_2O_4)_2$	1×10^{-22}	22.0
$CaCO_3$	3.8×10^{-9}	8.42	$Th(OH)_4$	1.3×10^{-45}	44.9
CaC_2O_4	2.3×10^{-9}	8.64	$TiO(OH)_2$	1×10^{-29}	29.0
CaF_2	3.4×10^{-11}	10.47	$Zn(OH)_2$	2.1×10^{-16}	15.68
$Ca_3(PO_4)_2$	1×10^{-26}	26.0	$ZnCO_3$	1.7×10^{-11}	10.78
CuI	1.10×10^{-12}	11.96	$ZrO(OH)_2$	6×10^{-49}	48.2
CuSCN	1.77×10^{-18}	17.75			

附录 7 金属配合物的稳定常数

1. 金属及其配合物稳定常数的对数值

金属离子	$I / mol \cdot L^{-1}$	n	$\lg \beta_n$
氨络合物			
Ag^+	0.1	1,2	2.70,7.40
Cu^{2+}	0.1	$1,\cdots,4$	4.13,7.61,10.48,12.59
Ni^{2+}	0.1	$1,\cdots,6$	2.75,4.95,6.64,7.79,8.50,8.49
Zn^{2+}	0.1	$1,\cdots,4$	2.27,4.61,7.01,9.06
氟络合物			
Al^{3+}	0.53	$1,\cdots,6$	6.1,11.15,15.0,17.7,19.4,19.7
Fe^{3+}	0.5	$1,\cdots,3$	5.2,9.2,11.9
氯络合物			
Ag^+	0.5	$1,\cdots,4$	3.04,5.04,5.04,5.30
Hg^{2+}	0.5	$1,\cdots,4$	6.7,13.2,14.1,15.1
氰络合物			
Ag^+	0~0.3	$1,\cdots,4$	$-$,21.1,21.8,20.7
Fe^{2+}	0	6	35.4
Fe^{3+}	0	6	43.6
Ni^{2+}	0.1	4	31.3
Zn^{2+}	0.1	4	16.7
磺基水杨酸络合物			
Al^{3+}	0.1	$1,\cdots,3$	12.9,22.9,29.0
Fe^{3+}	0.25	$1,\cdots,3$	14.4,25.2,32.2
Cu^{2+}	0.1	1,2	9.5,16.5
硫代硫酸络合物			
Ag^+	0	$1,\cdots,3$	8.82,13.46,14.15
Cu^+	0.8	$1,\cdots,3$	20.35,12.27,13.71
Hg^{2+}	0	$1,\cdots,4$	$-$,29.86,32.26,33.61
氢氧基络合物			
Ag^+	0	$1,\cdots,3$	2.3,3.6,4.8
Al^{3+}	2	4	33.3
Bi^{3+}	3	3	12.4
Cd^{2+}	3	$1,\cdots,4$	4.3,7.7,10.3,12.0
Cr^{3+}	0.1	1,2	10.2,18.3
Cu^{2+}	0	1,2	6.0,17.1
Fe^{2+}	1	1	4.5
Fe^{3+}	3	1,2	11.0,21.7
Mg^{2+}	0	1	2.6
Ni^{2+}	0.1	1	4.6
Pb^{2+}	0.3	$1,\cdots,3$	6.2,10.2,13.3
Sn^{2+}	3	2	10.1,23.5
Th^{4+}	1	1	9.7
Ti^{3+}	0.5	1	11.8
TiO^{2+}	1	1	13.7
Zn^{2+}	0	$1,\cdots,4$	4.4,$-$,14.4,15.5
Zr^{4+}	4	$1,\cdots,4$	13.8,27.2,40.2,53.0

2. 金属与氨基羧酸配合物稳定常数（18～25 ℃，$I = 0.1 \text{ mol} \cdot \text{L}^{-1}$）

金属离子	lg K						
	EDTA	DC$_y$TA	DTPA	EGTA	HEDTA	NTA	
						lg β_1	lg β_2
Ag^+	7.32			6.88	6.71	5.16	
Al^{3+}	16.3	19.5	18.6	13.9	14.3	11.4	
Ba^{2+}	7.86	8.69	8.87	8.41	6.3	4.82	
Be^{2+}	9.2	11.51				7.11	
Bi^{3+}	27.94	32.2	35.6		22.3	17.5	
Ca^{2+}	10.69	13.20	10.83	10.97	8.3	6.41	
Cd^{2+}	16.46	19.93	19.2	16.7	13.3	9.83	14.61
Co^{2+}	16.31	19.62	19.27	12.39	14.6	10.83	14.39
Co^{3+}	36				37.4	6.48	
Cr^{3+}	23.4					6.23	
Cu^{2+}	18.80	22.00	21.55	17.71	17.6	12.96	
Fe^{2+}	14.32	19.0	16.5	11.87	12.3	8.33	
Fe^{3+}	25.1	30.1	28.0	20.5	19.8	15.9	
Ga^{3+}	20.3	23.2	25.54		16.9	13.6	
Hg^{2+}	21.7	25.00	26.70	23.2	20.30	14.6	
Mg^{2+}	8.7	11.02	9.30	5.21	7.0	5.41	
Mn^{2+}	13.87	17.48	15.60	12.28	10.9	7.44	
Ni^{2+}	18.62	20.3	20.32	13.35	17.3	11.53	16.42
Pb^{2+}	18.04	20.38	18.80	14.71	15.7	11.39	
Sn^{2+}	22.11						
Sr^{2+}	8.37	10.59	9.77	8.50	6.9	4.98	
Th^{4+}	23.3	25.6	28.78				
TiO^{2+}	17.3						
Ti^{3+}	37.8	38.3				20.9	32.5
Zn^{2+}	16.5	19.37	18.40	12.7	14.7	10.67	14.29
Zr^{4+}	29.5		35.8			20.8	
稀土元素	16～20	17～20			13～16	10～12	

附录 8　六种 pH 标准溶液在 0～90 ℃下的 pH 值

温度/ ℃	0.05 mol · L⁻¹ 四草酸氢钾	25 ℃饱和 酒石酸氢钾	0.05 mol · L⁻¹ 邻苯二钾酸氢钾	0.025 mol · L⁻¹ 混合磷酸盐	0.01 mol · L⁻¹硼砂	25 ℃饱和 氢氧化钙
0	1.67	—	4.01	6.98	9.46	13.42
5	1.67	—	4.00	6.95	9.39	13.21
10	1.67	—	4.00	6.92	9.33	13.01
15	1.67	—	4.00	6.90	9.28	12.82
20	1.68	—	4.00	6.88	9.23	12.64
25	1.68	3.56	4.00	6.86	9.18	12.40
30	1.68	3.55	4.01	6.85	9.14	12.29
35	1.69	3.55	4.02	6.84	9.10	12.13
40	1.69	3.55	4.03	6.84	9.07	11.98
45	1.70	3.55	4.04	6.83	9.04	11.83
50	1.71	3.56	4.06	6.83	9.02	11.70
55	1.71	3.56	4.07	6.83	8.99	11.55
60	1.72	3.57	4.09	6.84	8.97	11.43
70	1.74	3.60	4.12	6.85	8.93	—
80	1.76	3.62	4.16	6.86	8.89	—
90	1.78	3.65	4.20	6.88	8.86	—

附录 9   常用指示剂

1.酸碱指示剂

| 指示剂 | 变色范围 pH | 颜色 | | pK$_{HIn}$ | 浓　　度 |
		酸色	碱色		
百里酚蓝 （第一次变色）	1.2～2.8	红	黄	1.6	0.1％（20％乙醇溶液）
甲基黄	2.9～4.0	红	黄	3.3	0.1％（90％乙醇溶液）
甲基橙	3.1～4.4	红	黄	3.4	0.05％水溶液
溴酚蓝	3.1～4.6	黄	紫	4.1	0.1％（20％乙醇溶液）
溴甲酚绿	3.8～5.4	黄	蓝	4.9	0.1％水溶液,每 100 mg 指示剂加 0.05 mol·L^{-1}NaOH 溶液 2.9 mL
甲基红	4.4～6.2	红	黄	5.2	0.1％（60％乙醇溶液）
溴百里酚蓝	6.0～7.6	黄	蓝	7.3	0.1％（20％乙醇溶液）
中性红	6.8～8.0	红	黄橙	7.4	0.1％（60％乙醇溶液）
酚红	8.7～8.4	黄	红	8.0	0.1％（60％乙醇溶液）
酚酞	8.0～9.6	无	红	9.1	0.1％（90％乙醇溶液）
百里酚蓝 （第二次变色）	8.0～9.6	黄	蓝	8.9	0.1％（20％乙醇溶液）
百里酚酞	9.4～10.6	无	蓝	10.0	0.1％（90％乙醇溶液）
溴甲酚绿－ 甲基红	5.1(灰)	酒红	绿		3 份 0.1％溴甲酚绿乙醇溶液和 1 份 0.2％甲基红乙醇溶液

2.沉淀及金属指示剂

| 指示剂 | 颜色 | | 浓度 |
	游离态	化合态	
铬酸钾	黄	砖红	5％水溶液
硫酸铁铵	无	血红	饱和水溶液,加数滴浓硫酸
铬黑 T	蓝	酒红	0.5 g 铬黑 T 溶于 25 mL 三乙醇胺及 75 mL 乙醇
钙指示剂	蓝	红	0.5 g 钙指示剂与 100 g 氯化钠研细
二甲酚橙	黄	红	0.1％水溶液
磺基水杨酸	无	红	10％水溶液
PAN 指示剂	黄	蓝	0.2％乙醇溶液

附录 10　常用洗涤剂

名称	配制方法	应用
合成洗涤剂	合成洗涤剂粉用热水搅拌成浓溶液	用于一般的洗涤
铬酸洗液	将 KCr_2O_7 20 g 置于 500 mL 烧杯中,加水 40 mL,加热溶解,冷却后,缓缓加入 320 mL 浓硫酸(注意边加边搅拌)	用于洗涤油污及有机物,使用时防止被水稀释,用后倒回原瓶,可反复使用,直至溶液变为绿色
$KMnO_4$ 碱性洗液	将 $KMnO_4$ 4 g 溶于少量水中,缓缓加入 100 mL 10%NaOH 溶液	用于洗涤油污及有机物,洗后玻璃壁上附着物可用粗亚铁或硫代硫酸钠溶液洗去
碱性酒精溶液	30%~40%NaOH 酒精溶液	用于洗涤油污
酒精—浓硝酸洗液		用于洗涤沾有有机物或油污的结构较复杂的仪器。洗涤时先加少量酒精于脏仪器中,再加入少量浓硝酸,即产生大量棕色 NO_2,将有机物氧化破坏。

注:已还原为绿色的铬酸洗液,可加入固体 $KMnO_4$ 使其再生,这样,实际消耗的是 $KMnO_4$,可减少铬对环境的污染。

附录 11　水在不同温度下的饱和蒸汽压

温度/℃	饱和蒸汽压/Pa	温度/℃	饱和蒸汽压/Pa
10	1 227.8	25	3 167.4
11	1 312.5	26	3 361.2
12	1 402.4	27	3 565.2
13	1 509.5	28	3 779.8
14	1 598.2	29	4 005.7
15	1 705.0	30	4 243.2
16	1 817.8	31	4 492.6
17	1 937.3	32	4 755.0
18	2 063.6	33	5 030.5
19	2 196.9	34	5 319.7
20	2 338.0	35	5 623.3
21	2 486.6	36	5 941.7
22	2 643.6	37	6 275.5
23	2 809.0	38	6 626.5
24	2 983.6	39	6 992.2

附录 12 元素的相对原子质量

元素名称	元素符号	相对原子质量	元素名称	元素符号	相对原子质量	元素名称	元素符号	相对原子质量
银	Ag	107.868 2	铪	Hf	178.49	铷	Rb	85.467 8
铝	Al	26.981 539	汞	Hg	200.59	铼	Re	186.207
氩	Ar	39.948	钬	Ho	164.930 32	铑	Rh	102.905 5
砷	As	74.921 59	碘	I	126.904 447	钌	Ru	101.07
金	Au	196.966 54	铟	In	114.82	硫	S	32.066
硼	B	10.811	铱	Ir	192.22	锑	Sb	121.757
钡	Ba	137.327	钾	K	39.098 3	钪	Sc	44.959 10
铍	Be	9.012 182	氪	Kr	83.80	硒	Se	78.96
铋	Bi	208.980 37	镧	La	138.905 5	硅	Si	28.085 5
溴	Br	79.904	锂	Li	6.941	钐	Sm	150.36
碳	C	12.011	镥	Lu	174.967	锡	Sn	118.710
钙	Ca	40.078	镁	Mg	24.305 0	锶	Sr	87.62
镉	Cd	112.411	锰	Mn	54.938 05	钽	Ta	180.947 9
铈	Ce	140.115	钼	Mo	95.94	铽	Tb	158.925 34
氯	Cl	35.452 7	氮	N	14.006 74	碲	Te	127.60
钴	Co	58.933 20	钠	Na	22.989 768	钍	Th	232.038 1
铬	Cr	51.996 1	铌	Nb	92.906 38	钛	Ti	47.88
铯	Cs	132.905 43	钕	Nd	144.24	铊	Tl	204.383 3
铜	Cu	63.546	氖	Ne	20.179 7	铥	Tm	168.934 21
镝	Dy	162.50	镍	Ni	58.693 4	铀	U	238.028 9
铒	Er	167.26	镎	Np	237.048 2	钒	V	50.941 5
铕	Eu	151.965	氧	O	15.999 4	钨	W	183.85
氟	F	18.998 403 2	锇	Os	190.2	氙	Xe	131.29
铁	Fe	55.847	磷	P	30.973 762	钇	Y	88.905 85
镓	Ga	69.723	铅	Pb	207.2	镱	Yb	173.04
钆	Gd	157.25	钯	Pd	106.42	锌	Zn	65.39
锗	Ge	72.61	镨	Pr	140.907 65	锆	Zr	91.224
氢	H	1.007 94	铂	Pt	195.08			
氦	He	4.002 602	镭	Ra	226.025 4			

附录 13　有机溶剂的沸点及密度

名称	沸点/℃	密度/(g·mL^{-1})	名称	沸点/℃	密度/(g·mL^{-1})
甲醇	64.6	0.792 8	氯仿	61.3	1.498 5
乙醇	78.5	0.785 0	四氯化碳	76.8	1.594 0
正丁醇	117.3	0.809 8	乙酐	140.0	1.082 0
乙醚	34.6	0.713 5	醋酸乙酯	77.2	0.900 3
四氢呋喃	67	0.889 2	二氧六环	100.5	1.035 3
丙酮	56.5	0.789 9	正己烷	68.7	0.659 3
醋酸	118.1	1.049 2	环己烷	80.7	0.778 5
苯	80.01	0.879 0	1,2-二氯乙烷	83.7	1.253 1
吡啶	115.6	0.981 9	二硫化碳	46.3	1.262 8
甲苯	110.6	0.866 9	硝基苯	210.9	1.198 7
二甲苯(o,p,m)	140		N,N-二甲基甲酰胺	153	0.948 7
二氯甲烷	40.1	1.326 6	二甲亚砜	189	1.095 4

附录 14　常见有机官能团的定性鉴定

　　官能团的定性鉴定就是利用有机化合物中各种官能团的不同特性,与某些试剂反应产生特殊的现象,如颜色变化、沉淀析出、气体产生等来证明样品中是否存在某种预期的官能团。官能团的定性鉴定具有反应快、操作简便的特点,可为进一步鉴定化合物的结构提供重要信息。

　　1. 不饱和烃的鉴定(—CH═CH— , —C≡C—)

　　(1)Br$_2$/CCl$_4$溶液试验。

　　在干燥的试管中加入 2 mL 2‰Br$_2$/CCl$_4$溶液,加入 5 滴试样,振荡试管,如果溶液褪色,则表明样品中有不饱和键(—CH═CH— , —C≡C—)。

　　注:环己烷也能使 Br$_2$/CCl$_4$溶液褪色。某些具有烯醇式结构的醛、酮,某些带有强活性基团的芳烃等也会使 Br$_2$/CCl$_4$溶液褪色。某些烯烃(如反丁烯二酸)或炔烃与溴加成很慢或不加成。

　　(2)KMnO$_4$溶液试验。

　　在试管中加入 2 mL 1‰ KMnO$_4$溶液,加入 2 滴试样,振荡试管,如果溶液褪色,有褐色沉淀生成,则表明样品中有不饱和键（ —CH=CH— , —C≡C— ）。

注:某些醛、酚和芳香胺等也可使 $KMnO_4$ 溶液褪色。

（3）银氨溶液试验。

在试管中加入 0.5 mL 5％硝酸银溶液,再加入 1 滴 5％NaOH 溶液,然后滴加 2％氨水溶液,直至开始形成的氢氧化银沉淀溶解为止。在此溶液中加入 2 滴试样,如果有白色沉淀生成,则表明样品中存在（ —C≡C— ）。

（4）铜氨溶液试验。

在试管中加入 1 mL 水,加入绿豆大小的固体氯化亚铜,然后滴加浓氨水至沉淀完全溶解。在此溶液中加入 2 滴试样,如果有砖红色沉淀生成,则表明样品中存在（ —C≡C— ）。

2. 烃的鉴定

（1）发烟硫酸试验。

在试管中加入 1 mL 含 20％SO_3 的发烟硫酸,逐滴加入 0.5 mL 样品,振荡后静置。如果样品强烈放热并完全溶解,则表明为芳烃。

注:该试验适用于样品可能是芳烃、烷烃或环烷烃中的一种的情况。

（2）氯仿—无水三氯化铝试验。

在试管中加入 1 mL 纯三氯甲烷和 0.1 mL 样品。倾斜试管,润湿管壁。再沿管壁加入少量无水三氯化铝,观察壁上颜色。壁上颜色与各种芳烃的关系为:苯及其同系物—橙色至红色;联苯—蓝色;卤代芳烃—橙色至红色;萘—蓝色;蒽—黄绿色;菲—紫红色。

3. 卤代烃的鉴定

（1）硝酸银溶液试验。

在试管中加入 1 mL 5％$AgNO_3$/C_2H_5OH 溶液,加 2～3 滴试样,振荡。如果立即产生沉淀,可能为苄基卤、烯丙基卤或叔卤代烃。若无沉淀产生,则加热煮沸片刻。若生成沉淀,加入 1 滴 5％硝酸银后沉淀不溶解的,可能为仲或伯卤代烃。若加热不能生成沉淀,或生成的沉淀可溶于 5％硝酸,则可能为乙烯基卤代烃或卤代芳烃或同碳多卤化合物。

注:酰卤也可与硝酸银溶液反应立即生成沉淀。

（2）碘化钠溶液试验。

在试管中加入 2 mL 15％NaI—丙酮溶液,加入 4～5 滴试样,振荡。若在 3 min 内生成沉淀,可能为苄基卤、烯丙基卤或伯卤代烃,若 5 min 内仍无沉淀生成,可在 50 ℃水浴中温热。若生成沉淀,则可能为仲或叔卤代烃;若仍无沉淀,则可能为卤代芳烃、乙烯基卤。

4. 醇的鉴定

（1）硝酸铈铵溶液试验。

将 2 滴液体试样或 50 mg 固体样品溶于 2 mL 水中（若样品不溶于水,可以 2 mL 二氯六环代替）,再加入 0.5 mL 硝酸铈铵溶液,振荡。如果溶液呈红色或橙红色,则表明醇的存在。以空白试验作对照更佳。

注:硝酸铈铵溶液配制是用 100 g 硝酸铈铵加 25 mL 2 mol/L 硝酸,加热溶解后冷至

室温。该方法适合于少于或等于 10 个碳原子的醇的鉴定。

（2）Lucas 试验。

在试管中加入 5～6 滴样品及 2 mL Lucas 试剂后振荡观察。若立即出现浑浊或分层，可能为苄醇、烯丙型醇或叔醇。若不见浑浊，则放在温水浴中温热 2～3 min，静置观察，若慢慢出现浑浊并最后分层者为仲醇，不起作用者为伯醇。

注：Lucas 试剂配制是将无水氯化锌在蒸发皿中加强热熔融，稍冷却后在干燥器中冷至室温，取出捣碎。称取 136 g 溶于 90 mL 浓盐酸中。配制过程中应加搅动，并把容器放在冰水浴中冷却，以防止盐酸大量挥发。多于 6 个碳原子的醇不溶于水，不能用此法鉴定。

5. 酚的鉴定

（1）三氯化铁试验。

在试管中加入 0.5 mL 1％的样品水溶液或稀乙醇溶液，再加入 2～3 滴 1％的三氯化铁水溶液。如果有颜色出现，则表明有酚类存在。

注：不同的酚与三氯化铁生成的配合物颜色大多不同。常见为红、蓝、紫、绿等色。有烯醇结构的化合物与三氯化铁也能显色，多为紫红色。

（2）溴水试验。

在试管中加入 0.5 mL 1％的样品溶液，逐滴加入溴水。如果溴水的颜色不断褪去，并有白色沉淀生成，则表明有酚类存在。

注：芳香胺与溴水也有同样反应。

6. 醛和酮的鉴定

（1）2,4－二硝基苯肼试验。

在试管中加入 2 mL 2,4－二硝基苯肼试剂，加入 3～4 滴样品后振荡。如果无沉淀析出，可微热半分钟再振荡观察。如果冷却后有橙黄色或橙红色沉淀生成，则表明样品中含醛或酮。

注：2,4－二硝基苯肼试剂配制是取 2,4－二硝基苯肼 1 g，加入 7.5 mL 浓硫酸。溶解以后将此溶液慢慢倒入 75 mL 95％乙醇中，用水稀至 250 mL，必要时可过滤备用。羧酸及其衍生物不与 2,4－二硝基苯肼加成。

（2）饱和亚硫酸氢钠试验。

在试管中加入新配制的饱和亚硫酸氢钠溶液 2 mL，再加入样品 6～8 滴，振荡并置于冰水浴中冷却，观察现象。如果有结晶析出，则表明样品为醛、脂肪族甲基酮或环酮。

（3）碘仿试验。

在试管中加入 1 mL 水和 3～4 滴样品，再加入 1 mL 10％氢氧化钠溶液，然后滴加 I_2/KI 溶液并振荡，观察现象，如果振荡后反应液变为淡黄色，继续振荡后，淡黄色逐渐消失并出现浅黄色沉淀，则表明样品为甲基酮。

注：I_2/KI 溶液配制是将 20 g 碘化钾溶于 100 mL 水中，然后加入 10 g 研细的碘粉，搅拌至全溶，得到深红色溶液。具有 α－羟乙基结构的化合物也能发生碘仿反应。

（4）Tollens 试验。

在洁净的试管中加入 2 mL 5％的硝酸银溶液，振荡下逐滴加入浓氨水，至产生的棕色沉淀恰好溶解为止。然后加入 2 滴样品,在水浴中温热并振荡,观察现象,如果有银镜生成,则表明为醛类化合物。

（5）斐林试验。

在试管中加入斐林Ⅰ和斐林Ⅱ各 0.5 mL,混合均匀,然后加入 3～4 滴样品,在沸水浴中加热,观察现象,如果有砖红色沉淀,则表明为脂肪族醛类化合物。

注:斐林试剂配制 FehlingA 是将 7 g 五水硫酸铜晶体溶解于 1 000 mL 水中,菲林 B 34.6 g 酒石酸钾钠晶体、14 g 氢氧化钠溶解于 1 000 mL 水中。芳香醛不溶于水,所以不能发生斐林反应。

7. 羧酸及其衍生物的鉴定

（1）羧酸的鉴定。

在配有胶塞和导气管的试管中加入 2 mL 饱和 $NaHCO_3$ 溶液,滴加 5 滴样品。产生的气体用 5% $BaCl_2$ 溶液检验。如果出现沉淀,则表明有羧酸类化合物。

注:比羧基酸性更强的基团,如—SO_3H,或能水解成羧基或酸性更强的基团,如酸酐、酰卤等,也能有此反应。

（2）酰卤的鉴定。

在试管中加入 1 mL 5% $AgNO_3/C_2H_5OH$ 溶液,加入 2～3 滴样品振荡,观察现象。如果立即产生沉淀,则表明存在酰卤。

注:苄基卤、烯丙基卤或叔卤代烃也有同样反应。

（3）酰胺的鉴定。

在试管中加入 2 mL 6mol/L NaOH 溶液,然后加入 4～5 滴样品,煮沸观察现象。如果有气体产生,则表明样品为酰胺。

（4）乙酰醋酸乙酯的鉴定。

在试管中加入 1 mL 饱和 $Cu(Ac)_2$ 溶液和 1 mL 样品,振荡混合,观察现象。如果有蓝绿色沉淀生成,则再加入 1～2 mL 氯仿后进行振荡,如果沉淀消失,则表明样品中含乙酰醋酸乙酯。

注:乙酰醋酸乙酯还可用于 2,4－二硝基苯肼试验、饱和亚硫酸氢钠试验、三氯化铁－溴水试验等,参见前面各有关内容。

8. 胺的鉴定

（1）Hinsberg 试验。

在试管中加入 2.5 mL 10%NaOH 溶液、0.5 mL 苯磺酰氯和 0.5 mL 样品,在不高于 70 ℃的水浴中加热并振荡 1 min,冷却后用试纸检验,若不呈碱性,则再滴加 10% 的 NaOH 溶液呈碱性。观察现象并判断:①若溶液清澈,则用 6 mol/L HCl 酸化,如果酸化后析出沉淀或油状物,则样品为伯胺。②若溶液中有沉淀或油状物析出,也用 6 mol/L HCl 酸化,如果沉淀不消失,则样品为仲胺。③无反应,溶液中仍有油状物,若用盐酸酸化后油状物溶解为澄清溶液,则样品为叔胺。

（2）亚硝酸试验。

在试管Ⅰ中加入 2 mL 30%H_2SO_4 溶液和 3 滴样品后混合均匀。在试管Ⅱ中加入 2 mL 10%$NaNO_2$ 水溶液,在试管Ⅲ中加入 4 mL 10%NaOH 溶液和 0.2 g β－萘酚。将以上 3 支试管都放在冰盐浴中冷却至 0～5 ℃,然后将 Ⅱ 中的溶液倒入 Ⅰ 中,振荡并维持温度不高于 5 ℃。观察现象并判断:①若在此温度下有大量气泡冒出,则样品为脂肪族伯胺。②若在此温度下不冒气泡或仅有极少量气泡冒出,溶液中也无固体或油状物析出,则取试管 Ⅲ 中溶液逐滴滴入其中,产生红色沉淀的表明样品为芳香族伯胺。③若溶液中有黄色固体或油状物析出,则用 10％NaOH 溶液中和至碱性。如果颜色保持不变,则表明样品为仲胺;如果中和以后转变为绿色固体,则表明样品为叔胺。

9. 糖类的鉴定

(1)Molish 试验。

在试管中加入 0.5 mL 的样品水溶液,滴入 2 滴 10％的 a－萘酚－乙醇溶液,混合均匀后将试管倾斜约 45°,沿试管壁慢慢加入 1 mL 浓 H_2SO_4(勿摇动)。如果在两层交界处出现紫色环,则表明样品中含有糖类化合物。

(2)成脎试验。

在试管中加入 1 mL 5％的样品溶液和 1 mL 2,4－二硝基苯肼试剂,混合均匀后在沸水浴中加热。记录并比较形成结晶所需要的时间,用显微镜观察脎的晶形,并与已知的糖脎作比较。

注:糖类也可用 Tollens 试验或斐林试验鉴定,参见前面各有关内容。

10. 蛋白质的鉴定

(1)双缩脲试验。

在试管中加入 10 滴清蛋白溶液和 1 mL 10％NaOH 溶液,混合均匀后加入 4 滴 5％ $CuSO_4$ 溶液,振荡观察现象。如果有紫色出现,则表明蛋白质分子中有多个肽键。

(2)黄蛋白试验。

在试管中加入 1 mL 清蛋白溶液,滴入 4 滴浓 HNO_3,出现白色沉淀。将试管置于水浴中加热,沉淀变为黄色。冷却后滴加 10％NaOH 溶液或浓氨水,黄色变为更深的橙黄色,则表明蛋白质中含有酪氨酸、色氨酸或苯丙氨酸。

附录 15　常见有机溶剂的纯化

1. 乙醚

乙醚的沸点为 34.51 ℃,折光率为 1.352 6,相对密度为 0.713 78。普通乙醚常含有 2％乙醇和 0.5％水。久藏的乙醚常含有少量过氧化物,不能满足实验的要求。可用下述方法进行处理,制得纯化乙醚。

过氧化物的检验和除去:在干净的试管中放入 2～3 滴浓硫酸、1 mL 2％碘化钾溶液(若碘化钾溶液已被空气氧化,可用稀亚硫酸钠溶液滴到黄色消失)和 1～2 滴淀粉溶液,混合均匀后加入乙醚,出现蓝色即表示有过氧化物存在。除去过氧化物可用新配制的硫酸亚铁稀溶液(配制方法是 $FeSO_4$ 60 g、100 mL 水和 6 mL 浓硫酸)。将 100 mL 乙醚和 10 mL 新配制的硫酸亚铁溶液放在分液漏斗中洗数次,至无过氧化物为止。

醇和水的检验和除去:乙醚中放入少许高锰酸钾粉末和 1 粒氢氧化钠。放置后,氢氧化钠表面附有棕色树脂,即证明有醇存在。水的存在用无水硫酸铜检验。先用无水氯化钙除去大部分水,再经金属钠干燥。其方法是将 100 mL 乙醚放在干燥锥形瓶中,加入 20～25 g 无水氯化钙,瓶口用软木塞塞紧,放置一天以上,并间断摇动,然后蒸馏,收集 33～37 ℃的馏分。用压钠机将 1 g 金属钠直接压成钠丝并放于盛乙醚的瓶中,用带有氯化钙干燥管的软木塞塞住。或在木塞中插一末端拉成毛细管的玻璃管,这样既可防止潮气侵入,又可使产生的气体逸出。放置至无气泡发生即可使用。放置后,若钠丝表面已变黄变粗,则须再蒸一次,然后再压入钠丝。

2. 乙醇

乙醇的沸点为 78.5 ℃,折光率为 1.361 6,相对密度为 0.789 3。

制备无水乙醇的方法很多,根据对无水乙醇质量的要求不同而选择不同的方法。若要求制备 98％～99％的乙醇,可采用下列方法。

(1)利用苯、水和乙醇形成低共沸混合物的性质,将苯加入乙醇中,进行分馏,在 64.9 ℃时蒸出苯、水、乙醇的三元恒沸混合物,多余的苯在 68.3 ℃时与乙醇形成二元恒沸混合物而被蒸出,最后蒸出乙醇。工业多采用此法。

(2)用生石灰脱水。在 100 mL 95％乙醇中加入新鲜的块状生石灰 20 g,回流 3～5 h,然后进行蒸馏。

若要求制备 99％以上的乙醇,可采用下列方法。

(1)在 100 mL 99％乙醇中,加入 7 g 金属钠,待反应完毕,再加入 27.5 g 邻苯二甲酸二乙酯或 25 g 草酸二乙酯,回流 2～3 h,然后进行蒸馏。金属钠虽能与乙醇中的水作用,产生氢气和氢氧化钠,但所生成的氢氧化钠又与乙醇发生平衡反应,因此单独使用金属钠不能完全除去乙醇中的水,须加入过量的高沸点酯,如邻苯二甲酸二乙酯与生成的氢氧化钠作用,可抑制上述反应,从而达到进一步脱水的目的。

(2)在 250 mL 干燥的圆底烧瓶中,加入 0.6 g 干燥纯净的镁丝和 10 mL 99.5％的乙醇,安装回流冷凝管,冷凝管上口附加一支无水氯化钙干燥管。在沸水浴上加热至微沸,移去热源,立刻加入几粒碘(注意此时不要振荡),可见在碘粒附近随即发生反应。若反应较慢,可稍加热;若不见反应发生,可补加几粒碘。当金属镁全部作用完毕后,再加入 100 mL 99.5％乙醇和几粒沸石,水浴加热回流 1 h。然后改成蒸馏装置,补加沸石,水浴加热蒸馏,收集 78.5 ℃馏分,储存在试剂瓶中,用橡胶塞或磨口塞封口。此法制得的绝对乙醇的纯度可达 99.99％。

由于乙醇具有非常强的吸湿性,所以在操作时动作要迅速,尽量减少转移次数,以防止空气中的水分进入,同时所用仪器必须事前干燥好。

3. 丙酮

丙酮的沸点为 56.3 ℃,折光率为 1.358 6,相对密度为 0.789 0。

市售丙酮中往往含有少量的水及甲醇、乙醛等还原性杂质。

(1)在 250 mL 圆底烧瓶中加入 100 mL 丙酮和 0.5 g 高锰酸钾,安装回流冷凝管,水浴加热回流。若混合液紫色很快消失,则需补加少量高锰酸钾,继续回流,直到紫色不再消失为止。

改成蒸馏装置,加入几粒沸石,水浴加热蒸出丙酮,用无水碳酸钾干燥 1 h。将干燥好的丙酮倾入 250 mL 圆底烧瓶中,加入沸石,安装蒸馏装置(注意全部仪器均须干燥),

水浴加热蒸馏,收集 55.0~56.5 ℃馏分。用此法纯化丙酮时,须注意丙酮中含还原性物质不能太多,否则会过多消耗高锰酸钾和丙酮,使处理时间增长。

(2)将 100 mL 丙酮装入分液漏斗中,先加入 4 mL 10％硝酸银溶液,再加入 3.6 mL 1 mol/L 氢氧化钠溶液,振摇 10 min,分出丙酮层,再加入无水硫酸钾或无水硫酸钙进行干燥,最后蒸馏收集 55~56.5 ℃馏分。此法比方法(1)要快,但硝酸银较贵,只宜做小量纯化用。

4. 醋酸乙酯

醋酸乙酯的沸点为 77.06 ℃,折光率为 1.372 3,相对密度为 0.900 3。

市售的醋酸乙酯含量一般为 95％~98％,常含有微量水、乙醇和醋酸。可采用下列两种方法进行纯化。

(1)先用等体积的 5％碳酸钠溶液洗涤,再用饱和氯化钙溶液洗涤,酯层倒入干燥的锥形瓶中,加入适量无水碳酸钾干燥 1 h 后,蒸馏,收集 77.0~77.5 ℃馏分。

(2)在 1 000 mL 醋酸乙酯中加入 100 mL 醋酸酐、10 滴浓硫酸,加热回流 4 h,除去乙醇和水等杂质,然后进行蒸馏。馏液用 20~30 g 无水碳酸钾振荡,再蒸馏。产物沸点为 77 ℃,纯度可达 99％以上。

5. 石油醚

石油醚为轻质石油产品,是低相对分子质量烷烃类的混合物。其沸程为 30~150 ℃,收集的温度区间一般为 30 ℃左右。根据沸程范围的不同可分为 30~60 ℃、60~90 ℃和 90~120 ℃等不同规格。

石油醚中常有少量沸点与烷烃相近的不饱和烃,难以用蒸馏法进行分离,此时可用浓硫酸和高锰酸钾将其除去,方法如下。

在 150 mL 分液漏斗中,加入 100 mL 石油醚,用 10 mL 浓硫酸分两次洗涤,再用 10％硫酸与高锰酸钾配制的饱和溶液洗涤,直至水层中紫色不再消失为止。用蒸馏水洗涤两次后,将石油醚倒入干燥的锥形瓶中,加入无水氯化钙干燥 1 h,蒸馏,收集需要规格的馏分。若需绝对干燥的石油醚,可加入钠丝(与纯化无水乙醚相同)。

6. 氯仿

氯仿的沸点为 61.7 ℃,折光率为 1.445 9,相对密度为 1.498 2。

氯仿在日光下易氧化成氯气、氯化氢和光气(剧毒),故氯仿应储存于棕色瓶中。市场上供应的氯仿多用 1％酒精做稳定剂,以消除氯仿分解产生的光气。氯仿中乙醇的检验可用碘仿反应,游离氯化氢的检验可用硝酸银的醇溶液。

除去乙醇的方法是用水洗涤氯仿 5~6 次后,将分出的氯仿用无水氯化钙干燥 24 h,再进行蒸馏,收集 60.5~61.5 ℃馏分。

另一种纯化方法是将氯仿与少量浓硫酸一起振动两三次。每 200 mL 氯仿用 10 mL 浓硫酸,分去酸层以后的氯仿用水洗涤,干燥,然后蒸馏。

除去乙醇后的无水氯仿应保存在棕色瓶中,并置于暗处避光存放,以免光化作用产生光气。

7. 苯

苯的沸点为 80.1 ℃,折光率为 1.501 1,相对密度为 0.879 0。

普通苯常含有少量水和噻吩,噻吩的沸点为 84 ℃,与苯接近,不能用蒸馏的方法除去。

噻吩的检验:取 1 mL 苯加入 2 mL 溶有 2 mg 吲哚醌的浓硫酸,振荡片刻,若酸层呈蓝绿色,即表示有噻吩存在。

噻吩和水的除去:将苯装入分液漏斗中,加入相当于苯体积 1/7 的浓硫酸,振摇使噻吩磺化,弃去酸液,再加入新的浓硫酸,重复操作几次,直到酸层呈现无色或淡黄色并检验无噻吩为止。

将上述无噻吩的苯依次用 10％碳酸钠溶液和水洗至中性,再用氯化钙干燥,进行蒸馏,收集 80 ℃ 的馏分,最后用金属钠脱去微量的水可得无水苯。

8. 四氢呋喃

四氢呋喃的沸点为 66 ℃,折光率为 1.407 1,相对密度为 0.889 2。

四氢呋喃与水能混溶,并常含有少量水分及过氧化物。如要制得无水四氢呋喃,可用氢化铝锂在隔绝潮气下回流(通常 1 000 mL 约需 2～4 g 氢化铝锂)除去其中的水和过氧化物,然后蒸馏,收集 66 ℃ 的馏分(蒸馏时不要蒸干,将少量剩余残液倒出)。精制后的液体,应加入钠丝,并在氮气氛中保存。

处理四氢呋喃时,应先用小量进行试验,在确定其中只有少量水和过氧化物,作用不致过于激烈时,方可进行纯化。四氢呋喃中的过氧化物可用酸化的碘化钾溶液来检验。如过氧化物较多,应另行处理为宜。

9. 二氧六环

二氧六环的沸点为 101.5 ℃,熔点为 12 ℃,折光率为 1.442 4,相对密度为 1.033 6。

二氧六环能与水任意混合,常含有少量二乙醇缩醛与水,储存过久的二氧六环可能含有过氧化物(鉴定和除去方法参阅乙醚)。二氧六环的纯化方法是在 500 mL 二氧六环中加入 8 mL 浓盐酸和 50 mL 水的溶液,回流 6～10 h,在回流过程中,慢慢通入氮气以除去生成的乙醛。冷却后,加入固体氢氧化钾,直到不能再溶解为止,分去水层,再用固体氢氧化钾干燥 24 h,然后过滤,在金属钠存在下加热回流 8～12 h,最后在金属钠存在下蒸馏,压入钠丝密封保存。精制过的 1,4－二氧环己烷应当避免与空气接触。

10. 吡啶

吡啶的沸点为 115.5 ℃,折光率为 1.509 5,相对密度为 0.981 9。

分析纯的吡啶含有少量水分,可供一般实验使用。如要制得无水吡啶,可将吡啶与氢氧化钾(钠)一同回流,然后隔绝潮气蒸出备用。干燥的吡啶吸水性很强,保存时应将容器口用石蜡封好。

11. 甲醇

甲醇的沸点为 64.9 ℃,折光率为 1.328 8,相对密度为 0.791 4。

普通未精制的甲醇含有 0.02％丙酮和 0.1％水。而工业甲醇中这些杂质的含量达 0.5％～1％。

为了制得纯度达 99.9％以上的甲醇,可将甲醇用分馏柱分馏。收集 64 ℃ 的馏分,再用镁去水(与制备无水乙醇相同)。甲醇有毒,处理时应防止吸入其蒸气。

12. 二甲基亚砜(DMSO)

二甲基亚砜沸点为 189 ℃,熔点为 18.5 ℃,折光率为 1.478 3,相对密度为 1.100。

二甲基亚砜能与水混合,可用分子筛长期放置加以干燥。然后减压蒸馏,收集 76 ℃/1 600 Pa(12 mmHg)馏分。蒸馏时,温度不可高于 90 ℃,否则会发生歧化反应而生成二甲砜和二甲硫醚。也可用氧化钙、氢化钙、氧化钡或无水硫酸钡来干燥,然后减压蒸馏。还可用部分结晶的方法纯化。

二甲基亚砜与某些物质混合时可能发生爆炸,例如氢化钠、高碘酸或高氯酸镁等,应予以注意。

13. 二氯甲烷

二氯甲烷的沸点为 40 ℃,折光率为 1.424 2,相对密度为 1.326 6。

使用二氯甲烷比氯仿安全,因此常常用它来代替氯仿作为比水重的萃取剂。普通的二氯甲烷一般都能直接做萃取剂用。如需纯化,可用 5% 碳酸钠溶液洗涤,再用水洗涤,然后用无水氯化钙干燥,蒸馏收集 40~41 ℃的馏分,保存在棕色瓶中。

14. 二硫化碳

二硫化碳的沸点为 46.25 ℃,折光率为 1.631 9,相对密度为 1.263 2。

二硫化碳为有毒化合物,能使血液神经组织中毒。具有高度的挥发性和易燃性,因此,使用时应避免与其蒸气接触。

对二硫化碳纯度要求不高的实验,可在二硫化碳中加入少量无水氯化钙干燥几小时,在水浴 55~65 ℃下加热蒸馏、收集。如需要制备较纯的二硫化碳,可在试剂级的二硫化碳中加入 0.5% 高锰酸钾水溶液洗涤 3 次。除去硫化氢后,再用汞不断振荡以除去硫。最后用 2.5% 硫酸汞溶液洗涤,除去所有的硫化氢(洗至没有恶臭为止),再经氯化钙干燥,蒸馏收集。

附录 16   毒性、危险性化学品知识

1. 常见有毒化学药品

(1)致癌物质。

黄曲霉素 B_1、亚硝胺、3,4－苯并芘、2－乙酰氨基芴、4－氨基联苯、3,3－二氯联苯胺、联苯胺及其盐类、1－萘胺、2－萘胺、4－氨基联苯、N－亚硝基邻甲胺、4－二甲基氨基偶氮苯、4,4－甲叉(双)－2－氯苯胺、二硝基苯、同苯二酚、二氯甲醚等。

(2)剧毒品。

六氯苯、羰基铁、氰化钠、氢氟酸、氢氰酸、氯化氰、氯化汞、砷酸汞、汞蒸气、砷化氢、光气、氟光气、磷化氢、三氧化二砷、有机砷化物、有机磷化物、有机氟化物、有机硼化物、铍及其化合物、丙烯腈、乙腈等。

(3)高毒品。

氟化钠、对二氯苯、甲基丙烯腈、丙酮氰醇、二氯乙烷、三氯乙烷、氟醋酸、三氯氧磷、丙烯醛、黄磷、五氯化磷、三氯化磷、五氧化二磷、偶氮二异丁腈、三氯甲烷、溴甲烷、二乙烯酮、氧化亚氮、铊化合物、四乙基铅、乙烯酮、四乙基锡、三氯化锑、溴水、氯气、五氧化二钒、

二氧化锰、二氯硅烷、硫化氢、苯胺、硼烷、氯化氢、三氯甲硅烷、溴醋酸乙酯、碘醋酸乙酯、氯醋酸乙酯、有机氰化物、氟乙酰胺、叠氮钠、芳香胺、砷化钠等。

(4)中毒品。

苯、四氯化碳、三氯硝基甲烷、乙烯吡啶、三硝基甲苯、五氯酚钠、硫酸、砷化镓、丙烯酰胺、环氧乙烷、环氧氯丙烷、烯丙醇、糠醛、二氯丙醇、三氟化硼、四氯化硅、硫酸镉、氯化镉、硝酸、甲醛、甲醇、肼(联氨)、二硫化碳、甲苯、二甲苯、一氧化碳、一氧化氮等。

(5)低毒品。

三氯化铝、钼酸胺、间苯二胺、正丁醇、叔丁醇、乙二醇、丙烯酸、甲基丙烯酸、顺丁烯二酸酐、二甲基甲酰胺、己内酰胺、亚铁氰化钾、铁氰化钾、氨及氢氧化胺、四氯化锡、氯化锗、对氯苯氨、硝基苯、三硝基甲苯、对硝基氯苯、二苯甲烷、苯乙烯、二乙烯苯、邻苯二甲酸、四氢呋喃、吡啶、三苯基磷、烷基铝、苯酚、三硝基苯酚、对苯二酚、丁二烯、异戊二烯、氢氧化钾、盐酸、氯磺甲、乙醚、丙酮等。

2. 易燃化学药品

(1)可燃气体。

氢、乙胺、氯乙烷、乙烯、煤气、氢气、硫化氢、甲烷、氯甲烷、二氧化硫等。

(2)易燃液体。

汽油、乙醚、乙醛、二硫化碳、石油醚、苯、甲苯、二甲苯、丙酮、醋酸乙酯、甲醇、乙醇等。

(3)易燃固体。

红磷、三硫化二磷、萘、镁、铝粉等。黄磷为自燃固体。

从上列药品可以看出,大部分有机溶剂均为易燃物质,若使用或保管不当,极易引起燃烧事故,故需特别注意。

3. 易爆炸化学药品

气体混合物的反应速率随成分而异,当反应速率达到一定限度时,即会引起爆炸。经常使用的乙醚,不但其蒸气能与空气或氧混合,形成爆炸混合物,而且放置过久的乙醚被氧化而生成的过氧化物在蒸馏时也会引起爆炸。此外,四氢呋喃等环醚也会产生过氧化物而引起爆炸。

4. 有毒化学物质对人体的危害

(1)骨骼损害。

长期接触氟可引起氟骨症。磷中毒可引起下颌改变,严重者可发生下颌骨坏死。长期接触氯乙烯可导致肢端溶骨症,即指骨末端发生骨缺损。镉中毒可引起骨软化。

(2)眼损害。

生产性毒物引起的眼损害分为接触性和中毒性两类。接触性眼损害主要是指酸、碱及其他腐蚀性毒物引起的眼灼伤。眼部的化学灼伤如果救治不及时可造成终生失明。引起中毒性眼病最主要的毒物为甲醇和三硝基甲苯,甲醇急性中毒者的眼部表现为视觉模糊、眼球压痛、畏光、视力减退、视野缩小等症状,严重中毒时可导致复视、双目失明。慢性三硝基甲苯中毒的主要临床表现之一为中毒性白内障,即眼晶状体发生混浊,混浊一旦出现,即使停止接触也不会自行消退,晶状体全部混浊时可导致失明。

(3)皮肤损害。

职业性疾病中最常见的、发病率最高的是职业性皮肤病,其中由化学性因素引起者占多数。引起皮肤损害的化学性物质分为原发性刺激物、致敏物和光敏感物。常见原发性刺激物为酸类、碱类、金属盐、溶剂等;常见致敏物有金属盐类(如铬盐镍盐)、合成树脂类、染料、橡胶添加剂等;常见光敏感物有沥青、焦油、吡啶、蒽、菲等。常见的职业性皮肤病包括接触性皮炎、油疹及氯痤疮、皮肤黑变病、皮肤溃疡、角化过度及皲裂等。

(4)化学灼伤。

化学灼伤是化工生产中的常见急症,是指由化学物质对皮肤、黏膜刺激及化学反应热引起的急性损害。按临床表现分为体表(皮肤)化学灼伤、呼吸道化学灼伤、消化道化学灼伤、眼化学灼伤。常见的致伤物有酸、碱、酚类、黄磷等。某些化学物质在致伤的同时可经皮肤黏膜吸收而引起中毒,如黄磷灼伤、酚灼伤、氯醋酸灼伤,甚至引起死亡。

(5)职业性肿瘤。

接触职业性致癌性因素而引起的肿瘤称为职业性肿瘤。国际癌症研究机构(IARC)1994年公布了对人肯定有致癌性的63种物质或环境。致癌物质有苯、钛及其化合物、镉及其化合物、六价铬化合物、镍及其化合物、环氧乙烷、砷及其化合物、α—萘胺、4—氨基联苯、联苯胺、煤焦油沥青、石棉、氯甲醚等;致癌环境有煤的汽化、焦炭生产等场所。我国1987年颁布的职业病名单中规定石棉所致肺癌、间皮瘤,联苯胺所致膀胱癌,苯所致白血病,氯甲醚所致肺癌,砷所致肺癌、皮肤癌,氯乙烯所致肝血管内瘤,焦炉工人肺癌和铬酸盐制造工人肺癌为法定的职业性肿瘤。

毒物引起的中毒易造成多器官、多系统的损害,如常见毒物铅可引起神经系统、消化系统、造血系统及肾脏损害,三硝基甲苯中毒可出现白内障、中毒性肝病、贫血等。同一种毒物引起的急性和慢性中毒,其症状表现也有很大差别,例如,苯急性中毒主要表现为对中枢神经系统的麻醉,而慢性中毒主要表现为对造血系统的损害。此外,有毒化学物质对机体的危害,取决于一系列因素和条件,如毒物本身的特性(化学结构、理化特性)、毒物的剂量、浓度和作用时间,毒物的联合作用,个体的感受性等。总之,机体与有毒化学物质之间的相互作用是一个复杂的过程,中毒后的表现千变万化,了解和掌握这些过程和表现,无疑将有助于我们对化学物质中毒的防治。

附录17 单位换算

1.测量的基本单位

国际单位制基本单位

量	单位名称	单位符号	备注
长度	米	m	米等于氪—86原子的2pe和5ds能级之间跃迁所对应的辐射,在真空中的1 650 763.73个波长的长度
质量	千克(公斤)	kg	千克是质量单位,等于国际千克原器的质量

国际单位制基本单位

时间	秒	s	秒是铯－133 原子基态的两个超精细能级之间跃迁所对应的辐射的 9 192 631 770 个周期的持续时间
电流	安[培]	A	安培是一恒定电流,若保持在处于真空中相距 1 米的两无限长而圆截面可忽略的平行直导线内,则在此两导线之间产生力和在每米长度上等于 $2×10^{-7}$ 牛顿
热力学温度	开[尔文]	K	热力学温度单位开尔文是水三相点热力学温度的 1/273.16
物质的量	摩[尔]	mol	①摩尔是一系统的物质的量,该系统中所包含的基本单元数与 0.012 千克碳－12 的原子数目相等 ②在使用摩尔时,基本单元应予指明,可以是原子、分子、离子、电子及其他粒子,或是这些粒子的特定组合

2. 长度单位换算

	米（m）	分米（dm）	厘米（cm）	毫米（mm）
米（m）	1	10	100	1000
分米（dm）	0.1	1	10	100
厘米（cm）	0.01	0.1	1	10
毫米（mm）	0.001	0.01	0.1	1

3. 面积单位换算

	平方米（m^2）	平方分米（dm^2）	平方厘米（cm^2）	平方毫米（mm^2）
平方米（m^2）	1	10^2	10^4	10^6
平方分米（dm^2）	10^{-2}	1	10^2	10^4
平方厘米（cm^2）	10^{-4}	10^{-2}	1	10^2
平方毫米（mm^2）	10^{-6}	10^{-4}	10^{-2}	1

4. 体积单位换算

	立方米（m^3）	升,立方分米（L,dm^3）	立方厘米（mL,cm^3）	立方英尺（ft^3）	立方英寸（in^3）
立方米（m^3）	1	10^3	10^6	35.314 7	$6.102\ 37×10^4$
升,立方分米（L,dm^3）	10^{-3}	1	10^3	$3.531\ 47×10^{-2}$	61.023 7
立方厘米（mL,cm^3）	10^{-6}	10^{-3}	1	$3.531\ 47×10^{-5}$	$6.102\ 37×10^{-2}$

参考文献

[1] 陈若愚,朱建飞.无机与分析化学实验[M].2版.北京:化学工业出版社,2010.

[2] 侯海鸽,朱志彪,范乃英.无机及分析化学实验[M].哈尔滨:哈尔滨工业大学出版社,2005.

[3] 高占先.有机化学实验[M].4版.北京:高等教育出版社,2004.

[4] 李兆陇,阴金香,林天舒.有机化学实验[M].北京:清华大学出版社,2001.

[5] 曾昭琼.有机化学实验[M].3版.北京:高等教育出版社,2000.

[6] 姜艳,韩国防.有机化学实验[M].2版.北京:化学工业出版社,2010.

[7] 李妙葵,贾瑜,高翔,等.大学有机化学实验[M].上海:复旦大学出版社,2006.

[9] 叶彦春,章军,郭燕文.有机化学实验[M].北京:北京理工大学出版社,2007.

[10] 马军营.有机化学实验[M].北京:化学工业出版社,2007.

[11] 郑桂富,曾小剑.物理化学实验[M].合肥:合肥工业大学出版社,2010.

[12] 王军,张丽君.物理化学实验[M].北京:化学工业出版社,2010.

[13] 夏海涛.物理化学实验[M].南京:南京大学出版社,2006.

[14] 张洪林,杜敏,魏西莲.物理化学实验[M].青岛:中国海洋大学出版社,2009.

[15] 蔡邦宏.物理化学实验教程[M].南京:南京大学出版社,2010.

[16] 何畏.物理化学实验[M].北京:科学出版社,2009.

[17] 罗澄源,向明礼.物理化学实验[M].4版.北京:高等教育出版社,2004.

[18] 龚茂初,王健礼,赵明.物理化学实验[M].北京:化学工业出版社,2010.

[19] 郑秋容,顾文秀.物理化学实验[M].北京:中国纺织出版社,2010.

[20] 王彩霞,石佩华,潘延旺.物理化学实验[M].长春:吉林大学出版社,1992.

[21] 刘澄蕃,滕弘霓,王世权.物理化学实验[M].北京:化学工业出版社,2002.

[22] 北京大学化学系物理化学教研室.物理化学实验[M].2版.北京:北京大学出版社,1995.

[23] 东北师范大学.物理化学实验[M].2版.北京:高等教育出版社,1989.

[24] 复旦大学.物理化学实验(上册)[M].北京:人民教育出版社,1979.

[25] 广西师范大学.物理化学实验[M].3版.南宁:广西师范大学出版社,1991.